全国电力行业"十四五"规划教材

计算机控制技术 与系统

（第二版）

主　编　冯江涛

参　编　王欣峰　高　佳　焦　亭

主　审　李大中

U0387507

中国电力出版社
CHINA ELECTRIC POWER PRESS

内　容　提　要

　　本书全面系统地讲述了计算机控制系统中的各种应用技术。主要内容包括计算机控制系统概述、过程通道及接口技术、人机接口技术、总线技术、过程数据处理技术、数字 PID 技术、可靠性与抗干扰技术、计算机控制系统的设计与实践、分散控制系统与现场总线控制系统等。每章后面都附有思考题，便于帮助读者掌握各部分内容。

　　本书可作为高等院校自动化类、电气类、电子信息类等相关专业的本科教材，也可作为广大从事计算机控制系统设计技术人员的参考用书。

图书在版编目（CIP）数据

计算机控制技术与系统 / 冯江涛主编. －－ 2 版. －－ 北京 ： 中国电力出版社，2024. 12.
ISBN 978 - 7 - 5198 - 9194 - 7

Ⅰ．TP273

中国国家版本馆 CIP 数据核字第 2024FF6522 号

出版发行：中国电力出版社
地　　　址：北京市东城区北京站西街 19 号（邮政编码 100005）
网　　　址：http：//www.cepp. sgcc. com. cn
责任编辑：李　莉（010-63412538）
责任校对：黄　蓓　王海南
装帧设计：赵姗姗
责任印制：吴　迪

印　　　刷：廊坊市文峰档案印务有限公司
版　　　次：2017 年 8 月第一版　2024 年 12 月第二版
印　　　次：2024 年 12 月北京第一次印刷
开　　　本：787 毫米×1092 毫米　16 开本
印　　　张：16.25
字　　　数：404 千字
定　　　价：49.80 元

本书配套
数字资源

前　　言

中国共产党第二十次全国代表大会报告指出："实施科教兴国战略，强化现代化建设人才支撑。教育、科技、人才是全面建设社会主义现代化国家的基础性、战略性支撑。必须坚持科技是第一生产力、人才是第一资源、创新是第一动力，深入实施科教兴国战略、人才强国战略、创新驱动发展战略，开辟发展新领域新赛道，不断塑造发展新动能新优势。"本教材以为党育人、为国育才为目标，以党的二十大报告中对于建设现代化产业体系的要求为背景，立足于制造业由传统模式向高端化、智能化、绿色化发展的关键基础技术，为自动化类专业建设及培养应用型本科人才提供有力支撑。

计算机控制技术与系统是我国工科院校自动化类专业普遍开设的专业课程。不同层次、不同背景的高校，其培养的目标和内容设置各有特点。本书主要研究如何将计算机技术和自动控制理论应用于生产过程，并设计出所需要的计算机控制系统，侧重于应用主导型自动化类相关专业的培养需求。

在本书的编写过程中，编者依据应用型本科高校培养目标的要求，力求使教材体现应用型特色，重点讲解了计算机控制技术在实际应用中的知识结构与知识体系。主要从以下几个方面进行了努力和尝试：

（1）在编写中特别注意理论性与实用性相结合的原则，尽量讲清基本的理论、原理、思路等，并适当增加了应用案例。

（2）在编写中注意了由浅入深、循序渐进的教学原则，首先让学生从浅显易懂的内容进入，再逐步加深难度。

（3）在内容的安排上，尽量选择了典型、常用和成熟的技术。

为主动应对新一轮科技革命与产业变革，适应工程教育改革的新方向、新形态，在第一版的基础上，进行了如下修订（数字资源可扫描二维码阅读）：

（1）结合中国共产党第二十次全国代表大会报告中对建设现代化产业体系的要求，设置了部分与计算机控制实际应用相关的开放型课后思考题（以＊号标识）。

（2）对部分章节内容进行了修订，如将数字滤波中的相关程序集中整理为数字资源，以"工业机器人控制系统"取代"电阻炉温度控制系统"等。

（3）为拓展视野，增强可读性和趣味性，书中内容配套演示文档、多媒体视频等数字资源。

本教材共分九章。第一章介绍计算机控制系统的基本概念、结构组成、系统分类等。第二章详细阐述模拟量输入/输出、开关量输入/输出及脉冲量输入等过程通道及接口技术，以及电机控制技术；第三章介绍人机交互接口，主要包括键盘接口技术、LED 显示器接口技术、LCD 显示接口技术；第四章主要介绍 RS-232C、RS-485、I^2C 总线等串行总线；第五章介绍了过程控制的数据处理方法，包括数字滤波、标度变换、测量数据的预处理技术；第六章探讨数字 PID 及其算法，内容包括 PID 的数字化、PID 算法改进、PID 的工程化应用和数字 PID 参数的整定等；第七章主要从硬件和软件两个角度介绍了计算机控制系统的抗干扰技术；第八章以三个工程实例说明计算机控制系统的设计方法与设计思路；第九章介绍了大中型计算机控制系统的 DCS 和 FCS 两种主流模式，并从工程角度给出了 DCS 的应用示例和 FCS 的集成方案。

本教材由山西大学组织编写。第一章和第二章的第一、第二节由冯江涛编写，第三、第四、第八章由王欣峰编写，第五、第七章及第二章的第三、第四节由高佳编写，第六、第九章由焦亭编写。冯江涛担任主编，并负责全书的统稿工作。

由于编者水平有限，书中疏漏和不当之处在所难免，敬请各位同行和读者批评指正。

编　者

2024 年 12 月

第一版前言

计算机控制技术是为适应工业控制需要发展起来的一门专业技术，主要研究如何将计算机技术和自动控制理论应用于生产过程，并设计出所需要的计算机控制系统。随着微电子技术、计算机技术、自动控制理论和通信技术的发展，小到各种微型控制设备，大到大型企业用于生产过程控制与信息管理的集成制造系统。计算机控制技术在工业控制领域中发挥着巨大的作用，应用范围越来越广泛，也越来越深入。

"计算机控制技术与系统"是我国工科院校自动化类专业普遍开设的专业课程。不同层次、不同背景的高校，其培养的目标和内容设置各有特点。本书侧重于应用主导型自动化及相关专业的培养需求。

在本书的编写过程中，编者依据应用型本科高校培养目标的要求，力求使教材体现应用型特色，突出讲解了计算机控制技术在实际应用中的知识结构与知识体系，主要从以下几个方面进行了努力和尝试：

（1）在编写中特别注意理论性与应用性相结合，尽量讲清基本的理论、原理、思路等，并适当增加应用案例。

（2）在编写中注意由浅入深、循序渐进的教学原则，首先让学生从浅显易懂的内容进入，再逐步加深难度。

（3）在内容的编排上注意应用性，尽量选择典型的、常用的、成熟的技术。

本教材共分九章。第一章介绍计算机控制系统的基本概念、结构组成、系统分类等；第二章详细阐述模拟量输入/输出、开关量输入/输出及脉冲量输入等过程通道及接口技术，以及电动机控制技术；第三章介绍人机交互接口，主要包括键盘接口技术、LED 显示接口技术、LCD 显示接口技术；第四章主要介绍 RS-232C、RS-485、I²C 总线等串行总线；第五章介绍了过程控制的数据处理方法，包括数字滤波、标度变换、非线性补偿；第六章探讨数字 PID 及其算法，内容包括 PID 的数字化、PID 算法改进、PID 的工程化应用和数字 PID 参数的整定等；第七章主要从硬件和软件两个角度介绍了计算机控制系统的抗干扰技术；第八章以几个工程实例说明计算机控制系统的设计方法与设计思路；第九章介绍了大中型计算机控制系统的两种主流模式，即 DCS 和 FCS，并从工程角度给出了 DCS 的应用示例和 FCS 的集成方案。

本教材由冯江涛主编。第一、第六、第九章及第二章的第一、第二节由冯江涛编写，第三、第四、第八章由王欣峰编写，第五、第七章及第二章的第三～第五节由高佳编写。

由于编者水平有限，书中疏漏和不当之处在所难免，敬请各位同行和读者批评指正。

编 者

2017 年 6 月

目　　录

第一章
数字资源

第一章　计算机控制系统概述

第一节　计算机控制系统的组成

一、计算机控制系统概念

计算机控制系统是以计算机为核心组成的自动控制系统，是自动控制系统发展到目前阶段的一种最新形式。

图 1-1 所示为闭环控制系统。被控量经测量反馈环节，与给定值进行比较产生偏差信号，控制器根据偏差信号，按照一定的控制规律产生相应的控制信号并驱动执行机构，对被控对象进行控制，以使被控量跟踪给定值。由于系统传递的是连续的模拟量信号，因此称之为模拟量控制系统，或连续控制系统。其中的控制器是用硬件实现，所采用的控制规律受到限制，这种控制器称之为模拟控制器。

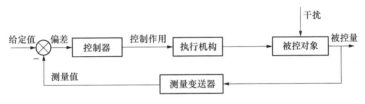

图 1-1　闭环控制系统

在图 1-1 所示的控制系统中，若用计算机代替模拟控制器便形成了计算机控制系统，如图 1-2 所示。由于计算机只能输入输出数字信号，所以在计算机控制系统中，对于模拟量信号输入，需要增加模数转换器（A/D），将连续的模拟量信号转换成计算机能接收的数字信号；对于输出，需加数模转换器（D/A），将计算机输出的数字信号转换成执行机构所需的连续模拟信号。在实际使用时，把计算机、D/A 转换器和 A/D 转换器等集成在一起的装置称为控制计算机，而执行机构、测量变送器和被控对象均属于生产过程。

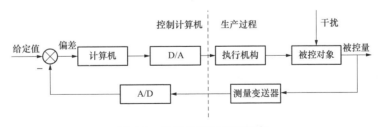

图 1-2　计算机控制系统原理

计算机控制系统的控制过程可归纳为三个步骤：

（1）实时数据采集。对来自测量变送器的被控量的瞬时值进行实时采集和输入。

（2）实时数据处理。对采集到的被控量进行分析、处理、判断，并根据预定的控制规律运算，进行控制决策。

（3）实时输出控制。根据控制决策，实时地对执行机构发出控制信号，完成控制或输出其他有关信号，如报警信号等。

这三个步骤在计算机中不断地重复，使系统能按照一定的动态性能指标工作。三个过程都强调了实时的概念。所谓的实时，就是指信号的输入、计算和输出都在一定的时间范围内完成。

上面介绍的是计算机闭环控制。同理，可在开关控制系统中，引入以计算机为核心的开环控制系统。

在计算机控制系统的设计和应用中，需要用到过程通道及接口技术、人机接口技术、总线接口技术、过程数据处理技术、控制算法、可靠性和抗干扰技术等计算机控制技术。

计算机控制系统的许多功能是通过软件实现的。在基本不改变系统硬件的情况下，只需修改计算机中的程序便可实现不同的控制功能。由于计算机具有很强的计算、逻辑判断和信息处理能力，在计算机控制系统中，可实现复杂控制和先进控制，甚至智能控制，如最优控制、自适应控制、非线性控制、模糊控制等。

二、计算机控制系统的硬件组成

计算机控制系统由微型计算机、过程通道、通用外部设备和工业生产对象等组成。图1-3 给出了典型的微型计算机控制系统的硬件组成框图。

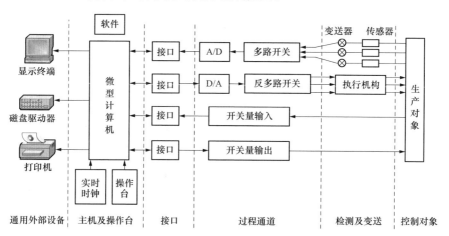

图 1-3　典型微型计算机控制系统的硬件组成框图

1. 微型计算机

计算机是整个计算机控制系统的核心。在计算机控制系统中，常用的典型机型有单片微型计算机、可编程逻辑控制器（以下简称 PLC）和工业 PC 机，它们适用不同的应用环境。如果设计微型机控制系统和智能仪表，则选用单片微型计算机，这时应考虑与外设的接口电路，常用的接口有 Intel 8155、Intel 8255 并行接口，Intel 8251 串行接口，定时/计数器 Intel 8253，以及 A/D 和 D/A 芯片等。在中型和大型计算机控制系统中，则考虑 PLC 和工业 PC 机，这时需要考虑总线技术和开放式体系结构。

2. 过程通道

过程通道是计算机和被控过程进行信息交换的通道。根据信号传送方向分为输入通道和输出通道；根据传送信号的形式，又可分为模拟量通道和开关量通道。因此，过程通道有模拟量输入通道（analog input，AI）、模拟量输出通道（analog output，AO）、开关量输入通道（digital input，DI）、开关量输出通道（digital output，DO）和脉冲量输入通道（pulse input，PI）。

生产过程中，随时间连续变化的量，称为模拟量。模拟量分为电气量和非电气量两种。电气量有电压、电流、有功功率、无功功率、频率等；非电气量有温度、压力、液位、流量、速度、距离等。为了使计算机能采集模拟量，在模拟量输入通道中，首先用传感器或变送器将所采集模拟量转换成标准的电信号，通过滤波、放大，最后经 A/D 转换器变换成计算机能接受的数字量。

控制系统通过执行机构实现对生产过程的直接调节和控制。由于绝大部分执行机构的输入为模拟量，因此，在模拟量输出通道中，需将计算机输出的数字量经 D/A 转换器变换成模拟量，控制执行机构的动作。

开关量是指具有两态的量，如开关的合、分，继电器动作与不动作，电动机的启动与停止。开关量信号需通过开关量的输入输出通道来传送。

3. 通用外部设备

通用外部设备为扩大主机功能设置，是计算机的操作人员和计算机系统联系的界面，主要完成信息的记录和存取，即显示、打印、存储和传送数据。

常用的外部设备有输入设备、输出设备和存储设备。输入设备有键盘、扫描仪等，主要用于输入程序和数据；输出设备有显示器、打印机、记录仪、声光报警器等，主要用于显示、记录各种信息和数据。存储设备有磁盘驱动器、光盘驱动器、U 盘等，主要用于存储程序和数据。

4. 操作控制台

操作控制台是人机联系设备。通过操作控制台，操作人员可及时了解被控过程的运行状态、运行参数，发出各种控制命令，实现相应的控制目标，还能通过它输入程序和修改有关参数。为实现上述功能，操作控制台一般应包括以下几部分：

（1）信息显示。采用状态指示和报警指示的指示灯、声光报警器、LED、LCD 或 CRT 显示屏，显示所需内容和报警信号。

（2）信息记忆。主要采用打印机、记录仪等输出设备。

（3）工作方式选择。采用方式开关，如按钮、按键等，实现工作方式的选择，例如电源开关、数据及地址选择开关、操作方式（如自动、手动）选择开关等。通过这些开关，可实现启停操作、设置和修改数据、修改控制方式等。

（4）信息输入。采用标准键盘，或功能键和数字键，功能键主要是用来申请中断并完成对应的功能，数字键主要用来向主机输入数据或修改控制系统的参数。

操作控制台的各组成部分都通过对应的接口电路与计算机相连，由计算机实现对各部分的管理。

三、计算机控制系统的软件

对计算机控制系统而言，除了上述硬件组成部分以外，软件也是必不可少的。所谓的软件，是指能完成各种功能的计算机程序的总和，如操作、监控、管理、控制、计算和自诊断程序等。它是计算机控制系统的神经中枢，整个系统的工作都是在程序的指挥下进行协调的。软件通常分为两大类：一类是系统软件，另一类是应用软件。

系统软件是计算机运行操作的基础，主要用于管理、调度、操作计算机各种资源，实现对系统监控与诊断，提供各种开发支持的程序，例如操作系统、监控管理程序、故障诊断程序、各种语言的汇编、解释和编译程序等。系统软件一般由计算机厂家提供，用户不需要自己设计开发，对用户来讲，它们只作为开发应用软件的工具。

应用软件是面向生产过程的程序，如 A/D 或 D/A 转换程序、数据采集程序、数字滤波程序、标度变换程序、键盘处理程序、过程控制程序（如 PID 运算程序）等。应用软件大都由用户根据实际需要自行开发。用于应用软件开发的程序设计语言有汇编语言、C 语言、Visual Basic（VB）、Visual C++（VC）等。目前也有一些专门用于控制的组态软件，具有功能强、使用方便、组态灵活的特点，可节省设计者大量的时间，因而也越来越受到用户的欢迎。

对于微型计算机控制系统或智能仪表，主要使用汇编语言和 C51 等高级语言进行开发。对于以 PLC 或工业 PC 机为控制计算机的中大型控制系统，主要使用组态软件进行开发。

第二节　计算机控制系统的分类

计算机控制系统与其所控制的生产对象、采取的控制方法密切相关，因此计算机控制系统的分类方法很多。下面根据计算机控制系统的工作特点分别进行介绍。

一、操作指导控制系统

操作指导控制系统（operation guidance control，OGC），又称为计算机数据采集与处理系统或计算机监测与监督系统，主要是指计算机的输出不直接用来控制生产对象，而只对系统过程参数进行采集、加工处理、数据输出。操作人员则根据这些数据去改变调节器的给定值或直接操作执行机构，其原理框图如图 1-4 所示。

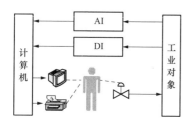

图 1-4　操作指导控制系统框图

在图 1-4 所示的操作指导控制系统中，每个采样周期，计算机通过 AI 和 DI，将过程参数和设备状态送入计算机进行加工处理，然后再进行报警、打印或显示。操作人员根据此结果进行给定值的改变或必要的操作。

该系统最突出的优点是比较灵活、简单，且安全可靠；缺点是仍需要进行人工操作。现在它常被用来试验新的数学模型和调试新的控制程序等，特别是未确定控制规律的系统。

二、直接数字控制系统

直接数字控制（direct digital control，DDC）系统框图如图 1-5 所示。它通过 AI 和 DI 实时采集多个过程参数和设备状态，将采集的参数与给定值进行比较得到偏差信号，按规定的控制规律或策略形成控制信号，并结合开关量的逻辑判断，通过 AO 和 DO 发出控制信号，实现对生产过程的闭环控制。DDC 是计算机控制系统的基本控制单元。

由于计算机的速度非常快，所以一台计算机通常可控制几个或几十个回路。DDC 还具有功能强、灵

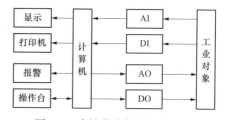

图 1-5　直接数字控制系统框图

活性大、可靠性高等特点，并且能够实现各种先进的复杂控制和智能控制。

DDC 系统是计算机用于工业生产过程控制的最典型的一种形式，在热工、化工、机械、冶金等部门已获得广泛应用。

三、计算机监督控制系统

计算机监督控制（supervisory computer control，SCC）系统是操作指导控制系统和 DDC 系统的综合和发展。它有两种结构形式：一种是 SCC＋模拟调节器，另一种是 SCC＋DDC。目前，主要应用是 SCC＋DDC。

SCC＋DDC 控制系统的原理框图如图 1-6 所示。

从图 1-6 可知，这是一个两级的计算机控制系统，一级为监控级 SCC，另一级为直接数字控制级 DDC。SCC 计算机的作用是收集现场检测信号，按照一定的数学模型计算出最佳给定值送给 DDC 计算机。DDC 计算机用来把给定值和检测值进行比较，其偏差由 DDC 进行数字控制计算，然后经 AO 通道控制执行机构进行调节，实现对生产过程的控制。

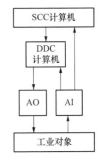

图 1-6 SCC＋DDC 控制系统的原理框图

SCC 系统可以根据生产工况的变化，不断地改变给定值，以达到实现最优控制的目的。它与 DDC 相比有着更大的优越性，更接近于生产的实际情况。另一方面，当系统中的 DDC 计算机出了故障时，可用 SCC 系统替代进行调节，这样就大大提高了系统的可靠性。

但是，由于生产过程的复杂性，SCC＋DDC 系统数学模型的建立比较困难，所以此系统实现起来难度较大。

四、分散控制系统

分散控制系统（distributed control system，DCS）是以微处理器为基础，借助于计算机网络对生产过程进行分散控制和集中管理的先进计算机控制系统，它的基本结构如图 1-7 所示。

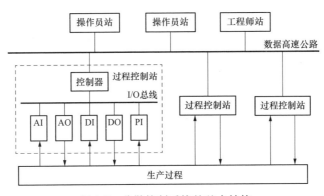

图 1-7 分散控制系统的基本结构

DCS 由过程控制站、数据高速公路（即通信网络）、人机接口（包括操作员站和工程师站）三部分组成。其中过程控制站主要由控制器、I/O 卡件、I/O 总线等组成，完成数据采集、过程控制功能；运行人员通过操作员站完成生产过程的监视和操控，工程师站完成 DCS 的设计、组态、调试、维护和文档的管理；通信网络实现过程控制站、操作员站和工程师站之间的数据传输。

分散控制系统的特点是将控制功能和危险分散，是多台计算机分别执行不同的控制功能，既能进行控制又能实现管理；由于计算机控制和管理范围的缩小，使其应用灵活方便，可靠性增高；同时系统采用积木式结构，构成灵活，易于扩展；而采用 LED 或 LCD 显示技术和智能操作平台，使操作、监视方便；与计算机集中控制方式相比，电缆和敷设成本低，易于施工，且施工周期短。

五、现场总线控制系统

现场总线控制系统（fieldbus control system，FCS）的结构如图 1-8 所示，它采用了新一代分布式控制结构，即 FCS 系统采用集管理控制功能于一身的工作站与现场总线智能仪表的二层结构模式，把原 DCS 控制站的功能分散到智能型现场仪表中去，形成一个彻底的分散控制模式。每个现场仪表（例如变送器、执行器）都作为一个智能节点，都带 CPU 单元，可分别独立完成测量、校正、调节、诊断等功能，靠网络协议把它们连接到一起统筹工作。

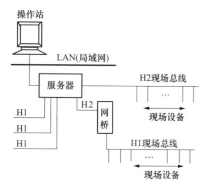

图 1-8　现场总线控制系统结构

与分散控制系统相比，现场总线控制系统的优点主要有：

（1）通过一对传输线，可挂接多个设备，实现多个数字信号的双向传输。

（2）数字信号完全取代了 4～20mA 模拟信号，实现了全数字通信。

（3）现场总线控制系统具有良好的开放性、互可操作性与互用性。

（4）现场设备具有高度的智能化与功能自治性，将基本过程控制、报警和计算等功能分布在现场完成，使系统结构高度分散，提高了系统的可靠性。

（5）具有对现场环境的高度适应性。

（6）使设备易于增加非控制信息，如自诊断信息、组态信息以及补偿信息等。

（7）易于实现现场管理和控制的统一。

针对分散控制系统和现场总线控制系统将在第九章进行较为详细的介绍。

六、网络控制系统

网络控制系统（networked control system，NCS）是指传感器、控制器和执行器通过通信网络（如互联网）形成闭环的控制系统。也就是说，在 NCS 中控制部件间通过共享通信网络进行信息（被控量、给定值和控制量等）交换，图 1-9 给出了网络控制系统的典型结构图。

由于网络控制系统属于一种彻底的分布式控制结构，因此它具有连线少、可靠性高、易于系统扩展以及能够实现信息资源共享等优点。但同时由于网络通信带宽、承载能力和服务能力的限制，使数据的传输不可避免地存在时延、丢包及抖动等诸多问题，导致控制系统性能的下降甚至不稳定，同时也给控制系统的分析、设计带来了很大困难。目前网络控制系统是一个研究热点，且在理论方面已经取得大量研究成果，但是在实用化方面由于网络性能的限制，影响其大规模应用。随着 5G 通信技术的出现和逐步普及，网络性能将会得到极大的

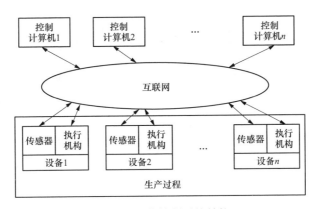

图 1-9　网络控制系统结构

提高，因此未来网络控制系统的应用将会越来越广泛。

七、云控制系统

云控制系统（cloud control system，CCS）是云参与并作为核心环节的计算机控制系统，其典型特征是将控制算法置于云端。实际上，将图 1-9 中的多个控制计算机用云计算来替代，将控制计算机完成的功能用云端的"虚拟控制机"来实现，就构成了一个典型的云控制系统，图 1-10 给出了云控制系统的典型结构图。

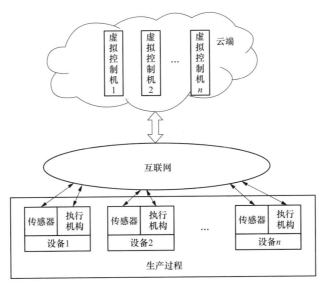

图 1-10　云控制系统结构

该结构可以有效地克服现有控制系统控制算法更新替换不灵活、对于系统硬件要求高的问题，使控制系统设计更加实用和方便。在不增加硬件成本的前提下，工程师可以针对不同被控对象的不同状态，灵活地选择云控制器中相应的控制算法。但是，云控制系统除了包括网络的不确定性外，还包括云计算本身的不确定性，众多不确定性的混合给云控制系统的建模和控制研究增加了难度。目前云控制系统的研究尚处于起步阶段，但是其相关的理论和技术问题已经逐渐成为计算机控制系统新的研究热点。

第三节　控制计算机的分类

在计算机控制系统中，单片微型计算机、可编程逻辑控制器、工业 PC 机、数字信号处理器（digital signal processor，DSP）、嵌入式微处理器（microprocessor unit，MPU）、嵌入式片上系统（system on chip，SoC）等，都是常用的控制计算机，适应不同的应用需求。在工程实际中，选择何种机型，应根据控制规模、工艺要求和控制特点来确定。下面主要介绍单片微型计算机、可编程逻辑控制器和工业 PC 机的特点和应用。

一、单片微型计算机

单片微型计算机（single chip microcomputer）简称单片机，是将 CPU、存储器、I/O 接口、定时器/计数器，甚至 A/D 转换器等部件集成在一个大规模集成电路芯片上，具有很强控制功能的微型计算机。

由于单片机具有体积小，功耗低、抗干扰能力强、性能可靠、指令丰富、功能扩展容易、使用方便灵活、价格低廉、易于产品化等诸多优点，使它在工业控制、智能仪表、家用电器、机器人等方面得到了广泛应用。

单片机品种繁多。按单片机位数分，有 8 位机、16 位机和 32 位机；按功能分，有各种功能的单片机，如有带 A/D 转换器（8XC51GB）、硬件定时监视器（8XC51FX）、增强型串行口（8XC52/54/58、C51FX、C51GB）、脉宽调制输出电路 PWM、模拟多路开关、串行外设电路 I²C 等单片机；按生产厂家分，有各型各样的单片机，如 Intel 公司的 MCS 系列，Motorola 公司的 M68HC 系列、Microchip 公司的 PIC 系列，以及 Philips、Atmel、NEC 公司等的产品，且各厂家的单片机各有特点。

设计者可根据自己的实际需要，在众多的系列单片机中选择一种，并在此基础上扩展一些接口，如用于模拟和数字转换的 A/D、D/A 转换接口，用于人机对话的键盘处理接口、LED 或 LCD 显示接口，用于输出控制的电动机、步进电动机接口等，然后再开发一些应用，即可组成完整的单片机系统。

单片机应用软件的开发可采用 C 语言和汇编语言。汇编语言运行效率高，速度快，特别适合实时检测与控制，但要求开发人员具有较深的软件和硬件知识。目前，越来越多的开发人员采用 C51 语言。

由于单片机是面向控制设计的，专用性强、内存容量小，因此，单片机本身不具备自开发功能，必须借助于仿真器或开发系统与单片机联机，才能进行软、硬件的开发与调试。

二、可编程逻辑控制器

可编程逻辑控制器（programmable logical controller，PLC），简称可编程控制器，是继电器逻辑控制系统与计算机技术相结合的产物。早期为取代继电器逻辑控制，主要用于开关控制，具有逻辑运算、计时、计数等顺控功能。随着 PLC 的发展，其功能已不再限于逻辑运算，具有连续模拟量处理、高速计数、远程 I/O 和网络通信等功能。

PLC 是一种数字运算操作系统，专为工业环境下应用而设计。它采用了可编程序的存储器，用来在其内部存储执行逻辑运算、顺序控制、定时、计数和算术运算等操作的指令，并通过数字式或模拟式的输入和输出，控制各种类型的机械或生产过程。可编程控制器及其有关设备，都按易于使工业系统形成一个整体、易于扩充其功能的原则设计。

1. PLC 的特点

PLC 是一种专为工业环境下设计的计算机控制器，它具有如下特点：

（1）可靠性高。由于 PLC 大都采用单片机和大规模集成电路，因此集成度高，再加上相应的保护电路及自诊断功能，提高了系统的可靠性。

（2）编程容易。PLC 的编程采用梯形图及命令语句，其数量比微型机的指令要少得多。此外，由于梯形图形象直观，容易掌握，使用方便，甚至不需要计算机专业知识，就可进行编程。

（3）组态灵活。由于 PLC 采用积木式结构，用户只需要简单地组合，便可灵活地改变控制系统的功能和规模，因此，可适用于任何控制系统。

（4）输入/输出模块齐全。PLC 针对不同的现场信号（如直流或交流、开关量、数字量、模拟量、电压、电流等），均有相应的模板可与工业现场的器件（如按钮、开关、传感器、电动机启动器或控制阀等）直接连接，并通过总线与 CPU 主板连接。

（5）安装调试方便。与计算机系统相比，PLC 的安装既不需要专用机房，也不需要严格的屏蔽措施。使用时只需把检测器件与执行机构和 PLC 的 I/O 接线端子正确连接，便可正常工作。同时 PLC 又能事先进行模拟调试，减少了现场的调试工作量，并且 PLC 的监视功能很强，模块化结构大大减少了维护量。

（6）运行速度快。由于 PLC 的控制是由程序执行的，因此不论其可靠性还是运行速度，都是继电器逻辑控制无法相比的。

近年来，微处理器的使用，特别是随着单片机大量采用，大大增强了 PLC 的能力，并且使 PLC 与微型机控制系统之间的差别越来越小，特别是高档 PLC 更是如此。

2. PLC 分类

PLC 种类繁多，按容量来分，有小型、中型、大型之分；按结构来分，有整体式、模块式等之分；按性能来分，有低档、中档和高档之分。

（1）低档 PLC。低档 PLC 以开关量为主，即以逻辑量控制为主，它的输入/输出适用于开关量、继电器、接触器等场合，并可直接驱动电磁阀等元件动作。低档 PLC 一般还含有定时/计数器、移位寄存器等功能。

这类 PLC 结构小巧，价格低廉，适用于单机顺序控制系统。

（2）中档 PLC。中档 PLC 的控制点数较低档 PLC 多，它不仅可以进行开关量控制，还有模拟量 I/O 接口，实现对模拟量进行检测和调节。中档 PLC 在软件上也丰富了很多，其内部有多种运算模块，如 PID 运算、二进制/BCD 码转换、平方根和查表等功能模块。

这种 PLC 不仅可用于开关量控制系统，而且可用于中、小型工业过程控制系统中。

（3）高档 PLC。高档 PLC 的控制点数大多在 1000 点以上，它与工业控制计算机十分相近，具有计算、控制和调节功能，以及网络结构和通信联网能力。

和工业控制计算机一样，高档 PLC 的显示可采用 CRT、LCD 等，因此能够显示各种参数曲线、动态流程图、PID 控制条形图及各种图表，并可进行组态及打印输出等。此外，高档 PLC 可以和计算机联网，实现管理和控制一体化，与办公自动化系统联网，成为工厂自动化的重要设备。

由于 PLC 的上述优点，且品种齐全，在工业控制中已得到了广泛的应用，几乎可以覆盖所有的工业控制领域，有着很好的发展前景。

三、工业 PC 机

工业 PC 机（industry PC）简称 IPC，是目前广泛使用的总线式工控机。所谓的总线式工控机，是基于总线技术和模块化结构的一种专用于工业控制的通用性计算机，一般称为工业控制计算机，简称为工业控制机或工控机。通常，计算机的生产厂家是按照某个总线标准，设计制造出若干符合总线标准、具有各种功能的各式模板，而控制系统的设计人员则根据不同的生产过程与技术要求，选用相应的功能模板组合成自己所需的计算机控制系统。总线式工控机具有小型化、模块化、组合化、标准化的设计特点，能满足不同层次、不同控制对象的需要，又能在恶劣的工业环境中可靠地运行。因而，它广泛应用于各种控制场合，尤其是十几到几十个回路的中等规模的控制系统中。

在 20 世纪 80 年代发展起来的 STD 总线工控机曾在 20 世纪 80 年代末和 20 世纪 90 年代初得到广泛的应用。但是随着生产进步的需要及电子技术的发展，STD 总线工控机已经不能满足工业控制的需要，而工业 PC 机则得到了极大的发展和应用。

工业 PC 机就是在个人计算机的基础上进行改造，使其在系统结构及功能模块的划分上更适合工业过程控制的需要。可以这样讲，工业 PC 机一方面集成了个人计算机丰富的软件资源，使其软件开发更加方便；另一方面，在结构上具备 STD 总线工控机的优点，实现了模块化。正因为工业 PC 机的这些优点，目前已取代 STD 总线工控机，广泛应用于工业过程控制中。

工业 PC 机与个人计算机相比，差别在于：①取消了 PC 机中的主板，将 PC 机的大主板变成了通用的底板总线插座系统；②将主板分成几块 PC 插件，如 CPU 板、存储器板等；③电源采用工业级抗干扰电源；④采用全钢标准的工业加固型机架机箱，机箱密封并加正压送风散热；⑤配以相应的工业应用软件，如 InTouch、WinCC、iFix 和组态王等。

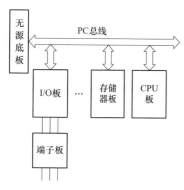

图 1-11　工业 PC 机的基本架构

工业 PC 机的基本架构如图 1-11 所示。工业 PC 机主要包含：IPC 工控机和 CompactPCI 工控机以及它们的变形机。由于基础自动化和过程自动化对工业 PC 的运行稳定性、热插拔和冗余配置要求很高，现有的 IPC 已经不能完全满足要求，将逐渐退出该领域，取而代之的将是 CompactPCI-based 工控机，而 IPC 将占据管理自动化层。

从上述分析可以看出，计算机控制系统随着应用规模的不同可以选用不同的控制机模式，大体来讲可参考下面的原则选用：

（1）对于小型控制系统、智能化仪器仪表及智能化接口尽量采用嵌入式系统，如 80C51 系列单片机、STM32 等。

（2）对于中等规模的控制系统，为了加快系统的开发速度，尽量选用现成的工业控制计算机，如 PLC、IPC 等，应用软件可使用组态软件进行开发。

（3）对于大型的工业控制系统，最好选用工业 PC 机或分散控制系统，软件可自行选用高级语言开发或利用组态软件进行开发。

第四节　计算机控制系统的应用现状和发展趋势

计算机控制系统的发展与其核心部分——微型计算机的发展紧密相连。微型计算机和微处理器自从 20 世纪 70 年代崛起以来，发展极为迅猛：芯片的集成度越来越高；半导体存储器的容量越来越大；控制和计算机性能几乎每两年就提高一个数量级；大量新型接口和专用芯片不断涌现；软件的日益完善和丰富，极大扩展了微型计算机的功能。这些都为促进微型计算机控制系统的发展创造了条件。

一、计算机控制系统的应用现状

1. 广泛应用嵌入式系统

随着电子技术的发展，单片机的功能将更加完善，应用也更加普及。它们将在智能化仪器、家电产品和工业过程控制等方面得到更加广泛的应用。总之，嵌入式系统的应用将深入到人们的工作与生活的各个领域。由单片机组成的嵌入式系统将是智能化仪器和中、小型控制系统中应用最多的一种模式。

2. 普及应用 PLC

长期以来，PLC 始终处于工业自动化领域的主战场，为各种各样的自动化控制设备提供非常可靠的控制方案，与 DCS 和 IPC 形成了三足鼎立之势。同时，PLC 也承受着来自其他技术产品的冲击，尤其是 IPC 所带来的冲击。

随着 PLC 的微型化、网络化、PC 化和开放性的实现，在工业控制中已得到了广泛的应用。

3. 采用新型的 DCS 和 FCS

DCS 是 20 世纪 70 年代推出的计算机控制系统，基本理念是分散控制、集中管理，目前广泛应用在工业过程控制领域。

小型化、多样化、PC 化和开放性是未来 DCS 发展的主要方向。目前小型 DCS 所占有的市场，已逐步与 PLC、IPC、FCS 共享。今后小型 DCS 可能首先与这三种系统融合，而且"软 DCS"技术将首先在小型 DCS 中得到发展。PC-based 控制将更加广泛地应用于中小规模的过程控制，各 DCS 厂商也将纷纷推出基于 IPC 的小型 DCS 系统。开放性的 DCS 系统将同时向上和向下双向延伸，使来自生产过程的现场数据在整个企业内部自由流动，实现信息技术与控制技术的无缝连接，向测控管一体化方向发展。

FCS 是继 DCS 之后计算机控制系统的又一次重大变革。开放式、数字化和网络化结构的 FCS，由于具有成本降低、组合扩展容易、安装及维护简便等显著优点，从问世开始就在生产过程自动化领域引起极大关注，必将成为工业自动化的发展主流。

4. 大力研究和发展先进控制技术

先进过程控制（advanced process control，APC）技术以多变量解耦推断控制和估计、多变量约束控制、各种预测控制、人工神经元网络控制和估计等技术为代表。模糊控制技术、神经网络控制技术、专家控制技术、预测控制技术、内模控制技术、分层递阶控制技术、鲁棒控制技术、学习控制技术已成为先进控制的重要研究内容。在此基础上，又将生产调度、计划优化、经营管理与决策等内容加入 APC 之中，使 APC 的发展体现了计算机集成制造/过程系统的基本思想。由于先进控制算法的复杂性，先进控制的实现需要足够的计算能力作为支持平台。构建各种控制算法的先进控制软件包，形成工程化软件产品，也是先进控制技术发展的一个重要研究方向。

二、计算机控制系统的发展趋势

1.控制系统的网络化

随着计算机技术和网络技术的迅猛发展，各种层次的计算机网络在控制系统中的应用越来越广泛，规模也越来越大，从而使传统意义上的回路控制系统所具有的特点在系统网络化过程中发生了根本变化，并最终逐步实现了控制系统的网络化。

2.控制系统的扁平化

随着企业网技术的发展，网络通信能力和网络连接规模得到了极大的提高。现场级网络技术使得控制系统的底层也可以通过网络相互连接起来。现场网络的连接能力逐步提高，使得现场网络能够接入更多的设备。新一代计算机控制系统的结构发生了明显变化，逐步形成两层网络的系统结构，使得整体系统出现了扁平化趋势，简化了系统的结构和层次。

3.控制系统的智能化

人工智能的出现和发展，促进自动控制向更高的层次发展，即智能控制。智能控制是一类无须人的干扰就能够自主地驱动智能机器实现其目标的过程，也是用机器模拟人类智能的又一重要领域。随着多媒体计算机和人工智能计算机的发展，应用自动控制理论和智能控制技术来实现先进的计算机控制系统，必将极大地推动科学技术的进步和工业自动化系统的水平。此外，计算机控制系统中的控制器、传感器、变送器、执行器等现场设备成为具有误差补偿、故障诊断、功能自治等特征的网络化智能节点，使控制系统具备远程系统调试、在线设备管理、实时生产监控、故障自动修复等能力，以适应降低控制系统使用和维护成本、提高系统可靠性和易用性的要求。

4.控制系统的综合化

随着现代管理技术、制造技术、信息技术、自动化技术、系统工程技术的发展，综合自动化技术（ERP+MES+PCS）广泛地应用到工业过程，借助于计算机的硬件、软件技术将企业生产全部过程中有关人、技术、经营管理三要素及其信息流、物流有机地集成并优化运行，为工业生产带来更大的经济效益。

1.什么是计算机控制系统？设计和应用计算机控制系统时需要采用哪些计算机控制技术？

2.计算机控制系统的硬件由哪几个主要部分组成？各部分的作用是什么？

3.计算机控制系统的软件包括哪几部分？请说出各部分的作用。

4.简述操作指导、DDC、SCC 系统的工作原理？

5.IPC 与普通 PC 有什么区别？

6*.党的二十大报告中提出打造宜居、韧性、智慧城市。在此背景下，城市建设、城市交通等板块正在向智能化、数字化快速发展。其中，工控机正在逐步覆盖智慧城市中的智慧交通、智慧安防等多种应用场景。请通过调研简述在这些应用场景下，常用工业控制计算机有几种？它们各有什么用途？

7*.党的二十大报告指出要推动制造业向高端化、智能化、绿色化发展。在数字化转型实现智能制造的过程中，计算机控制系统作为智能制造的核心，其发展趋势主要表现在哪几个方面？

第二章
数字资源

第二章 过程通道及接口技术

过程通道是计算机控制系统中非常重要的环节。本章将介绍计算机控制系统中的各种过程通道及相应的接口技术，即模拟量输出通道、模拟量输入通道、开关量输入通道、开关量输出通道、脉冲量输入通道及其接口技术。

第一节 模拟量输出通道及接口技术

模拟量输出通道，简称 AO 通道，它的任务是将计算机输出的数字量信号转换成具有一定带负载能力的连续的电压或电流信号，用来控制各种直行程或角行程电动执行机构的行程，或通过调速装置（如各种交流变频调速器）控制各种电动机的转速，也可通过电-气转换器、电-液转换器来控制各种气动或液压执行机构，例如控制气动阀门的开度等。

一、模拟量输出通道的组成及各组成部分的作用

图 2-1 和图 2-2 给出了模拟量输出通道的两种结构形式。前者为每通道一个 D/A 转换器（digital to analog converter，DAC），后者为多通道共享 D/A 转换器。从图 2-1 和图 2-2 可以看出，模拟量输出通道主要由 D/A 转换器、多路开关、输出保持和 V/I 转换等环节组成。

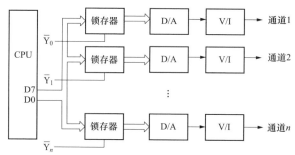

图 2-1 每通道一个 D/A 转换器结构形式原理框图

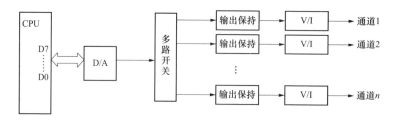

图 2-2 多通道共享 D/A 转换器结构形式原理框图

1. 多路开关（multiplexer switch，MUX）

在多通道共享 D/A 转换器的模拟量输出结构形式中，由于只有一个 D/A 转换器，而 D/A 转换器速度非常快，需要多路开关来切换将经 CPU 处理且由 D/A 转换器转换成的模

拟量信号按一定顺序输出到不同的控制回路或外部设备，完成一路到多路的转换，送入不同的执行机构。

2. D/A 转换器

D/A 转换器是把数字量信号转换成模拟量信号。常用的 D/A 转换器精度有 8、10、12 位等，输出负载能力一般要求不小于 500Ω。

3. 输出保持

由于计算机控制是分时的，每个 AO 通道只能周期地在一个时间片上得到输出信号，即这时执行机构得到的是时间上离散的模拟信号，而实际的执行机构却要求连续的模拟信号，因此为了使执行机构在两个输出信号的间隔时间内仍然能得到输出信号，就必须有输出保持器，通过它将前一采样时刻的输出信号保持下来，直到下一个采样时刻到来，重新得到新的输出信号。

根据模拟量输出通道结构和应用要求的不同，输出保持方式有数据寄存器保持、模拟器件保持和步进电动机/脉冲电动机保持三种方式。

（1）数据寄存器保持。数据寄存器保持方式用于每通道一个 D/A 转换器的模拟量输出结构形式中，其结构原理如图 2-3 所示。

在该方式中，数据寄存器起着保持器的作用。在某通道选通信号有效时，CPU 将要转换的数字量信号传递到对应的 D/A 转换器的输入端，当 CPU 输出其他通道的数字量信号时，该通道的选通信号无效，其 D/A 转换器输入端的数字量信号保持不变，转换的模拟量信号保持不变，直至该通道新的选通信号到来。

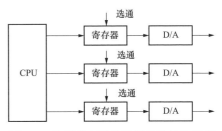

图 2-3　数据寄存器的数据保持结构原理

数据寄存器保持的特点是：①数据存储较模拟信号存储方便，最为普遍；②输出速度高，但每个通道要使用各自的 D/A 转换器；③数据寄存器可以精确保持输出数据，输出精度高。

（2）模拟器件保持。模拟器件保持用于多通道共享 D/A 转换器的模拟量输出结构形式中，采用电容和跟随器作为输出保持，其结构原理图如图 2-4 所示。

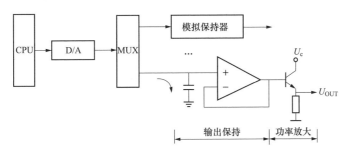

图 2-4　模拟器件保持电路

模拟器件保持的特点是：

1）节省 D/A 转换器，可在多路模拟量输出通道中共用一个 D/A 转换器。D/A 的输出经过多路开关分时地传送给模拟保持器件。在下一次输出之前，模拟保持器保持上一时刻输出的模拟信号。

2）为了使输出保持结果正确，必须对元件质量有很高的要求，即必须选择漏电流小的耦合电容；运算放大器为高输入阻抗，低漂移型（工作稳定、零点漂移、增益误差较小）；跟随器的输入阻抗很大，RC 很大，输入电压可以很长时间保持在电容上，输出阻抗很小，对外电路阻抗无要求。

需要注意的是，由于电容漏电流的存在，因此输出扫描周期不宜太长，应及时地对输出数据进行刷新，要选择漏电流小的电容。

在实际使用中，可以选用一些模拟保持器芯片，如 AD582、LF398 等。

（3）步进电动机保持。当计算机将电信号输出给步进电动机时，步进电动机动作；当计算机失电或失效，无电信号输出时，步进电动机可保持在原来的位置上，输出不至于回到零或最大。当现场的执行机构选用的是步进电动机时，可利用它的特点进行输出保持；当然现场执行机构未选用步进电动机时，不建议选用该方式。

4. V/I 转换

把 D/A 转换器输出的电压信号转换成可远传的电流。要求 V/I 电路必须具备一个很好的恒流特性（输出电流几乎不受所连接仪表阻抗的影响）。

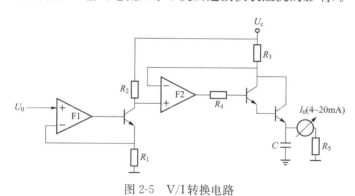

图 2-5　V/I转换电路

图 2-5 给出了一个压流转换电路。当 $R_1=5\times(1\pm0.01\%)$ kΩ，$R_2=2\times(1\pm0.01\%)$ kΩ，$R_3=100\times(1\pm0.1\%)$ Ω 等时，该电路可将 1～5V 的输入电压转换为 4～20mA 的电流。当 $R_1=5\times(1\pm0.01\%)$ kΩ，$R_2=2\times(1\pm0.01\%)$ kΩ，$R_3=200\times(1\pm0.1\%)$ Ω 时，可将 1～5V 的输入电压转换为 0～10mA 的电流。在实际使用中，可选择 AD693 等 V/I 转换芯片。

二、D/A 转换器

1. D/A 转换原理

D/A 转换器按其工作原理分为：权电阻电流式、开关电容式、R-$2R$ 电阻网络式、等值电阻分压式、PWM 积分式等多种类型。下面仅介绍 R-$2R$ T 型电阻网络的 D/A 转换原理。

R-$2R$ T 型电阻网络式转换器转换原理如图 2-6 所示。

该 D/A 转换器由基准电压源、R-$2R$ 电阻网络、数字位控制开关和运算放大器等部分组成。整个电路由若干个相同的支路组成，每个支路有两个电阻和一个开关。开关 S-i 是按二进制位进行控制的。当该位为"1"时，开关将加权电阻与 I_{OUT1} 输出端接通；该位为"0"时，开关与 I_{OUT2} 接通。由于 I_{OUT2} 为虚地，所以

$$I=\frac{U_{REF}}{\sum R} \tag{2-1}$$

流过每个权电阻 R_i 的电流依次为

$$I_1=\frac{1}{2^n}\times\frac{U_{REF}}{\sum R} \tag{2-2}$$

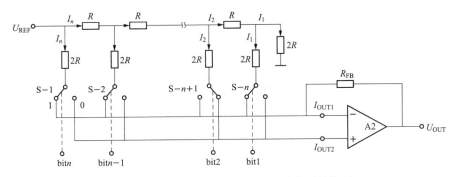

图 2-6 $R\text{-}2R$ T 型电阻网络式 D/A 转换器转换原理

$$I_2 = \frac{1}{2^{n-1}} \times \frac{U_{\text{REF}}}{\sum R} \tag{2-3}$$

$$\cdots$$

$$I_n = \frac{1}{2^1} \times \frac{U_{\text{REF}}}{\sum R} \tag{2-4}$$

由于 I_{OUT1} 端输出的总电流是置"1"各位加权电流的总和，I_{OUT2} 端输出的总电流是置"0"各位加权电流的总和，所以当 D/A 转换器输入为全"1"时，I_{OUT1} 和 I_{OUT1} 分别为

$$I_{\text{OUT1}} = \frac{U_{\text{REF}}}{\sum R} \times \left(\frac{1}{2} + \frac{1}{2^2} + \frac{1}{2^3} + \cdots + \frac{1}{2^n}\right) \tag{2-5}$$

$$I_{\text{OUT2}} = 0 \tag{2-6}$$

当运算放大器的反馈电阻值 R_{FB} 等于反相端输入电阻值 $\sum R$ 时，其输出模拟电压为

$$U_{\text{OUT}} = -I_{\text{OUT1}} \times R_{\text{FB}} = -U_{\text{REF}}\left(\frac{1}{2} + \frac{1}{2^2} + \frac{1}{2^3} + \cdots \frac{1}{2^n}\right) \tag{2-7}$$

对于任意二进制码，其输出模拟电压为

$$U_{\text{OUT}} = -U_{\text{REF}}\left(\frac{a_1}{2} + \frac{a_2}{2^2} + \frac{a_3}{2^3} + \cdots \frac{a_n}{2^n}\right) = -\frac{D}{2^n}U_{\text{REF}} \tag{2-8}$$

式（2-8）中，$a_i = 1$ 或 $a_i = 0$，D 为数字量，便可得到相应的模拟量输出。

可见，输出电压正比于输入数字量，其幅度的大小可以通过选择 U_{REF} 和 $R_{\text{FB}}/\sum R$ 的比值来调整。

2. D/A 转换器的主要技术指标

D/A 的主要技术指标是选择 D/A 转换器件的参考指标，它的主要技术指标有分辨率、转换精度、线性误差、转换时间等。

（1）分辨率（resolution）。指最小模拟输出量（对应数字量仅最低位为"1"）与最大模拟输出量（对应数字量所有有效位为"1"）之比。

分辨率 Δ 与输入数字量的位数 n 之间的关系可表示为

$$\Delta = \frac{\text{FSR}}{2^n - 1} \tag{2-9}$$

式中，FSR 为满标度量程（full-scale range）。

很明显，分辨率与 D/A 转换器位数有固定的对应关系，一般也简单地用它们的位数来表示，如 DAC0832 的分辨率为 8 位，DAC1210 的分辨率为 12 位等，常用的有 8、10、12

位和 16 位等。D/A 转换器的位数越高，分辨率也越高。

D/A 转换器输出一般都通过功率放大器驱动执行机构。设执行机构的最大输入值为 u_{max}，最小输入值为 u_{min}，灵敏度为 λ，参照式（2-10）可得 D/A 转换器的位数。

$$n \geqslant \log_2 \left(1 + \frac{u_{max} - u_{min}}{\lambda}\right) \tag{2-10}$$

即 D/A 转换器的输出应满足执行机构动态范围的要求。在计算机控制中，按照该公式估算出位数后，再根据现有 D/A 转换器位数取整进行选择。一般情况下，可选 D/A 位数小于或等于 A/D 位数。

（2）转换精度。由于转换器内部电路的误差（如零点失调误差、增益误差、线性度误差、噪声）等原因，对应一个确定的数字量时，转换后的实际输出值与该数值应产生的理想输出值之间会含有一定的差值。通常用此差值与满量程输出电压或电流之间的百分比表示转换精度。例，某 D/A 转换器的电压满量程为 10V，其精度为 0.02%，则输出电压的最大误差为 10.00V×0.02%＝2mV。一般 D/A 转换器的误差应不大于 1/2LSB（LSB：least significant bit，最低有效位）对应输出。

转换精度和分辨率是两个不同的概念，分辨率是指能够对转换结果发生影响的最小输入量，分辨率很高的 D/A 转换器并不一定具有很高的精度。

（3）线性误差。D/A 转换器的输入数字量都是连续的数值，每两个相邻的数据之间的差值为 1。若将这些连续的数据送给 D/A 转换器，应该输出一个线性变化的模拟电压。但实际的输出并不是理想线性的。

通常用偏离理想转换特性的最大偏差与满量程之间的百分数来表示线性误差。一般要求线性误差不大于 1/2LSB。

（4）转换时间/稳定时间。指从数字量输入起，到建立稳定的输出电流［模拟量输出达到终值附近误差带内（±1/2LSB 对应的输出）］所需要的时间。

D/A 转换中常用转换时间来描述其速度，而不是 A/D 转换中常用的转换速率。不同型号的 D/A 转换器，其转换时间不同，一般几皮秒到几微秒。电流输出 D/A 转换器的建立时间较短，电压输出 D/A 转换器的建立时间主要取决于输出运算放大器所需的响应时间。

（5）输出电平。指 D/A 转换器满量程输出电压的大小。不同型号的 D/A 转换器件的输出电平相差较大，一般为 5～10V，有的高压输出型的输出电平高达 24～30V。还有些电流输出型的 D/A 转换器，低的为几毫安到几十毫安，高的可达 3A。

（6）输入码制。指 D/A 转换器输入数字量代码的编码方式，如自然二进制编码、双极性二进制码、BCD 编码和偏移码等。

（7）温度系数。指满刻度时，温度每变化 1℃时，输出模拟量变化的百分数。例如单片集成 AD561J 的温度系数应不大于 $10 \times 10^{-6} FSR/℃$。

（8）电源抑制比。指满量程电压变化的百分数与电源电压变化的百分数之比。对于高品质的 D/A 转换器，要求开关电路及运算放大器所用的电源电压发生变化时，对输出的电压影响极小。

（9）工作温度范围。工作温度会对运算放大器和加权电阻网络等产生影响，只有在一定的温度范围内，才能保证 D/A 转换器额定精度指标。工业级 D/A 转换器的工作温度范围为 −40～85℃，较差的 D/A 转换器工作温度范围为 0～70℃。

三、常用的 D/A 转换芯片及接口技术

D/A 转换芯片比较多，本书将重点介绍 8 位并行 D/A 转换芯片 DAC0832、12 位并行 D/A 转换芯片 TLV5613 和 12 位串行转换 TLV5616 等及其接口技术。

（一）DAC0832 及接口技术

DAC0832 是一种内部带有数据输入寄存器的 8 位 D/A 转换器，采用先进的 CMOS 工艺制成，芯片内有 $R\text{-}2R$ T 型电阻网络，用于对参考电压产生的电流进行分流，完成数模转换，转换结构以一组差动电流 I_{OUT1} 和 I_{OUT2} 输出。

1. DAC0832 的结构及原理

DAC0832 的结构原理如图 2-7 所示。

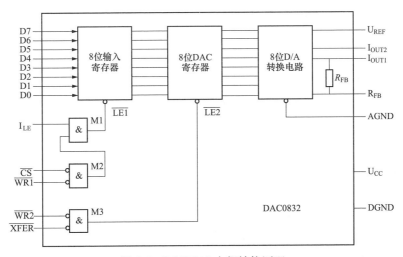

图 2-7 DAC0832 内部结构原理

由图 2-7 可知，DAC0832 转换器内部具有两级输入数据缓冲器和一个 $R\text{-}2R$ T 型电阻网络。第一级输入数据缓冲器，即 8 位输入寄存器受控于 $\overline{LE1}$。当 $\overline{LE1}$ 有效时，输入寄存器的输出随输入而变化；当 $\overline{LE1}$ 处于无效状态时，数据被锁存在寄存器中，不受输入量变化所影响。第二级输入数据缓冲器，即 8 位 DAC 寄存器受控于 $\overline{LE2}$。当 $\overline{LE2}$ 有效时，允许 D/A 转换；否则，停止 D/A 转换。

在使用时，可以通过对控制引脚的不同设置而决定 $\overline{LE1}$、$\overline{LE2}$ 的状态，从而使 DAC0832 在直通、单缓冲和双缓冲等方式下工作。

2. DAC0832 的引脚及功能

DAC0832 为 20 引脚芯片，其功能如下：

（1）输入线：8 根。D7～D0，数字量输入线。D7 是最高位（most significant bit, MSB），D0 为最低位（least significant bit, LSB）。

（2）输出线：3 根。

1）I_{OUT1}：DAC0832 电流输出 1。当输入的数字量为全 1 时，I_{OUT1} 输出为最大值；输入为全 0 时，I_{OUT1} 输出为最小值（近似为 0）。

2）I_{OUT2}：DAC0832 电流输出 2。在数值上，I_{OUT1} 和 I_{OUT2} 的输出和为常数。采用单极性输出时，I_{OUT2} 常常接地。

3）R_{FB}：反馈信号输入线，为外部运算放大器提供一个反馈电压。其内接电阻 R_{FB} 可由芯片内部提供，也可以采用外接电阻的方式。

（3）控制线：5 根。

1）I_{LE}：输入锁存允许信号，高电平有效。

2）$\overline{CS}$：片选信号，低电平有效。

3）$\overline{WR1}$：8 位输入寄存器写选通信号，低电平有效。当 $\overline{WR1}$ 为低电平时，将输入数据传送到输入寄存器；当 $\overline{WR1}$ 为高电平时，输入寄存器中的数据被锁存；只有当 I_{LE} 为高电平，且 $\overline{CS}$ 和 $\overline{WR1}$ 同时为低电平时，方能将输入寄存器中的数据进行更新。I_{LE}、$\overline{CS}$ 和 $\overline{WR1}$ 联合构成第一级数据的锁存控制。

4）$\overline{WR2}$：8 位 DAC 寄存器写选通信号，低电平有效。

5）$\overline{XFER}$：数据传送控制信号，低电平有效。该信号与 $\overline{WR2}$ 信号联合使用，可将第一级锁存的数据传送到 D/A 转换电路进行转换，构成第二级数据的锁存控制。

（4）电源线和地线：4 根。

1）U_{REF}：参考电压输入线，要求外接一精密电源。当 U_{REF} 所接电源为 $\pm 10V$ 或 $\pm 5V$ 时，可获得满量程四象限的可乘操作。

2）U_{CC}：数字电路供电电压线，一般为 $+5 \sim +15V$。

3）AGND：模拟地。

4）DGND：数字地。它与模拟地是两种不同性质的地，应单独连接。

3. 工作方式

改变 I_{LE}、$\overline{CS}$、$\overline{WR1}$、$\overline{XFER}$ 和 $\overline{WR2}$ 等控制信号的时序、电平，就可使 DAC0832 工作于直通、单缓冲和双缓冲三种工作方式。

（1）直通方式。DAC0832 的内部有两个起数据缓冲器作用的寄存器，分别受 $\overline{LE1}$、$\overline{LE2}$ 控制。如果它们都为高电平，则 D7～D0 上的信号可直通地到达 8 位 DAC 寄存器，进行 D/A 转换。

因此，I_{LE} 接 $+5V$，$\overline{CS}$、$\overline{WR1}$、$\overline{XFER}$ 和 $\overline{WR2}$ 接数字地，D/A 转换器不受任何控制，DAC0832 在直通方式下工作。8 位数字量一旦到达其数字输入端，就立即加到 8 位 D/A 转换电路被转换成模拟量。

直通方式用于不带微机的控制系统，如在构成波形发生器时，需要把产生的基本波形数据存在 ROM 中，然后连续取出来送到 D/A 转换器去转换成电压信号，而不需要用任何外部控制信号。

（2）单缓冲方式。单缓冲方式就是使 DAC0832 的两个输入寄存器中有一个处于直通方式，而另一个处于受控的锁存方式。有以下三种方法可以实现单缓冲方式：

1）$\overline{WR2}$、$\overline{XFER}$ 接数字地，DAC 寄存器处于直通方式；I_{LE} 接高电平，$\overline{WR1}$ 接 $\overline{IOW}$ 信号，$\overline{CS}$ 接端口地址译码输出信号。执行 I/O 端口输出指令，选中该端口，$\overline{CS}$、$\overline{WR1}$ 有效，启动 D/A 转换。

2）$\overline{CS}$、$\overline{XFER}$ 并接端口地址译码输出信号，$\overline{WR1}$、$\overline{WR2}$ 接 $\overline{IOW}$，执行 I/O 端口输出指令，两级寄存器同时选通，其接口电路如图 2-8 所示。

3）与方法 1 相反，第一级直通，第二级选通。I_{LE} 接高电平，$\overline{CS}$、$\overline{WR1}$ 接数字地，

WR2接$\overline{\text{IOW}}$信号，XFER接端口地址译
码输出信号。执行 I/O 端口输出指令，
选中该端口，$\overline{\text{XFER}}$和$\overline{\text{WR2}}$有效，启动
D/A 转换。

（3）双缓冲方式。双缓冲方式是在
程序控制下，把要转换的数据先输入 8
位输入寄存器，然后再在某个时刻启动
D/A 转换。这样可以做到对前一个数据
转换的同时，能进行下一个数据的输入，
转换速度较高。这时，可将 I_{LE} 接+5V，
$\overline{\text{WR1}}$、$\overline{\text{WR2}}$接$\overline{\text{IOW}}$，$\overline{\text{CS}}$、$\overline{\text{XFER}}$分别接

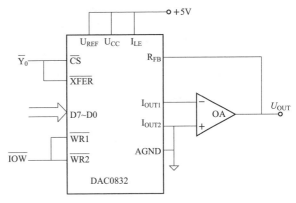

图 2-8　单缓冲工作方式原理

不同的端口地址译码信号，地址分别为 PORT1 和 PORT2，其接口电路如图2-9 所示。

首先指向端口 PORT1，执行 I/O 端口输出指令选中$\overline{\text{CS}}$端口，$\overline{\text{WR1}}$、$\overline{\text{WR2}}$有效，数据
写入输入寄存器；再指向端口 PORT2，执行 I/O 端口输出指令选中$\overline{\text{XFER}}$端口，$\overline{\text{WR1}}$、
$\overline{\text{WR2}}$有效，数据写入 DAC 寄存器，启动
D/A 转换。

在需要同步进行 D/A 转换的多路
DAC 系统中，采用双缓冲方式，可以在
不同时刻把要转换的数据分别输入各 D/A
转换器的输入寄存器，然后由一个转换命
令同时启动多个 D/A 转换器的转换。图
2-10 所示是一个用 3 片 DAC0832 构成的 3
路 DAC 系统。

图 2-10 中，$\overline{\text{WR1}}$、$\overline{\text{WR2}}$接微型机的
$\overline{\text{IOW}}$，3 个 DAC0832 的$\overline{\text{CS}}$引脚各由一个

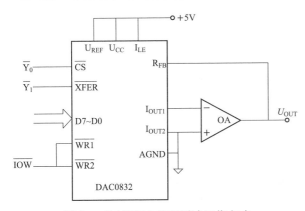

图 2-9　DAC0832 的双缓冲工作方式

片选信号控制，3 个$\overline{\text{XFER}}$信号连在一起，接到第 4 个片选信号上，I_{LE} 可以根据需要来控
制，一般接高电平，保持选通状态。先用 3 条输出指令选择 3 个端口，分别将数据写入各
DAC0832 芯片的输入寄存器；当数据都就绪后，再执行一次写操作，使$\overline{\text{XFER}}$变为低电平，
同时选通 3 个 DAC 寄存器，实现同步转换。

4. 输出方式

DAC0832 可工作于单极性电压输出、双极性电压输出和电流输出三种方式。

（1）单极性电压输出。单极性电压输出是指输出电压是正或负的单向信号。对于
DAC0832 而言，在其电流输出端上增加一级电压放大器，即可实现单极性电压的输出。典
型的 DAC0832 的单极性电压输出电路如图 2-11 所示。

图 2-11 中，DAC0832 的电流输出端 I_{OUT1} 接至运算放大器的反相输入端，故输出电压
U_{OUT} 与参考电压 U_{REF} 极性相反。当 U_{REF} 接+5V 或+10V 时，D/A 转换器输出电压范围
为−5V 或−10V。如果要得到+5V 或+10V 的输出电压，则 U_{REF} 应接−5V 或−10V。

单极性输出电压 U_{OUT} 与转换的数字量 D、参考电压 U_{REF} 之间的转换关系为

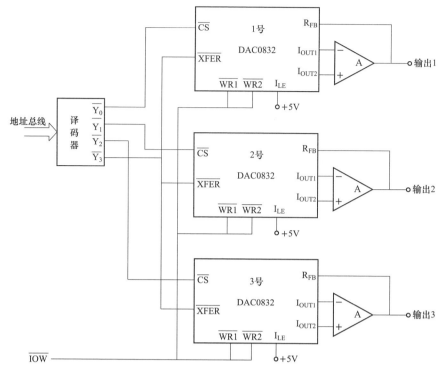

图 2-10　用 DAC0832 构成的 3 路 DAC 系统

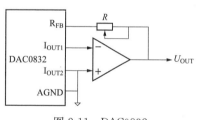

图 2-11　DAC0832
单极性电压输出电路

$$U_{\text{OUT}} = -\frac{D}{256}U_{\text{REF}} \qquad (2\text{-}11)$$

当输入为全零代码时，输出电压为 0；当输出全 1 代码时，输出电压为满刻度电压减去一个代码对应的电压值，即 $U_{\text{REF}} - \frac{1}{256}U_{\text{REF}}$。

当选 $U_{\text{REF}} = -10\text{V}$，$U_{\text{OUT}} = 9.96\text{V}$；当 $U_{\text{REF}} = -10.04\text{V}$，$U_{\text{OUT}} = 10\text{V}$。

（2）双极性电压输出。双极性电压输出是指输出电压相对于地具有正负极性的变化。在控制正转、反转等应用场合是十分需要的。

只要在单极性电压输出的基础上再加一级电压放大器，并配以相关的电阻网络，就可以构成双极性电压输出，如图 2-12 所示。

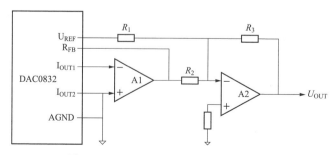

图 2-12　DAC0832 双极性电压输出电路

图 2-12 中，U_{REF}经 R_1 为 A2 提供了一个偏移电流，方向与 A1 输出电流相反。运算放大器 A2 的输入电流应为偏移电流和 A1 提供的电流的代数和。如果 R_1、R_2 和 R_3 参数选择得当，A2 的输出将在 A1 输出的基础上进行偏移。

当选择 $R_1=2R$，$R_2=R$，$R_3=R$ 时，输出电压 U_{OUT} 与转换的数字量 D、参考电压 U_{REF}之间的转换关系为

$$U_{OUT}=U_{REF} \cdot \left[\frac{D-2^{n-1}}{2^n}\right] \tag{2-12}$$

式中　n——DAC 的分辨率，DAC0832 的分辨率为 8 位，$n=8$。

当 $D=0$ 时，$U_{OUT}=-\dfrac{U_{REF}}{2}$；当 $D=128$ 时，$U_{OUT}=0$；当 $D=255$ 时，$U_{OUT}=\dfrac{127}{256}U_{REF}\approx$ $\dfrac{1}{2}U_{REF}$。设 $U_{REF}=+5V$ 时，双极性电压输出范围为 $-2.5\sim+2.5V$。

当选择 $R_1=2R$、$R_2=R$、$R_3=2R$ 时，输出电压 U_{OUT} 与转换的数字量 D、参考电压 U_{REF}之间的转换关系为

$$U_{OUT}=U_{REF} \cdot \left[\frac{D-2^{n-1}}{2^{n-1}}\right] \tag{2-13}$$

当 $D=0$ 时，$U_{OUT}=-U_{REF}$；当 $D=128$ 时，$U_{OUT}=0$；当 $D=255$ 时，$U_{OUT}=\dfrac{127}{128}U_{REF}\approx$ U_{REF}。设 $U_{REF}=+5V$ 时，双极性电压输出范围为 $-5\sim+5V$。

（3）电流输出。控制系统中的执行机构常常采用电流信号控制，因此需要将 D/A 转换器输出的电压信号转换成可远传的电流信号输出。图 2-13 给出了一个将单极性电压输出信号（0～5V）转换成标准电流信号（4～20mA）的电路图。

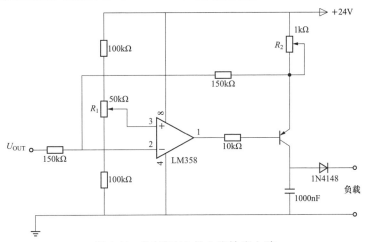

图 2-13　DAC0832 的电流输出电路

在图 2-13 中，调整 R_1 为 1.85kΩ，R_2 为 300Ω 时，当 DAC0832 的数字量输入为 00H 时，负载电流为 4mA；当 DAC0832 的数字量输入为 FFH 时，负载电流为 20mA。该电流输出电路可以将 0～5V 电压信号线性地转换成 4～20mA 信号输出给负载。

5. DAC0832 与微型计算机的接口技术

D/A 转换器与微型计算机的接口技术涉及数字量输入端的连接和外部控制信号的连接

两个问题。

（1）数字量输入端的连接。D/A 转换器数字量输入端与微型计算机的接口需要考虑两个问题，一个是位数，另一个是 D/A 转换器的内部结构。

1）对于 8 位的并行 D/A 转换器芯片，与 8 位机相连，直接将 8 位的数字量输入端与 8 位机的数据线一一对应即可；如果与 16 位机相连，则可以与其高 8 位数据线连接，也可以与低 8 位数据线连接。需要提醒的是编程时要注意端口地址。

2）对于 D/A 转换器的内部结构，重点关注 D/A 转换器内部是否有锁存器。D/A 转换器内部无锁存器时，必须在微型机与 D/A 转换器之间设置锁存器或 I/O 接口；D/A 转换器内部有锁存器时，可直接相连，也可用并行接口或锁存器连接。

（2）外部控制信号的连接。外部控制信号的连接主要是片选信号、写信号及启动信号的连接，其连接方法与 D/A 转换器的结构有关。一般来讲，片选信号主要由地址线或地址译码器提供。在微型计算机系统中，可把 D/A 转换器看成输出设备，其写信号由 I/O 端口的写信号提供。DAC0832 等 D/A 转换芯片不专门提供启动信号，一般为片选及写信号的合成。前面已经介绍过，通过对控制信号的不同连接，DAC0832 可工作在直通方式、单缓冲方式和双缓冲方式。

需要说明的是，由于各种 D/A 转换器的结构不同，它们与微型计算机接口的方法也有差异。但在基本连接关系方面，它们仍然有共同之处。上面介绍的 DAC0832 与微型计算机的接口技术适用于其他同类 D/A 转换芯片，如 DAC1210 等。

（3）DAC0832 与 51 系列单片机的接口及程序设计应用示例。

由于 DAC0832 内部含数据锁存器，它与单片机可直接连接，也可通过锁存器或 I/O 接口连接。DAC0832 与单片机直接连接的电路如图 2-14 所示。

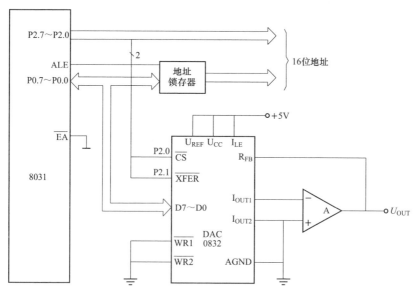

图 2-14　DAC0832 与单片机的连接电路

图 2-14 中，DAC0832 为双缓冲方式，其数字输入信号 D7～D0 直接与单片机的 P0 口相连。P2.0 控制$\overline{CS}$信号，P2.1 控制$\overline{XFER}$，$\overline{WR1}$、$\overline{WR2}$同时接地，始终有效，输入锁存允许

信号 I_{LE} 接高电平。由图 2-14 所示的连接方法中，DAC0832 的第一级地址为 0FEFFH，第二级地址为 0FDFFH。设待转换数据为 nnH，则完成图 2-14 所示的 D/A 转换程序如下：

```
#include<reg51.h>
#include<intrins.h>
sbit    strobe = P2^0;
sbit    start = P2^1;
void    main(void)
{
    strobe = 0;
    P0 = 0xnn;              //待转换数据输出到DAC0832的8位输入寄存器
    strobe = 1;
    start = 0;
    _nop_();               //待转换数据输出到8位DAC寄存器,启动转换
    start = 1;
    while(1);
}
```

DAC0832 通过 8255A 的 B 口与单片机连接的电路如图 2-15 所示。DAC0832 工作在直通方式，所用的控制信号始终有效，其数字量输入端只需与 8255A 的 B 口连接即可。对于内部未设置锁存器的 D/A 转换器，可参考本例。

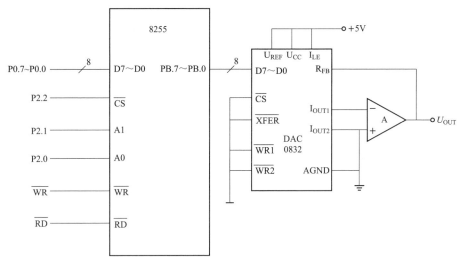

图 2-15   8255 作为 I/O 接口的 DAC0832 接口电路

6. 应用示例

（1）信号源。DAC0832 在单、双缓冲方式下直接与系统总线相连，也可以将它看作一个输出端口，每向该端口送一个 8 位数据，其输出端就会有相应的输出电压，通过编写程序，利用 D/A 转换器产生不同的输出波形，例如锯齿波、三角波、方波和正弦波等。

【例 2-1】 设计一硬件电路，编写一个输出锯齿波的程序，周期任意。DAC0832 工作于单缓冲方式、双极性电压输出。

满足要求的硬件电路如图 2-16 所示。

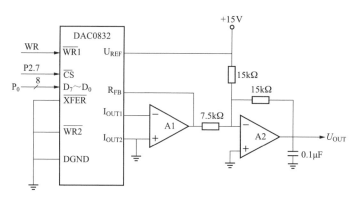

图 2-16　信号源示例的硬件电路

锯齿波实现方法：正向锯齿波的规律是电压从最小值开始逐渐上升，上升到最大值时立刻跳变为最小值，如此反复。反向锯齿波的规律是电压从最大值开始逐渐下降，下降到最小值时立刻跳变为最大值，如此反复。

编程思路：从 0 开始往 0832 输出数据，每次加 1，直到最大值 FFH，然后从 0 开始下一个周期，循环执行，在 DAC0832 输出端得到一个正向锯齿波。从 0 开始往 DAC0832 输出数据，每次减 1，直到最小值 00H，然后从 FFH 开始下一个周期，循环执行，在 0832 输出端得到一个反向锯齿波。

正向锯齿波程序如下：

```
# include<reg51.h>
sbit   strobe = P2^7;
void   main(void)
  {
  int   num = 0;
  while(1)
  {
    for(num = 0;num < = 255;num + + )
    {
    strobe = 0;
    P0 = num;                          //启动 D/A 转换
    strobe = 1;
    }
  }
}
```

在上述程序中，将"for（num=0；num <=255；num++）"指令修改为"for（num=0；num <=255；num--）"可得到反向锯齿波。

输出波形如图 2-17 所示。实际上，波形是由 255 个阶梯波组成，通过加滤波电路可以得到较平滑的锯齿波输出。在硬件电路不变的情况下，可通过修改程序实现对输出波形周期和幅度的调整。

（2）工业控制器。D/A 转换器常用于调速系统和伺服控制系统中的电动机转速控制。图 2-18 所示为直流伺服电动机的 PWM 转速控制系统的框图。

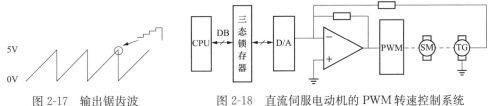

图 2-17　输出锯齿波　　　　图 2-18　直流伺服电动机的 PWM 转速控制系统

图 2-18 中，D/A 转换器输出的模拟电压通过功率放大器控制直流伺服电动机的转速，速度传感器（如光电编码器等）检测到的转速通过模拟量输入通道反馈给 CPU 形成闭环控制系统。

（二）12 位 D/A 转换芯片 TLV5613 及接口技术

TLV5613 是一个 12 位、单电源、基于电阻网络结构的 D/A 转换器，它具有一个与 8 位单片机兼容的并行接口。使用 3 个不同的地址来写入低 8 位、高 4 位和 3 个控制位。TLV5613 可工作于 2.7～5.5V 较宽的电源电压范围。

1. 内部结构

TLV5613 包含上电复位、并行接口、掉电和速度控制逻辑、寄存器网络（包括高 4 位数据锁存、低 8 位数据锁存和 12 位 DAC 锁存形成的两级缓冲结构，以及 3 位控制信号锁存）、电阻网络和输出缓冲器等环节，其内部结构及引脚如图 2-19 所示。

输出电压由式（2-14）给出：

$$U_{OUT} = 2U_{REF} \times \frac{D_{CODE}}{0x1000} \tag{2-14}$$

式中　U_{REF}——参考电压；

　　D_{CODE}——数字量输入，其范围为 0x000～0xFFFH。

TLV5613 的满量程电压由参考电压决定，其参考电压为 2.5V，输出前内部经过了 2 倍放大，故输出满量程为 5V。

2. TLV5613 的引脚及功能

TLV5613 有 20 个引脚，其定义及功能如下：

D0（LSB）～D7（MSB）：8 位数据输入端，12 位数据可分两次输入。

A0、A1：地址选择输入，用于选择低位数据寄存器或高位寄存器或控制寄存器。当 A1A0＝00 时，表示访问低 8 位数据寄存器；当 A1A0＝01 时，表示访问高 8 位数据寄存器；当 A1A0＝10 时，地址无定义；当 A1A0＝11 时，表示访问控制寄存器。

U_{OUT}：模拟电压输出端，输出电压范围为 0～5V。

$\overline{CS}$：片选信号，低电平有效。

$\overline{LDAC}$：DAC 寄存器锁存控制信号，低电平有效。

$\overline{PWD}$：电源输入控制端，低电平有效，关闭电源输入。

SPD：速度控制输入端。

$\overline{WE}$：写允许信号，低电平有效。

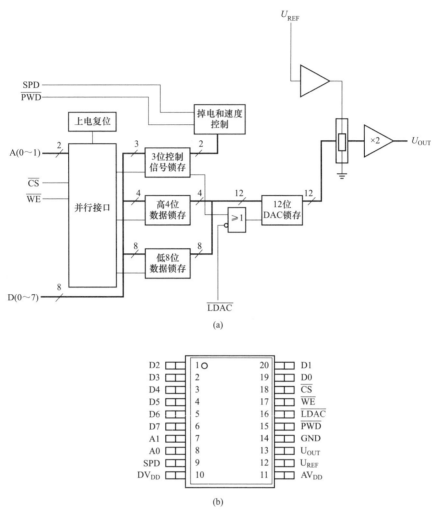

图 2-19　TLV5613 内部结构和引脚配置

（a）内部结构；（b）引脚配置

AV_{DD}、DV_{DD}：模拟电源、数字电源。

U_{REF}：模拟参考电压输入，2.5V。

GND：地线。

3. 控制寄存器

TLV5613 的控制寄存器格式如图 2-20 所示。

D7	D6	D5	D4	D3	D2	D1	D0
×	×	×	×	×	RLDAC	PWD	SPD

图 2-20　TLV5613 控制寄存器格式

图 2-20 中：

×：无关位；

SPD：速度控制位，1 表示高速模式，0 表示低速模式；

PWD：电源控制位，1 表示掉电模式，0 表示正常模式；

RLDAC：DAC 锁存控制信号，1 表示输出允许，0 表示禁止输出，由 $\overline{\text{LDAC}}$ 引脚决定 DAC 的锁存允许。

4. 应用示例

TLV5613 与 51 单片机的接口电路如图 2-21 所示。

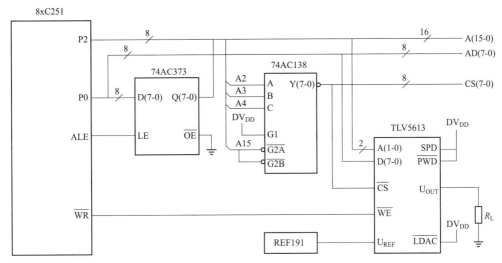

图 2-21　TLV5613 与 51 单片机的接口电路

图 2-21 中，PWD、SPD、$\overline{\text{LDAC}}$ 均接 DV_{DD}，其控制功能可通过 TLV5613 控制寄存器中的相应位实现。

软件编写流程为：将控制字写入控制寄存器中，使 RLDAC＝0；然后分别向高位和低位数据寄存器写入欲转换的数据，最后将 RLDAC 置 1，同时设置 PWD 和 SPD。设 TLV5613 的基地址为 3100H，则将数字量 0x0678H 转换成模拟量的程序如下：

```
# include<reg51.h>
# define DATAD XBYTE [0x3100]
# define DATAG XBYTE [0x3101]
# define CADDR XBYTE [0x3103]
void main()
{
    CADDR = 0x00;
    DATAD = 0x78;
    DATAG = 0x06;
    CADDR = 0x04;
}
```

（三）串行 D/A 转换芯片及接口技术

1. TLV5616 简介

TLV5616 是 12 位串行 D/A 转换器，兼容 SPI 串行接口，其引脚如图 2-22 所示。

TLV5616 各引脚的功能见表 2-1。

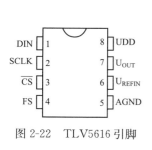

图 2-22　TLV5616 引脚

表 2-1　　　　　　　　TLV5616 引脚功能

引脚名称	输入或输出	引脚描述
AGND	—	模拟地
UDD	—	工作电源，接 5V
U_{REFIN}	输入	参考电压输入端，接 2.5V
$\overline{CS}$	输入	片选信号，低电平有效
DIN	输入	串行数据输入端
SCLK	输入	时钟信号输入端
FS	输入	帧同步信号输入端，用于 4 线串行接口
U_{OUT}	输出	模拟电压输出端

TLV5616 的内部结构如图 2-23 所示。

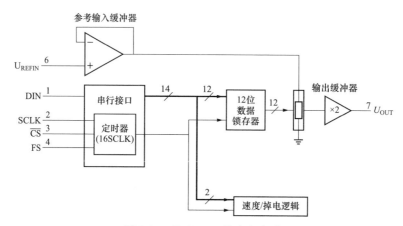

图 2-23　TLV5616 的内部电路

由图 2-23 可以看出，TLV5616 包括串行接口、12 位数据锁存器、参考输入缓冲器、电阻网络和输出缓冲器、速度/掉电逻辑，它将 12 位的数据转换为模拟电压。TLV5616 的输出电压与参考电压的极性相同。

输出的电压值为

$$U_{OUT} = 2 \times U_{REFIN} \times \frac{D_{CODE}}{0x1000} \qquad (2-15)$$

式中　D_{CODE}——输入的 12 位数据。

CPU 向 TLV5616 发送的串行数据每帧为 16 位，其中高 4 位为控制位，低 12 位为转换的数据，高位在前，低位在后，其数据格式如图 2-24 所示。

D15	D14	D13	D12	D11	D10	D9	D8	D7	D6	D5	D4	D3	D2	D1	D0
×	SPD	PWR	×	12位转换数据											

图 2-24　TLV5616 的数据格式

注：SPD 为速度控制位，1 表示高速模式，0 表示低速模式；PWR 为电源控制位，1 表示掉电模式，0 表示正常模式。

TLV5616 接口时序如图 2-25 所示。

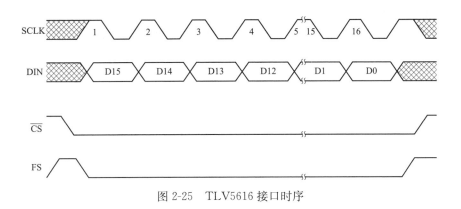

图 2-25　TLV5616 接口时序

2. 应用示例

由于 TLV5616 采用的是串行 3 线 SPI 接口，因此其接口电路设计比较简单，图 2-26 给出了 TLV5616 与 MCS51 单片机连接的电路图。TLV5616 的串行输入数据和外部控制信号通过控制器的 I/O 发送。串行输入数据通过 RXD 线传送，时钟信号通过 TXD 线传输，P3.4 和 P3.5 产生片选信号 $\overline{CS}$ 和结构同步信号 FS。

软件设计的重点在于单片机对 SPI 时序的模拟以及 TLV5616 芯片的功能实现。

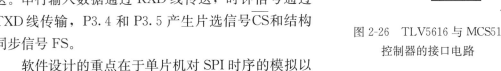

图 2-26　TLV5616 与 MCS51 控制器的接口电路

第二节　模拟量输入通道及接口技术

模拟量输入通道，简称 AI 通道，它的任务是把传感器输出的电信号经过适当的调理，转换成数字量输入计算机。传感器输出的模拟电信号的类型有：

（1）4～20mA DC、0～10mA DC、0～20mA DC 等标准电流信号。多数变送器的输出信号都是 4～20mA DC 标准电流信号，传送到控制室供各类仪表接收，特点是传输距离长、抗干扰能力强、没有衰减，只是对电流回路的负载有要求。对于这类信号，只需经 I/V 转换电路将其转换成电压信号即可。

（2）1～5V DC、0～5V DC 等标准电压信号。

（3）热电阻信号或电阻信号。对于该类信号，一般采用不平衡电桥或恒流源将电阻信号转换成电压信号。

（4）热电偶信号或毫伏（mV）信号。对于该类信号，一般要采用电平放大环节将毫伏（mV）级信号放大成伏（V）级信号，以提高 A/D 转换精度。对于热电偶信号，还需要考虑冷端温度补偿问题。

一、模拟量输入通道的组成及各组成部分的作用

（一）模拟量输入通道的结构型式

图 2-27 和图 2-28 给出了模拟量输入通道的两种结构型式。前者为分时采样、分时转换型多路模拟量输入通道，后者为同时采样、分时转换型多路模拟量输入通道。

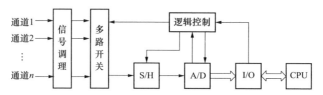

图 2-27　分时采样、分时转换型多路模拟量输入通道

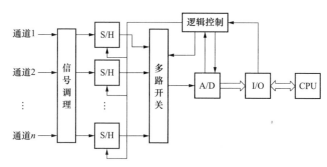

图 2-28　同时采样、分时转换型多路模拟量输入通道

从模拟量输入通道的结构形式可以看出，模拟量输入通道由信号调理、多路开关、A/D 转换器、采样/保持器（sample/hold，S/H）等组成，此外，还应包括硬件滤波和转换放大等环节。

（1）信号调理。把测量仪表送出的远传信号变换成 A/D 转换器能识别的电压信号。电阻信号输入时将电阻信号变换为电压信号，电流信号输入时将电流信号变换为电压信号。

（2）多路开关。由于计算机工作速度高，可以分时工作，输入量采集的信息很多，则多路开关就可把多个模拟信号分时送到 A/D 转换器，即完成多到一的转换，或者简单说是多路信号的采集。

（3）采样/保持器。由于任何一种 A/D 转换器都需要有一定时间来完成量化及编码操作。因此，在转换过程中，模拟量不能发生变化，否则，将直接影响转换精度。

（4）A/D 转换器。将输入的模拟信号转换成计算机能识别的信号，以便计算机进行分析和处理。

（5）在模拟量输入通道中还应包括硬件滤波和转换放大环节。

1）硬件滤波。减小干扰在有用信号中的比重。在模拟量输入通道中常采用 RC 滤波和光电隔离滤波措施。图 2-29 所示为 2 级 RC 滤波，主要用于消除工频干扰。

其中，RC 取值不同，抗干扰效果也不同。RC 越大，尤其是 C 值，抗干扰效果越好。但是 RC 太大，测量精度降低。RC 参数可通过实验确定，一般 $R = 100\ \Omega$，$C = 300\ \mu F$。

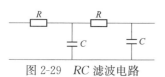

图 2-29　RC 滤波电路

2）转换放大的作用。作用表现在以下三方面：

a）电平放大。测量仪表输出的信号是微弱的电信号，如

热电偶产生的毫伏（mV）级电压信号。当温度变化 1℃时，其输出变化仅有 0.01mV。为保证 A/D 转换器转换精度，应先对模拟采样信号进行放大。

b）阻抗匹配。测量元件或传感器负载能力很小，高输入阻抗的放大器可使信号负载能力得到改善。

c）通道的抗共模干扰。具有高共模抑制比 CMRR 的放大器能提高模拟量输入通道的抗共模干扰的能力。

（二）模拟量输入通道的主要组成及应用

下面主要介绍多路开关、采样/保持器和 A/D 转换器及其应用。

1. 多路开关

多路开关的主要用途是把多个模拟量分时接通，常用于多路参数共用一台 A/D 转换器的系统中，完成多到一的转换；或者把经计算机处理，且由 D/A 转换器转换成的模拟信号按一定的顺序输出到不同的控制回路（或外部设备）中，完成一到多的转换。前者称为多路开关，后者称为多路分配器，或反多路开关。这类器件中有的只能做一种用途，称为单向多路开关，如 AD7501、AD7506；有些既能做多路开关，又能做多路分配器，称为双向多路开关，如 CD4051。从输入信号的连接方式来分，有的单端输入，有的则允许双端输入（或差动输入），如 CD4051 是单端 8 通道多路开关，CD4052 是双 4 通道模拟多路开关，CD4053 则是三重二通道多路开关。还有的能实现多路输入/多路输出的矩阵功能，如 8816 等。

由于半导体多路开关具有直接与 TTL（或 CMOS）电平相兼容、转换速度快、寿命长、无机械磨损等优点，在计算机控制和数据采集系统中得到了广泛的应用。常见的多路开关芯片有 CD 公司的 CD4051、CD4052、CD4053、CD4067、CD4097，AD 公司的 AD7051、AD7052、AD7053、AD7056、AD7057，以 及 MAX 公 司 的 MAX306、MAX307、MAX308、MAX309 等。

下面以 CD4051B 为例介绍多路开关的结构、真值表，以及在模拟量输入通道中的应用，其他多路开关芯片可参考相关芯片资料。

（1）CD4051B 结构。CD4051B 是单端 8 通道多路开关，原理电路如图 2-30 所示。

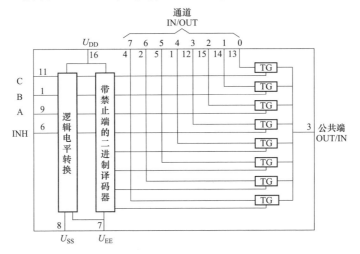

图 2-30　CD4051B 原理电路

图 2-30 中，CD4051B 由逻辑电平转换、二进制 3-8 译码器和开关电路 TG 组成。逻辑电平转换单元完成 TTL 到 CMOS 的转换。因此，这种多路开关输入电平范围大，数字控制信号的逻辑为 3～15V。二进制 3-8 译码器用来对选择输入端 C、B、A 的状态进行译码，以控制开关电路 TG，使某一路接通，从而将输入和输出通道接通。

（2）CD4051B 引脚。

C、B、A：通道选择输入端。

INH：禁止端，用来控制 CD4051B 是否有效。当 INH＝1，即 INH 端加 U_{DD} 时，所有通道均断开，禁止模拟量输入；当 INH＝0 时，即 INH 端加 U_{SS} 时，通道接通，允许模拟量输入。

通道 IN/OUT0～IN/OUT7、公共端 OUT/IN：多路开关的输入和输出端。当输入信号与引脚公共端 OUT/IN 连接，改变 C、B、A 三个控制信号的值，则可使其与 8 个输出端的任何一路相同，完成一到多的分配，此时称为多路分配器。当输入信号与引脚通道 IN/OUT0～IN/OUT7 中的一路连接，可完成多到一的切换，此时称为多路开关。

CD4051B 输入数字信号的范围为 U_{DD}～U_{SS}（3～15V），输入模拟信号的范围是 U_{DD}～U_{EE}（−15～15V）。用户可以根据自己的输入信号范围和数字控制信号的逻辑电平来选择 U_{DD}、U_{SS}、U_{EE} 的电压值。例如，如果 U_{DD}＝5V，U_{SS}＝0V，U_{EE}＝−5V，此时数字信号为 0～5V，模拟信号范围为 −5～5V。

（3）CD4051B 的真值表见表 2-2。

表 2-2　　　　　　　　　　　　　　CD4051B 的真值表

| 输入状态 | | | | 接通通道 | 输入状态 | | | | 接通通道 |
INH	C	B	A		INH	C	B	A	
0	0	0	0	0	0	1	0	1	5
0	0	0	1	1	0	1	1	0	6
0	0	1	0	2	0	1	1	1	7
0	0	1	1	3	1	×	×	×	无
0	1	0	0	4					

（4）多路开关在模拟量输入通道中的应用。多路开关 CD4051B 在模拟量输入通道中的连接如图 2-31 所示。

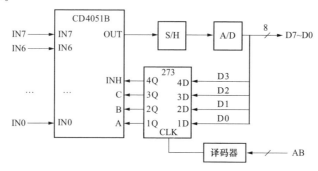

图 2-31　多路开关在模拟量输入通道中的连接

多路开关的通道选择和禁止端由接在 CPU 数据总线上的一个锁存器提供，用 I/O 输出指令实现通道选择。

对 CPU 来讲，锁存器相当于一个输出端口，由 I/O 地址译码器中的一个片选信号选通，用 I/O 输出指令将希望选中的通道编码经 D3~D0 打入锁存器后送到多路开关的 C、B、A 端，同时选通 INH。设锁存器 74LS273 的端口地址为 7FFFH，执行下述程序，可将 IN6 的模拟信号接通。

```
# include<reg51.h>
# include<absacc.h>
#define PORT XBYTE[0x7fff]
void main()
  {
  PORT = 0x06;
  while(1);
  }
```

在实际应用中，往往由于被测参数多，使用一个多路开关不能满足通道数的要求。为此，可以将多路开关进行扩展。以两片 CD4051B 组成 16 路多路开关为例说明多路开关扩展的电路如图 2-32 所示。

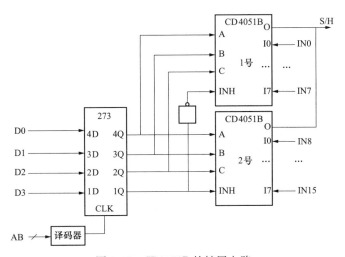

图 2-32　CD4051B 的扩展电路

两个多路开关的通道选择输入端共用一组数据总线进行选通，改变数据总线 D2~D0 的状态，即可分别选择 IN7~IN0 的 8 个通道之一。而两个多路开关的禁止端 INH 采用线性译码的方式，用数据线 D3 作为两个多路开关的禁止端的选择信号，当 D3＝1 时，选通 1 号 CD4051B。在这种情况下，无论 C、B、A 端的状态如何，都只能选通 IN0~IN7 中的一个。当 D3＝0 时，选通 2 号 CD4051B，此时，根据 D2~D0 的状态，可使 IN8~IN15 之中的相应通道选通。

2. 采样/保持器

如果直接将模拟量送入 A/D 转换器进行转换，A/D 转换器需要一定时间来完成量化和编码等操作。在转换过程中，如果模拟量发生变化，将直接影响转换结果。采样/保持器的作用是保证在转换过程中，A/D 转换器输入信号保持在其采样时的值不变。

采样/保持器有两种工作方式：一种是采样方式，另一种是保持方式。在采样方式，S/H 的输出跟随模拟量输入电压信号变化；在保持方式，S/H 的输出将保持在命令发出时刻的模拟量输入值，直到保持命令撤销或再度接到采样命令为止。此时，S/H 的输出重新跟踪输入信号的变化，直到下一个保持命令到来为止。采样/保持器的原理如图 2-33 所示。

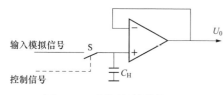

图 2-33　采样/保持器的原理

当采样命令（控制信号）有效，采样开关 S 合上，输入模拟电压对 C_H 快速充电，使 C_H 上的电压迅速达到输入电压值。由于缓冲放大器的跟随特性，输出电压 U_0 跟随输入电压而变化。

当采样命令（控制信号）无效，采样开关 S 断开，C_H 上的电压能在一段时间内保持基本不变，U_0 便被保持在开关断开前瞬间的值，从而实现了 S/H 的功能。

目前采样/保持器采用的是集成芯片。通用型 S/H 集成芯片有 AD582、AD583、LF198、LF398 等，高速型 S/H 芯片有 THS-0025、THS-0060、THC-0030、THC-1500，高分辨率型的有 SHA144（专用于 14 位 A/D 转换器）。下面以 LF198/LF298/LF398 为例，介绍集成电路 S/H 的工作原理。

LF198/LF298/LF398 是由双极性绝缘栅场效应管组成的采样/保持电路，其原理及引脚如图 2-34 所示。

LF198/LF298/LF398 芯片的引脚功能如下：

（1）INPUT：模拟量电压输入。

（2）OUTPUT：模拟量电压输出。

（3）逻辑（LOGIC）和逻辑参考（LOGIC REFERENCE）：逻辑及逻辑参考电平，用来控制采样/保持器的工作方式。当逻辑（LOGIC）为高电平时，通过控制逻辑使采样开关 S 闭合，电路工作在采样状态；反之，当逻辑（LOGIC）为低电平时，开关 S 断开，电路进入保持状态。它可以接成差动形式（对 LF198 而言），也可以将参考电平直接接地，然后，在逻辑（LOGIC）端用一个逻辑电平控制。

（4）偏置（OFFSET）：偏差调整引脚。可用外接电阻调整采样/保持器的偏差。

（5）保持电容（HOLD CAPACITOR）：保持电容引脚，用来连接外部保持电容。

此外，还有引脚 U＋、U－为采样/保持电路电源引脚，U＋电源变化范围为 5～18V，U－电源变化范围为－18～5V。

LF198/LF298/LF398 的典型应用电路如图 2-35 所示。

3. A/D 转换器

A/D 转换器将输入的模拟信号转换成计算机能够识别的二进制数字信号，以便计算机进行分析和处理。

（1）转换原理。A/D 转换器有并行比较式、串行比较式、过采样式、流水线式、逐次逼近式、双斜率积分式、电压/频率（V/F）变换式等，这里简要介绍后三种 A/D 转换器的转换原理。

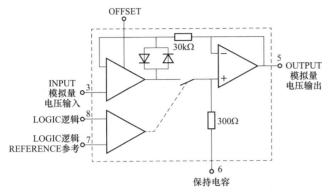

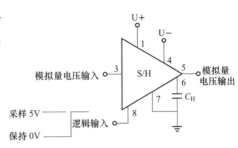

图 2-34　LF198/LF298/LF398 的原理框图　　　图 2-35　LF198/LF298/LF398 的典型应用电路

1）逐次逼近式。逐次逼近式 A/D 转换电路原理如图 2-36 所示，它主要由逐次型寄存器 SAR、D/A 转换器、比较器和时序及控制逻辑等组成。

逐次逼近 A/D 转换的实质是逐次设置 SAR 中的数字量，然后经 D/A 转换为模拟量，并与输入模拟量在比较器中比较，根据比较结果，修正 SAR 中的数字量，逐次去逼近输入模拟量。对于一个 N 位 A/D 转换器来讲，只需比较 N 次即可，因而转换速度快。

具体转换过程为：当向 A/D 转换器发出启动脉冲后，在时钟作用下，其控制逻辑首先将 N 位逐次逼近寄存器 SAR 最高位 D_{n-1} 置 1，经 D/A 转换成模拟量 U_c 后，与输入模拟量 U_x 在比较器中进行比较，由比较器给出比较结果。当 $U_x \geq U_c$ 时，则保留这一位，否则该位置 0。然后，再使 D_{n-2} 置 1，与上一位 D_{n-1} 一起进入 D/A 转换器，经 D/A 转换

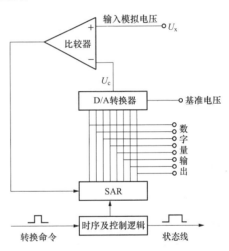

图 2-36　逐次逼近式 A/D 转换电路原理

器转换后的 U_c 再与模拟量 U_x 进行比较，如此继续下去，直到最后一位 D0 比较完成为止。此时，N 位寄存器中的数字量即为模拟量 U_x 所对应的数字量。当 A/D 转换结束后，由控制逻辑发出转换结束信号，表示转换结束，该结束信号既可由计算机查询，也可作为中断请求信号。

逐次逼近 A/D 转换的优点是转换速度快（一般在 1～100μs 以内），功耗低，但抗干扰能力较差。在低分辨率（小于 12 位）时价格便宜，但高精度（大于 12 位）时价格很高。

常用的 A/D 转换器芯片有 ADC0809（8 位）、AD7570（10 位）、AD573（10 位）、AD574（12 位）和 AD1674（12 位）等。

2）双斜率积分式。双斜率积分式 A/D 转换电路有积分器、检零比较器、计数器、基准电源及控制逻辑电路等组成，其原理如图 2-37 所示。

双斜率积分式 A/D 转换的工作过程为：转换开始后，首先使积分电容 C 完全放电，并将计数器清零。然后使开关 S 先接通输入电压 U_x，积分器对 U_x 定时正向积分，当定时时间 T_0 到时，控制逻辑使 S 合上基准电压 U_{REF}（极性与输入相反）端，计数器开始计数，此时

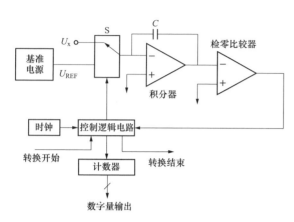

图 2-37　双斜率积分型 A/D 的转换原理

积分器开始反向积分（放电）至输出电压为 0 时，检零比较器翻转，并控制计数器停止计数。

积分波形如图 2-38 所示。从图 2-38 可知，在正向积分时间 T_0 固定的情况下，反向积分时间 T_1 或 T_2 与 U_x 成正比。因而，反向积分期间，计数器计下的数字量可以表示输入模拟电压 U_x 在时间 T_0 内的平均值。

由于双积分 A/D 转换器测量的是输入电压在 T_0 时间内的平均值，所以对串模干扰有很强的抑制作用，尤其是对正负波形对称的干扰信号，抑制效果更好。

双斜率积分式 A/D 转换器电路简单，抗干扰能力强，精度高（两次积分使用一个积分器，又使用同一个时钟频率），外接器件少，使用方便，具有较高的性价比，但其转换时间长（几十毫秒～几百毫秒），因此，适用于在模拟信号变化缓慢、采样速率要求较低的场合，以及对精度要求较高或现场干扰严重的场合。

常用的双斜率积分式 A/D 转换芯片有 3 位半（相当于二进制 11 位分辨率）的 MC14433、12 位二进制码输出的 ICL7109 和 4 位半（相当于二进制 14 位分辨率）的 ICL7135。

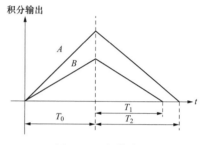

图 2-38　积分波形

3）V/F 转换型。电压/频率（V/F）转换型 A/D 转换器是将输入的模拟电压信号转换为频率信号，是 A/D 转换的另一种形式，其输出为脉冲形式，如锯齿波、方波、尖脉冲等。

V/F 转换器有四种基本结构，即积分复原式、电荷平衡式、交替积分式和电压反馈式。其中使用最多的是电荷平衡式，其电路原理如图 2-39 所示。

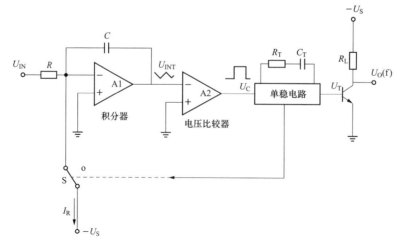

图 2-39　电荷平衡式 V/F 转换器电路原理

A1 和 RC 组成一积分器，A2 为零电压比较器，I_R 为恒流源，它与模拟开关 S 一起提供积分器反充电回路。当单稳电路产生一脉冲时，模拟开关接通反充电回路，整个电路为一个振荡频率受输入电压 U_{IN} 控制的多谐振荡器。其工作原理如下：当积分器的输出电压下降到零时，零电压比较器发生跳变，触发单稳电路，使之产生一个脉宽为 t_0 的脉冲使 S 导通 t_0 时间。在 t_0 期间，积分器反向积分，使积分器输出上升。t_0 结束时，S 断开，积分器正向积分，使积分器输出下降，当积分器输出再次回到零时，比较器又翻转而触发单稳电路，如此反复进行振荡不止。电荷平衡式 V/F 转换器的输出波形如图 2-40 所示。

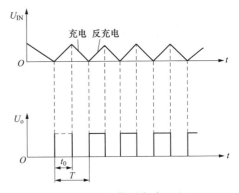

图 2-40　电荷平衡式 V/F 转换器的输出波形

根据正、反充电电荷相等的电荷平衡原理，可以得出

$$I_R t_0 = \frac{U_{IN}}{R} T$$

$$f = \frac{1}{T} = \frac{1}{I_R R t_0} U_{IN} \tag{2-16}$$

即输出频率与输入电压成正比。

V/F 转换器有不少用途，当用作 A/D 转换器时，其原理如图 2-41 所示。

输入电压加到 V/F 转换器上产生频率与 U_{IN} 成正比的脉冲序列，该脉冲序列通过门电路由计数器测定规定时间内的脉冲数，若额定测定时间为 T_s，则

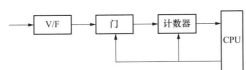

图 2-41　用 V/F 转换器构成 A/D 转换器

$$T_s = \frac{1}{f_s} 2^N \tag{2-17}$$

式中　f_s——额定输出频率；

　　　N——构成 A/D 转换器的分辨率。

采用 V/F 转换器容易实现信号隔离，抗干扰能力较强，占用计算机 I/O 口数较少，因而在测控系统中有一定的应用范围。

（2）主要技术指标。

1）分辨率。A/D 转换器的分辨率是指输出的数字量变化 1LSB 时所对应的输入模拟量的变化值，它取决于输出数字量的二进制位数。分辨率越高，转换时对输入模拟信号变化的反应就越灵敏。

设输入信号的最大值为 x_{max}，最小值为 x_{min}，对输入变化的辨识能力为 λ，可求出 A/D 转换器位数

$$n \geqslant \log_2 \left(1 + \frac{x_{max} - x_{min}}{\lambda} \right)$$

假设某温度控制系统的温度范围为 0～200℃，要求 $\lambda = 1℃/b$，则根据上式可求得 $n \approx 7.65$。

因此，取 A/D 转换器位数 n 为 8 位。在计算机控制系统中，可参考上式估算出的位数取整后再根据现有 A/D 转换芯片位数进行选择。

2）转换精度。转换精度由各种因素引起的误差所共同决定。

量化误差由 A/D 转换器的转换特性决定，是无法消除的。它是由 A/D 转换器的有限位数对模拟量进行量化而引起的误差，一旦 A/D 转换器位数确定，其量化误差也就确定了。

非线性误差是指：整个变换量程范围内，数字量所对应的模拟量输入信号的实际值与理论值之间的最大差值。理论上 A/D 转换器转换曲线应该是一条直线，即模拟输入与数字量输出之间应该是线性关系。但实际上它们两者的关系是非线性的。

其他误差包括电源波动引起的误差（电源变化 1% 时，相当于模拟量输入值产生的变化量）、温度漂移误差、零点漂移误差、参考电源误差。

3）转换时间。转换时间是指 A/D 转换器从启动到转换结束输出稳定的数字量所需要的时间。转换时间的倒数，就是 A/D 转换器每秒能够完成 A/D 转换的次数，称为转换速率。

不同型号的 A/D 转换器转换时间差别很大。一般约定是，转换时间大于 1ms 的为低速，1ms～1μs 的为中速，小于 1μs 的为高速，小于 1ns 的为超高速。

双斜率积分式、电荷平衡式 A/D 转换器的转换速度较慢，转换时间从几毫秒到几十毫秒不等，属于低速 A/D 转换器，一般适用于对温度、压力、流量等缓慢变化参数的检测和控制场合；逐次逼近式 A/D 转换器的转换时间从几微秒到 100μs，属于中速 A/D 转换器，常用于工业多通道单片机控制系统和声频数字转换系统等；全并行、串并行型等 A/D 转换器的转换时间为纳秒级，属于高速 A/D 转换器，适用于雷达、数字通信、实时光谱分析、实时瞬态记录和视频数字转换系统等场合。

4）输入动态范围/量程：指能够转换的模拟输入电压的变化范围。A/D 转换器的模拟电压输入分为单极性和双极性两种。

单极性：动态范围为 0～5V，0～10V，0～20V。

双极性：动态范围为 -5～5V，-10～10V。

（3）A/D 转换器的选择原则/考虑因素。

1）转换精度。同等输入量程范围内，A/D 转换器位数越高，精度就越高。选择 A/D 转换器时，应使其精度略高于整个测量系统的精度等级。

2）转换速度。依据采样信号的频率和采样速度等要求确定 A/D 转换器的速度等级。高速采集系统，如谱分析（高频信号）、电气控制，选择高速 A/D 转换器；一般工业过程控制和数据采集系统，如压力、温度、料位等，对采样速度要求不高，选普通型 A/D 转换器。

3）工作环境。考虑芯片工作环境的温度、湿度、振动、电源稳定性等因素。

4）抗干扰性能。双斜率积分式 A/D 转换器具有对信号中的随机干扰噪声低通滤波的特性。V/F 式 A/D 转换器便于对信号进行隔离（光电、变压器等），可有效地实现通道的抗干扰能力。逐次逼近式 A/D 转换器不具备以上特性，转换速度高，但可通过通道中其他措施实现抗干扰能力。

5）性能价格比。在保证系统性能指标的前提下，追求低成本，高性价比。

二、典型 A/D 转换芯片及应用

（一）8 位并行 A/D 转换芯片 ADC0809 及接口技术

ADC0809 是 8 位逐次逼近式 A/D 转换器，具有 8 个模拟量输入通道，最大不可调误差小于±1LSB，典型时钟频率为 640kHz，每通道的转换时间约为 100μs。ADC0809 没有内部时钟，必须由外部提供，其范围为 10～1280kHz。

1. 内部结构

ADC0809 的内部结构如图 2-42 所示。ADC0809 由两部分组成。第一部分为 8 通道多路模拟开关，其基本原理与 CD4051B 类似，它的通/断由通道地址锁存和译码器控制，可以在 8 个通道中任意访问一路模拟信号。第二部分为一个完整的逐次逼近型 A/D 转换器，它由比较器、定时和控制逻辑、数字量输出锁存缓冲器、逐次逼近型寄存器以及树形开关和 256R T 型电阻网络组成，由树形开关和 256R T 型电阻网络组成 D/A 转换器。控制逻辑用来控制逐次逼近寄存器从高位到低位逐次取 "1"，然后将此数字量送到 8 位的树形开关 D/A，经 D/A 转换输出一个模拟电压 U_C，U_C 与输入模拟量 U_x 在比较器中进行比较。当 $U_C > U_x$ 时，该位 $D_i = 0$；否则，$D_i = 1$，且一直保持到比较结束。照此处理，从 D7～D0 比较 8 次，逐次逼近寄存器中的数字量，即与模拟量 U_x 所相当的数字量等值。此数字量送入并存于锁存器，并同时发出转换结束信号，并在输出允许信号有效时出现在数字输出引脚上。

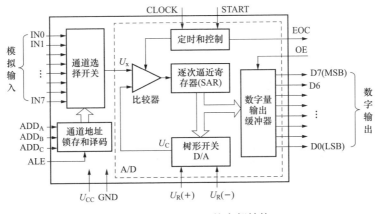

图 2-42　ADC0809 的内部结构

2. 引脚及功能

（1）输入引脚。

IN0～IN7：8 路模拟电压输入线，通过通道选择开关，工作时采用时分割的方式，依次进行 A/D 转换。

ADD_A、ADD_B、ADD_C：通道号选择输入端，用于选择 IN0～IN7 上哪一路模拟电压送给比较器进行 A/D 转换，由地址总线提供。

（2）输出引脚。

D0～D7：8 位转换结果输出端，可直接与 CPU 数据总线相连。

（3）控制引脚。

ALE：通道号锁存允许信号。该信号在上升沿处把 ADD_A、ADD_B、ADD_C 的状态锁存到内部的多路开关地址锁存器中，从而选通 8 路模拟信号中的某一路。

START：启动转换命令输入端。从 START 端输入一个正脉冲，其下跳沿启动 ADC0809 开始转换。最小启动脉冲宽度的典型值为 100ns。

　　EOC：转换结束输出线，当 A/D 转换结束后，EOC 发出一个正跳变信号，表示 A/D 转换结束，数字量已锁入三态输出锁存器。

　　OE：输出允许端，OE 为低电平时，D0～D7 为高阻状态，OE 为高电平时，允许转换结果输出到数据线上。

　　CLK：时钟输入端，提供 ADC0809 逐次比较所需的时钟脉冲。ADC0809 的时钟频率范围为 10～1280kHz，典型时钟频率为 640kHz，转换时间约为 100μs。当时钟频率为 500kHz，转换时间约为 128μs。

　　（4）电源和地线。

　　$U_R(-)$、$U_R(+)$：参考电压输入端，提供 D/A 转换器的标准电压。ADC0809 的参考电压为 +5V。具体接法取决于模拟量输入是单极性还是双极性。

　　U_{CC}：供电电源端。ADC0809 使用 +5V 单一电源供电。

　　GND：地线。

3. 技术指标

（1）分辨率：8 位。

（2）输入模拟量通道：8 路。

（3）不可调误差：±1LSB/2。

（4）单一 +5V 供电。

（5）具有锁存的 8 路开关。

（6）可锁存三态输出，与 TTL 电平兼容。

（7）模拟量输入范围：0～5V、-5～+5V、-10～+10V。

（8）功耗：15mW。

（9）转换速度：取决于时钟频率。当 CLK 为 500kHz 时，转换速度为 128μs。

4. 时序及工作过程

ADC0809 时序如图 2-43 所示。

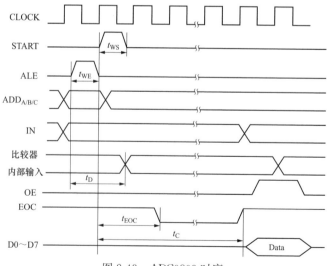

图 2-43　ADC0809 时序

t_{WS}—最小 START 脉冲宽度；t_{WE}—最小 ALE 脉冲宽度；t_D—模拟多路转换开关延迟时间；

t_{EOC}—EOC 延迟时间；t_C—转换时间

对指定的通道，采集一个数据的过程如下：

（1）选择当前转换的通道，即将通道号编码送到 ADD_C、ADD_B、ADD_A 引脚上。

（2）在 START 和 ALE 引脚上加一个正脉冲，将通道选择码锁存并启动 A/D。可以通过执行 I/O 输出指令产生负脉冲，经反相后形成正脉冲，也可由定时电路或可编程定时器提供启动脉冲。

（3）转换开始后，EOC 变为低电平，经过 64 个时钟周期后，转换结束，EOC 变高。

（4）转换结束后，可通过 I/O 读指令，设法在 OE 引脚上形成一个高电平脉冲，打开输出缓冲器的三态门，让转换后的数字量出现在数据总线上，并被读入累加器中。

5. CPU 与 ADC0809 的连接技术

在 A/D 转换器与微型计算机接口时，都会遇到许多实际的技术问题。比如，A/D 转换器与微型计算机的接法、A/D 转换器的启动方式、模拟量输入通道的构成、参考电源如何提供、状态的检测及锁存以及时钟信号的引入。下面以 8 位 A/D 转换器为例进行讲述，对于其他高于 8 位的 A/D 转换器也同样适用。

（1）模拟量输入信号的连接。需要考虑模拟量输入信号的量程、单双极性、单通道和多通道，以及单端输入和双端输入问题。

有的 A/D 转换器，如 AD574 芯片提供了两个模拟输入引脚，分别为 10V 和 20V，不同量程的输入电压也可以通过相应的引脚输入。有的 A/D 转换器输入除允许单极性外，也可以是双极性的，可以通过芯片提供的双极性偏置控制引脚实现。同时还应注意双参考电压的接法。

为了提高通道的抗共模干扰能力，有的 A/D 转换器允许双端输入，即差动输入，对每一路信号进行双端采样。

在模拟量输入通道中，除了单通道输入外，有时还需要多通道输入方式。在微型计算机系统中，多通道输入可采用两种方法。一种是采用单通道 A/D 转换芯片，如 AD7574 和 AD574A 等，在模拟量输入端加接多路开关，有些还要加入采样/保持器等；另一种方法是采用集成多路开关的 A/D 转换器，如 ADC0809、AD7541、ADS7852 等。

（2）数字量输出信号的连接。A/D 转换器数字量输出引脚和 CPU 的连接方式与其内部结构有关。

对于内部未含输出缓冲器的 A/D 转换器来说，一般通过锁存器或 I/O 接口与 CPU 相连。常用的接口及锁存器有 Intel 8155、Intel 8255 以及 74LS273、74LS373 等。当 A/D 转换器内部含数据输出缓冲器时，可直接与 CPU 相连。为了增加控制功能，也可采用 I/O 接口相连。如 ADC0809 考虑驱动和隔离的因素，通常总是用一个输入接口与系统相连。

（3）A/D 转换器的启动方式。任何一个 A/D 转换器在开始转换前，都必须经过启动才能开始工作。芯片不同，要求的启动方式也不同。一般分为脉冲启动和电平启动两种。

1）脉冲启动方式是在芯片的启动转换输入引脚上加一个启动脉冲，如 ADC0809、ADC80、AD574A 等芯片均采用脉冲启动方式。一般采用 $\overline{WR}$ 及地址译码器的输出经过一定的逻辑电路，并结合 I/O 端口的写指令得到需要的启动脉冲信号；也可以通过 I/O 接口人为产生一个脉冲。

2）电平启动方式是在 A/D 转换器的启动引脚上加上要求的电平。一旦电平加上之后，A/D 转换即刻开始，而且在转换过程中，必须保持这一电平，否则将停止转换。在这种启动方式下，启动电平必须通过锁存器保持一段时间，一般可采用 D 触发器、锁存器或并行 I/O 接口实现。AD570、AD571、AD572 芯片均采用电平启动方式。

不同的 A/D 转换器，要求启动信号的电平不一样，有的要求高电平启动（例 ADC0809、ADC80、AD574），有的要求低电平启动（例 ADC0801、0802、AD670 等）。

ADC0809 采用脉冲启动方式，通常将 START 和 ALE 连接在一起作为一个端口看待。用一个正脉冲来完成通道地址锁存和启动转换两项工作。初始状态下使该端口为低电平。当通道地址信号输出后，CPU 往端口送出一个正脉冲，其上升沿锁存地址，下降沿启动转换。

（4）转换结束的处理方法。在 A/D 转换中，当 CPU 向 A/D 转换器发出一个启动信号后，A/D 转换器便开始转换。需要经过一段时间以后，转换才能结束。当转换结束后，A/D 转换器芯片内部的转换结束触发器置位，同时输出一个转换结束标志信号。计算机可以通过该信号的状态变化，判断 A/D 转换已经结束。

CPU 可通过软件延时、查询方式和中断方式来检查判断 A/D 转换结束。

1）软件延时的思路是：CPU 启动 A/D 转换后，根据 A/D 转换器芯片完成转换所需要的时间，调用一段软件延时程序（延时时间≥A/D 转换时间），延时时间到，A/D 转换已经完成，就可以读出结果数据。这种方法的特点是可靠性比较高，不必增加硬件接线，占用 CPU 机时较多，实时性差一些，多应用于 CPU 处理任务较少的系统。

2）查询方式的思路是：把转换结束信号经三态门送到 CPU 数据总线或 I/O 接口的某一位上，CPU 向 A/D 转换器发出启动信号后，便开始查询 A/D 转换是否结束，一旦查询到 A/D 转换结束，则读出结果数据。对 ADC0809 而言，CPU 通过程序不断地读取 EOC 的状态，在读取到其状态为 1 时，即表示 A/D 转换已经结束（注意避开启动转换后的一段高电平）。这种方法的特点是程序设计比较简单，实时性比较强。

3）中断方式的思路是：将 A/D 转换器转换结束信号接到微型计算机的中断请求引脚。当转换结束时，即提出中断请求。CPU 收到该中断请求信号后，在中断服务程序中，读取 A/D 转换结果。这种方式的特点是 A/D 转换与 CPU 同时并行工作，实时性强，常用于实时性要求比较强或多参数的数据采集系统。

（5）读取 A/D 转换结果。对于 ADC0809 等带有输出缓冲器的 A/D 转换芯片而言，在 A/D 转换结束之后，需要选通该输出缓冲器才能将 A/D 转换结果传送到芯片的数字量输出引脚上，便于 CPU 读取。

（6）时钟信号的输入。整个 A/D 转换过程都是在时钟作用下完成的，时钟信号 CLK 频率决定芯片转换速度的基准。

A/D 转换时钟的提供方法有两种：一种是由芯片内部提供，另一种由外部时钟提供。外部时钟提供的方法，可以用单独的振荡器，更多的则是将系统时钟分频后，送到 A/D 转换器的时钟端子。若 A/D 转换器内部设有时钟振荡器，一般不需要任何附加电路，如 AD574A。有些转换器，使用内部时钟或外部时钟均可，如 ADC80。

（7）参考电源提供。参考电源是供给内部 D/A 转换器的标准电源，它直接关系到 A/D 转换的精度。对参考电源的要求比较高，一般要求由稳压电压供给。

1）参考电源的提供方法不一样，有的采用内电源，有的采用外电源。内电源即在 A/D 转换器内部设置有精密参考电源，外电源由外部稳压电源给供电。

2）参考电源引脚的连接，根据模拟量输入信号极性的不同而异，有单极性和双极性两种接法。单极性：U_R（＋）接参考电源正端、U_R（－）接模拟地；双极性：U_R（＋）、U_R（－）分别接参考电源的正、负极性端。

（8）接地问题。接地是计算机控制系统中的关键问题。

在包括 A/D 转换器组成的数据采集系统中，有许多接地点。这些接地点通常被看作是逻辑电路的返回端（数字地）、模拟电路的返回端（模拟地）。在连接时，必须将模拟电源、数字电源分别连接，模拟地和数字地也要分别连接。

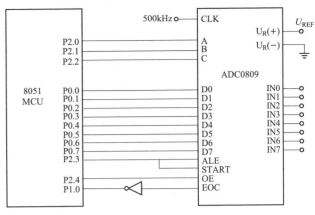

图 2-44　ADC0809 与单片机的接口电路

图 2-44 所示为 ADC0809 与单片机的接口电路。

对 8 路模拟信号分别采集一次，结果存入 20H 开始的 RAM 中的程序如下：

```c
#include<reg51.h>
#include<intrins.h>
sbit AddA = P2^0;
sbit AddB = P2^1;
sbit AddC = P2^2;
sbit ADSTA = P2^3;
sbit ADOE = P2^4;
sbit ADEOC = P1^0;
void main( )
{
    unsigned char data i, *adresult;
    for(i = 0;i<8;i++)
      {
      P2 = i;                   //设置第 i 个输入通道
      adresult = 0x20;          //设置 A/D 转换结果存储首地址
      ADSTA = 1;                //锁存通道选择信号
      _nop_( );
      _nop_( );
      ADSTA = 0;                //启动 A/D 转换
      while(ADEOC == 1);        //等待 EOC 变为低电平,表示 A/D 开始转换
      while(ADEOC == 1);        //等待 EOC 变为高电平,表示 A/D 转换完毕
      ADOE = 1;
      *(adresult + i) = P0;     //读取转换结果
      ADOE = 0;
      }
}
```

（二）12 位并行 A/D 转换芯片 ADS7852 及接口技术

ADS7852 是美国德州仪器公司（Texas Instruments，TI）生产的一款高速逐次逼近式、

8 路模拟输入、12 位数字量并行输出的 A/D 转换器。在 8MHz 时钟输入的条件下，其采样速率可达 500ksps（采样千次每秒）。ADS7852 的参考电压输入为 2.5V，8 通道电压的输入范围为 0～5V。

　　ADS7852 的内部结构和引脚配置如图 2-45 所示。

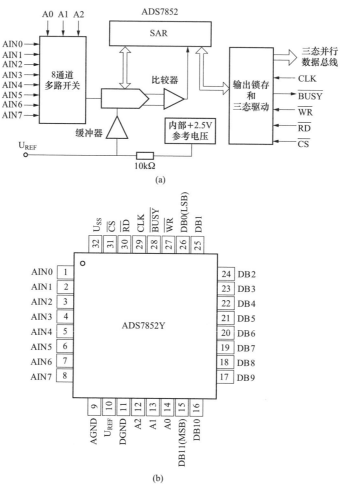

图 2-45　ADS7852 的内部结构和引脚配置
(a) 内部结构；(b) 引脚配置

　　ADS7852 共有 32 引脚，采用 TQFP-32 封装，其主要引脚功能如下：

AIN0～AIN7：8 路模拟信号输入端。

DB0～DB11：12 位数字量输出端。

U_{REF}：参考电压输入端。

A0、A1、A2：通道选择端。A0、A1、A2 分别与三根地址线或数据线相连，三者编码对应 8 个通道地址口。A2A1A0=000～111 分别对应 IN0～IN7 通道地址。

CLK：外部时钟输入端，时钟频率为 200kHz～8MHz。ADS7852 的最高采样率为 CLK 的 1/16。如 CLK 频率为 8MHz，则对应于最高采样率为 500ksps。

U_{SS}：电源输入端，通常接＋5V。

AGND、DGND：分别为模拟地和数字地。

$\overline{\text{CS}}$：片选信号，低电平有效。

$\overline{\text{WR}}$：写信号，低电平有效。当$\overline{\text{WR}}$、$\overline{\text{CS}}$同时有效时，启动一次新的转换，此时A2A1A0指示欲转换的通道号。

$\overline{\text{RD}}$：读信号，低电平有效。当$\overline{\text{RD}}$、$\overline{\text{CS}}$同时有效时，将数据端的三态门打开，并行输出12位数据。另外，在$\overline{\text{RD}}$的上升沿，还和A0、A1共同决定ADS7852进入常规模式、打盹模式或睡眠模式。在$\overline{\text{RD}}$的上升沿，A1A0＝00使ADS7852保持常规状态；A1A0＝01时，进入打盹模式，除参考电压输入外，其他电路均被关闭；A1A0＝10或11时，进入睡眠模式，此时所有电路均被关闭。在打盹模式和睡眠模式，芯片功耗降至2mW。当下一次转换启动后，芯片将自动进入常规模式。但从睡眠模式被唤醒，到输出有效数据通常需经过几十毫秒，这时器件输出的数据为无效数据。打盹模式则不存在上述情况。

$\overline{\text{BUSY}}$：状态输出端。在转换过程中，$\overline{\text{BUSY}}$保持低电平。当转换结束后，$\overline{\text{BUSY}}$变为高电平。

ADS7852的工作过程如下：首先用指令选择ADS7852的一个模拟输入通道，当执行"MOVX @DPTR，A"时，启动被选择通道的转换，$\overline{\text{BUSY}}$信号被拉低。当转换结束后，$\overline{\text{BUSY}}$信号被拉高。CPU检测到$\overline{\text{BUSY}}$信号变高后，发出读数指令"MOVX A，@DPTR"，把该通道转换结果读到A累加器中。读数完成后，ADS7852将根据DPTR的值进入常规模式、打盹模式或睡眠模式。

图2-46所示为ADS7852与单片机的接口电路图。由于ADS7852是12位输出，而单片机的数据线只有8位，所以使用P0口与ADS7852的低8位数据（DB0～DB7）相连。ADS7852的高4位（DB8～DB11）通过锁存器74LS573与P1口低4位（P1.0～P1.3）相连。

当A/D转换结束单片机读取转换结果时，数据的低8位（DB0～DB7）被直接读入单片机内部，而在$\overline{\text{RD}}$信号的上升沿，数据的高4位（DB8～DB11）被74HC573锁存在单片机的P1口低4位（P1.0～P1.3），等待被读取。单片机的时钟输出T0作为ADS7852的时钟，频率设置为250kHz。ADS7852的$\overline{\text{BUSY}}$信号与单片机的P3.2连接。在A/D转换结束后，通知单片机及时读取数据。

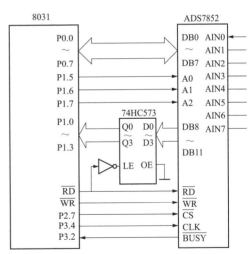

图2-46 ADS7852与单片机的接口电路

在电路设计中，一般在Uss和地之间接一个0.1μF的瓷片电容和10μF的钽电容，起滤波和解耦的作用。

A/D转换的参考程序如下：

```
# include "reg51.h"          //包含单片机寄存器定义文件
                             //P2.7为片选信号；P3.4为提供AD转换时钟
sbit busy = P3^2;            //P3.2为AD转换状态检测位
```

```
sbit A0 = P1^5;                    //P1.5,P1.6,P1.7 为通道选择位
sbit A1 = P1^6;
sbit A2 = P1^7;
void main(void)
{
    int ADdata;
    char highdata,lowdata;
    char xdata * ADS7852;
    ADS7852 = 0x7fff;              //ADS7852 的地址
    TMOD = 0x02;                   //T0 工作在方式 2,8 位自动重装
    TH0 = 254;                     //利用定时器 T0 产生 250kHz 的频率信号
    TL0 = 254;                     //T0 输出时钟
    TR0 = 1;                       //启动 T0
    A0 = 0;
    A1 = 0;
    A2 = 0;                        //选择通道 0
    * ADS7852 = 0x00;              //写操作,开始 A/D 转换
    while(1)
    {
        if(busy = = 1)            //判断是否转换完毕
      {
        lowdata = * ADS7852;
        ADdata = P1;
        ADdata = (ADdata<<8) + lowdata;  //数据处理
        * ADS7852 = 0x00;                //开始下一次 A/D 转换
      }
    }
}
```

（三）串行 A/D 转换芯片及接口技术

TLC2543 是一个具有 SPI 串行接口的开关电容逐次逼近式 A/D 转换器，它有 11 个输入端，3 路内置自测试，分辨率为 12 位，在工作温度范围内转换时间为 $10\mu s$，采样率为 66kb/s，线性误差±1LSB Max，具有单、双极性输出，可编程的 MSB 或 LSB 前导，可编程输出数据长度的特点。同时内部自带时钟，工作电压为 5V。

1. 内部结构图

TLC2543 的内部结构如图 2-47 所示。

其中，AIN0～AIN10 为模拟输入端，$\overline{CS}$ 为片选端，DATA INPUT 为串行数据输入端（控制字输入端，用于选择转换及输出数据格式），DATA OUT 为 A/D 转换结果的三态串行输出端，EOC 为转换结束端，I/O CLK 为 I/O 时钟（控制输入输出的时钟，由外部输入），REF$_+$ 为正基准电压端，REF$_-$ 为负基准电压端。

2. 工作过程

TLC2543 的工作过程分为两个周期：I/O 周期和转换周期。

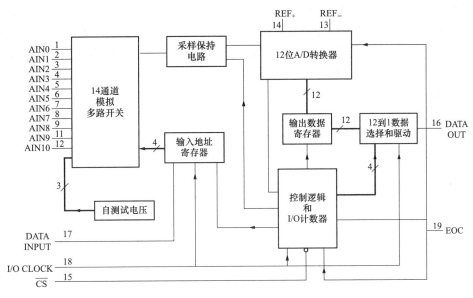

图 2-47　TLC2543 内部结构

（1）I/O 周期。I/O 周期由外部提供的 I/O CLOCK 定义，延续 8、12 或 16 个时钟周期，决定于选定的输出数据长度。器件进入 I/O 周期后同时进行两种操作。

在 I/O CLOCK 的前 8 个脉冲的上升沿，以 MSB 前导方式从 DATA INPUT 端输入 8 位数据流到输入寄存器。其中前 4 位为模拟通道地址，控制 14 通道模拟多路器从 11 个模拟输入和 3 个内部自测试电压中选通一路送到采样保持电路，该电路从第 4 个 I/O CLOCK 脉冲的下降沿开始对所选信号进行采样，直到最后一个 I/O CLOCK 脉冲的下降沿。I/O 周期的时钟脉冲个数与输出数据长度（位数）同时由输入数据的 D3、D2 位选择 8、12 或 16。当工作于 12 位或 16 位时，在前 8 个时钟脉冲之后，DATA INPUT 无效。

在 DATA OUT 端串行输出 8、12 位或 16 位数据。当 $\overline{\text{CS}}$ 保持为低时，第一个数据出现在 EOC 的上升沿。若转换由 $\overline{\text{CS}}$ 控制，则第一个输出数据发生在 $\overline{\text{CS}}$ 的下降沿。这个数据串是前一次转换的结果，在第一个输出数据位之后的每个后续位均由后续的 I/O 时钟下降沿输出。

（2）转换周期。在 I/O 周期的最后一个 I/O CLOCK 下降沿之后，EOC 变低，采样值保持不变，转换周期开始，片内转换器对采样值进行逐次逼近式 A/D 转换，该工作过程由与 I/O CLOCK 同步的内部时钟控制。转换完成后 EOC 变高，转换结果锁存在输出数据寄存器中，待下一个 I/O 周期输出。I/O 周期和转换周期交替进行，从而可减小外部的数字噪声对转换精度的影响。

3. TLC2543 的使用

（1）控制字的格式。控制字为从 DATA INPUT 端串行输入的 8 位数据，它规定了 TLC2543 要转换的模拟量通道、转换后的输出数据长度、输出数据的格式。

高 4 位（D7～D4）决定通道号，对于 0～10 通道，该 4 位分别为 0000～1010H，当为 1011～1101 时，用于对 TLC2543 的自检，分别测试（REF+ ＋REF-）/2、REF-、REF+ 的值；当为 1110 时，TLC2543 进入休眠状态。

低 4 位决定输出数据长度及格式。D3、D2 决定输出数据长度，01 表示输出数据长度为 8 位，11 表示输出数据长度为 16 位，其他为 12 位。D1 决定输出数据是高位先送出还是低位先送出，为 0 表示高位先送出。D0 决定输出数据是单极性（二进制）还是双极性（2 的补码），若为单极性，该位为 0，反之为 1。

（2）转换过程。

1）上电后，片选 $\overline{CS}$ 必须从高到低，才能开始一次工作周期，此时 EOC 为高电平，输入数据寄存器被置为 0，输出数据寄存器的内容是随机的。

2）开始时，$\overline{CS}$ 片选为高电平，I/O CLOCK、DATA INPUT 被禁止，DATA OUT 呈高阻状，EOC 为高电平。

3）使 $\overline{CS}$ 变低电平，I/O CLOCK、DATA INPUT 使能，DATA OUT 脱离高阻状态。12 个时钟信号从 I/O CLOCK 端依次加入，随着时钟信号的加入，控制字从 DATA INPUT 一位一位地在时钟信号的上升沿时被送入 TLC2543（高位先送入），同时上一周期的 A/D 数据，即输出数据寄存器中的数据从 DATA OUT 一位一位地移出（下降沿）。TLC2543 收到第 4 个时钟信号后，通道号也已收到，此时 TLC2543 开始对选定通道的模拟量进行采样，并保持到第 12 个时钟的下降沿。在第 12 个时钟下降沿，EOC 变低，开始对本次采样的模拟量进行 A/D 转换，转换时间约为 10μs，转换完成后 EOC 变高，转换的数据在输出数据寄存器中，待下一个工作周期输出，此后，可以进行新的工作周期。

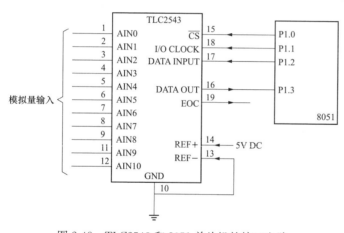

图 2-48　TLC2543 和 8051 单片机的接口电路

（3）应用。TLC2543 与单片机的接口非常简单，如图 2-48 所示。

51 系列单片机不带 SPI 或相同的接口功能，为了与 TLC2543 模数转换器接口，需要用软件来模拟 SPI 的时序操作。TLC2543 的片选、I/O 时钟、串行数据输入分别由引脚 P1.0、P1.1、P1.2 提供，转换结果数据通过由引脚 P1.3 脚接收。

设 port 为待采集的模拟量通道号，ad_data 是采样值，设置 TLC2543 为 12 位方式，高位在前，数据为二进制格式，A/D 转换程序为：

```
# include "reg51.h"
sbit CS = P1^0
sbit IO_CLOCK = P1^1;
sbit DATA_IN = P1^2;
sbit DATA_OUT = P1^3;
unsigned int ad_data;
unsigned char B;
sbit bit7 = B^7;
```

```
uint read2543(unsigned char port)          //TLC2543 转换子程序
{
    unsigned char data i;
    ad_data = 0;
    port = port<<4;                        //通道号高 4 位与低 4 位交换
    B = port;                              //利用 port 通道号产生的控制字
    IO_CLOCK = 0;
    CS = 1;
    DATA_IN = 0;
    DATA_OUT = 0;
    CS = 0;
    delay();
    for(i = 1;i<= 12;i++)                   //12 位 DATA INPUT
        {DATA_IN = bit7;
        IO_CLOCK = 1;
        B = B<<1;
        IO_CLOCK = 0;
        }
    CS = 1;                                //等到 A/D 转换开始
    delay();
    CS = 0;
    for(i = 1;i<= 12;i++)                   //读 12 位转换结果到 ad_data
        {
        IO_CLOCK = 1;
        ad_data^8 = DATA_OUT;
        IO_CLOCK = 0;
        ad_data = ad_data<<1;
        }
    ad_data = ad_data>>1;
    return(ad_data);
    }
```

其中，程序的执行结果"ad_data"经过"ad_data * 5.0/4096"运算就可得到 A/D 转换的电压值。

三、模拟量输入通道的软件技术

模拟量输入通道除了硬件技术外，还需要相应的软件技术才能将现场的模拟量信号读回到计算机用于显示和控制。模拟量输入通道需要的软件技术有采样、数字滤波、补偿运算、量纲转换、零点满度修正等，除了采样之外的其他软件技术详见第五章。

（1）采样：CPU 通过 A/D 转换器得到与输入信号成比例关系的数字信号。

（2）数字滤波：通过一定的计算方法，减少干扰在有用信号中的比重，增强信号的可信度。

（3）补偿运算：电阻输入时，进行引线电阻的补偿；热电偶输入时，进行冷端温度补偿。

（4）量纲转换：把 A/D 转换后的数字量信号转换成工程量信号用于显示和打印。

（5）零点、满度（量程）修正：由于传感器、变送器、引线或系统的其他原因，存在模拟电路，模拟量输入通道存在着一定的零点漂移，以及由于元器件参数变化所引起的增益误差。因此为提高系统的测量精度，除了在通道本身要采取一定的措施之外，常在计算机内部通过一定的软件（需要硬件配合）进行零点和增益校准。

第三节　开关量输入通道及接口技术

对工业生产过程实现自动控制，除了要处理模拟量信号之外，还要处理开关量信号。

开关量信号是指只有两种状态的信号，例如开关的通断、设备的启停、指示灯的亮灭、电平的高低、调节阀的全开与全关、电动机等旋转设备的转与停、过程参数的正常与越限、报警状态的存在与消除以及一些指令开关的状态等。

由于开关量信号只具有两个状态，十分适合于用二进制数字 0、1 表示，故也称之为数字量信号。一位二进制表示一个开关量，一个字节可以表示 8 个开关量信号。

一、光电隔离技术

由于工业现场存在着电磁、震动、温度等各种干扰，一点信号的错误都可能引起整个系统的误动作，造成严重的后果，所以开关量通道一般需采用通道隔离技术。光电隔离器采用光信号传送，不受电场、磁场的干扰，是一种常用且非常有效的电隔离手段，由于它价格低廉、可靠性高，被广泛地用于现场设备与计算机系统之间的隔离保护。

光电隔离器按其输出极不同可分为三极管型、单向可控硅型、双向可控硅型等几种，其结构原理如图 2-49 所示。它们的原理是相同的，即都是通过电-光-电的信号转换，利用光信号的传送不受电磁场的干扰而完成隔离功能的。

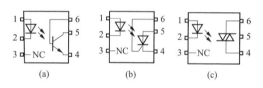

图 2-49　光电隔离器的结构原理

（a）三极管型；（b）单向晶闸管型；（c）双向晶闸管型

下面以简单的三极管型光电隔离器为例来说明它的结构原理。

如图 2-49（a）所示，光电隔离器由一个发光二极管（发光器件）和一个光敏三极管（或达林顿光敏电路，光接收器件）组成，它们被封装在一个管壳内。外面是不透光的管子，中间用绝缘、透明的树脂隔开。当发光二极管有正向电流通过时，即产生人眼看不见的红外光，其光谱范围为 700～1000nm。光敏三极管接收光照以后便导通。当该电流撤去时，发光二极管熄灭，三极管随即截止。利用这种特性即可达到开关控制的目的。由于该器件是通过电-光-电的转换来实现对输出设备进行控制的，彼此之间没有电气连接，因而可起到隔离作用。

常用的光电隔离器有二极管-晶体管耦合的 4N25、TLP541G，二极管-达林顿管耦合的 4N38、TPL570，二极管-TTL 耦合的 6N137，二极管-双向晶闸管耦合的 MOC3041 等。

使用光电隔离器时，应注意不要超过器件的极限参数。以三极管输出隔离器为例，通过查询其技术说明书，可以获得使用参数。主要参数包括发光二极管侧的输入电流、反向电压、输出侧 C-E 结电压、集电极最大电流、隔离电压、电流传输比等。尽量在推荐条件下使用。

以 TLP521-1 为例，其推荐的使用条件见表 2-3。

表 2-3   **TLP521-1 的使用条件**

二极管侧条件					
参数	符号	最小值	典型值	最大值	单位
输入电流	I_F	—	16	50	mA
反向电压	U_R	5			V
工作温度	T_{OPR}	-26	—	85	℃
输出侧条件					
参数	符号	最小值	典型值	最大值	单位
集电极电流	I_C	—	1	1	mA
输出侧电压	U_{CEO}	55			V

使用注意事项主要有：

（1）输入侧导通电流。要使光电隔离器件导通，必须在其输入侧提供足够大的导通电流，以使发光二极管发光。不同的光电隔离器件的导通电流也不同，典型的导通电流 $I_F=10\text{mA}$。

在使用中，可以根据应用情况适当调整。一般使用时，在 $5\sim15\text{mA}$ 之间选择，多数情况选择 10mA。当然，不同的器件可能会有差异，例如 TLP 系列推荐在 16mA 左右。

（2）频率特性。受发光二极管和光敏三极管响应时间的影响，光电隔离器件只能通过一定频率以下的脉冲信号。因此，在传送高频信号时，应该考虑光电隔离的频率特性，选择通过频率较高的光电隔离器。

图 2-50 所示光电隔离器的传输特性如图 2-51 所示。

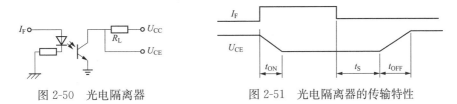

图 2-50 光电隔离器   图 2-51 光电隔离器的传输特性

不同结构的光耦合器的输入输出延迟时间相差很大。4N25 的导通延迟 t_{ON} 是 $2.8\mu s$，关断延迟 t_{OFF} 是 $4.5\mu s$；4N33 的导通延迟 t_{ON} 是 $0.6\mu s$，关断延迟 t_{OFF} 是 $45\mu s$。

TLP521 系列的最高信号频率（脉冲）不应该超过 250kHz，而 6N137 的脉冲频率可高达近 10MHz。

（3）输出端工作电流。光电隔离器输出端的灌电流不能超过额定值，否则就会使元件发生损坏。

一般输出端额定电流在毫安（mA）量级，不能直接驱动大功率外部设备，因此通常在光电隔离器至外部设备之间还需要设置驱动电路。

（4）输出端暗电流。输出端暗电流是指光电隔离器处于截止状态时（$I_F=0$）流经输出端元件的电流，此值越小越好。在设计接口电路时，应考虑由于输出端暗电流而可能引起的误触发，并予以处理。

（5）隔离电压。隔离电压是光电隔离器的一个重要参数，表示了其电压隔离的能力。隔离电压与光电隔离器的结构形式有关。双列直插式塑料封装形式的隔离电压一般为 2500V 左右，陶瓷封装形式的隔离电压一般为 5000～10 000V。

（6）电源隔离。光电隔离器的输入、输出侧需独立的电源和地。否则，外部干扰信号可能通过电源或地串到系统中来，就失去了隔离的意义。电源隔离示意如图 2-52 所示，两边的电源没有直接的连接，地线、电源线也都没有电的连接。

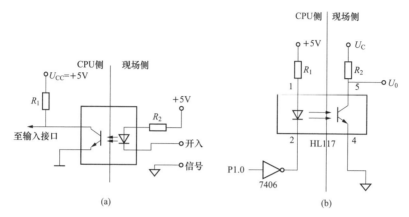

图 2-52　电源隔离示意

（a）开关量输入的电源隔离；（b）开关量输出的电源隔离

二、开关量输入通道及信号处理技术

开关量输入通道又可称为数字量输入通道，简称 DI 通道。它的任务是将现场的开关量信号变换为计算机能够接收的数字量，它的结构框图如图 2-53 所示。

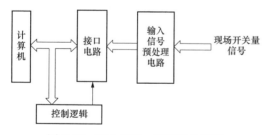

图 2-53　开关量输入通道结构框图

典型的开关量输入通道通常由以下几部分组成：

（1）输入信号预处理电路：将现场的开关量转换成与计算机匹配的数字量信号，并对通道中可能引入的各种干扰必须采取相应的技术措施。

（2）接口电路：实现数字量信号与计算机的连接。

（一）开关量信号及变换

开关量（数字量）大致可分为三种形式：机械有触点开关量、电子无触点开关量和非电量开关量。不同的开关量要采用不同的变换方法。

1. 机械有触点开关量

机械有触点开关量是工程中遇到的最典型的开关量，它由继电器、接触器、开关、行程开关、阀门、按钮等机械式开关产生，有动合和动断两种形式。机械有触点开关量的显著特点是无源，开闭时产生抖动；同时这类开关通常安装在现场，在信号变换时应采取隔离措施。

机械有触点开关的变换方法通常有三种：

（1）控制系统自带电源方式。这种方法一般用于开关安装位置离计算机控制装置较近的场合，供电电源为直流 24V 以下，常用电路有串联和并联两种方式，如图 2-54 所示。对于并联电路，触点闭合时，输出 U_o 为高电平，触点打开时 U_o 为低电平。串联电路正好相反。

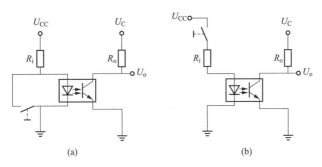

图 2-54　自带电源的开关量变换电路

（a）并联方式；（b）串联方式

（2）外接电源方式。它适合于开关安装在离控制设备较远位置的场合，外接电源可采用直流或交流形式。采用直流电源形式的变换电路如图 2-55 所示，其中二极管为保护元件。

外接电源为交流时一般采用变压器，将高压交流（220V 或 110V）变为低压直流。这种电路的响应速度较慢，因而使用较少。

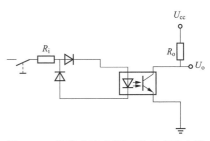

（3）恒流源方式。这种方式用于抗干扰能力要求高、传输距离较远的场合。电流一般取 0～10mA，即触点闭合时输出电流为 10mA，触点打开时输出电流为 0。

图 2-55　外接直流电源开关量变换电路

2. 电子无触点开关量

电子无触点开关量指电子开关，例如固态继电器、功率电子器件、模拟开关等产生的开关量。由于无触点开关通常没有辅助机构，其开关状态与主电路没有隔离，因而隔离电路是它的信号变换电路的重要组成部分。

无触点开关量的采集可由以下两种方式：

（1）与有触点开关处理方法相同，即把无触点开关当作有触点开关，按图 2-56 方式连接电路即可。需要注意的是连接极性不能随意更换。

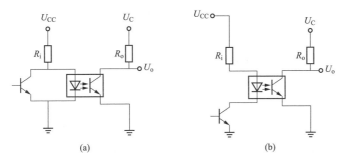

图 2-56　无触点开关变换电路

（a）并联方式；（b）串联方式

（2）从功率开关的负载电路取样法。这种方法直接反映负载电路工作状态，而对开关状态的采样是间接的。

3. 非电量开关量

通过采用磁、光、声等方式反映过程状态，在许多控制领域中得到了广泛应用。这种非电量开关量需要通过电量转换后才能以电的形式输出。实现非电量开关量的信号变换电路由非电量-电量变换、放大（或检波）电路、光电隔离电路等组成，如图 2-57 所示。

图 2-57　非电量开关量变换电路结构

在图 2-57 中，非电量-电量变换一般采用磁敏、光敏、声敏等元件，它将磁、光、声的变换以电压或电流形式输出。由于敏感元件输出信号较弱，输出电信号不一定是逻辑量（例如可能是交流电压），因此对信号要进行放大和检波后才能变成具有一定驱动能力的逻辑电信号。隔离电路根据控制系统工作环境及信号拾取方式决定是否采用。

对于精度和稳定性要求较高的使用场合，可考虑采用精密仪器或传感器，例如磁性编码器、光学编码器、感应同步器等。

此外，在开关量通道中，常用到无源触点和有源触点的概念。

（1）无源触点，也称干触点、无源开关，具有闭合和断开两种状态。两个触点之间没有极性，可以互换。

常见的无源触点信号有：

1）各种开关，如限位开关、行程开关、脚踏开关、旋转开关、温度开关、液位开关等。

2）各种按键。

3）各种传感器的输出，如环境动力监控中的传感器、水浸传感器、火灾报警传感器，以及玻璃破碎传感器、振动传感器、烟雾传感器和凝结传感器。

4）继电器、干簧管的输出。

（2）有源触点，也称湿触点、有源开关，具有有电和无电两种状态。两个触点之间有极性，不能反接。

最常见的有源触点信号是把以上的干触点信号接上电源，再与电源的另外一极连接，作为输出，就是有源触点信号。这也是现场检测无源触点的方法。工业控制上，常用的有源触点的电压范围是 DC $0\sim30\mathrm{V}$，比较标准的是 DC 24V。

（二）开关量输入信号预处理电路

工业现场的开关量信号一般都要经过信号处理才能与计算机连接。常用的输入信号预处理有信号转换处理、安全保护措施、滤波处理、隔离处理等。

1. 信号转换处理

从工业现场获取的开关量，在逻辑上表现为逻辑"1"或逻辑"0"，信号形式则可能是电压、电流信号或开关的通断，其幅值范围也往往不符合数字电路的电平范围要求，因此必须进行转换处理。

如果是电压输入，可采用如图 2-58 所示的电压输入电路，利用分压原理，使得 U_2（U_2 大于某一值为逻辑 1）符合 TTL 逻辑规范。如果是电流输入，可采用如图 2-59 所示的电流输入电路，使 I（大于某一值为逻辑 1）在电阻 R_2 上的压降符合 TTL 逻辑规范。

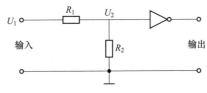

图 2-58　电压输入电路

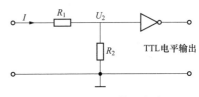

图 2-59　电流输入电路

对于图 2-60 所示的开关输入，S 断开，$U_2 = 5V$，为逻辑"1"；S 闭合，$U_2 = 0V$，为逻辑"0"。其中 R 的阻值可在 $4.7 \sim 100 \text{k}\Omega$ 之间选取。

2. 安全保护措施

在设计计算机控制系统时，必须针对可能出现的输入过电压、过电流或极性接反的情况，预

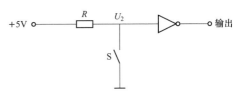

图 2-60　开关触点输入电路

先采取安全保护措施，设置安全保护电路。常用的保护电路如图 2-61 所示。

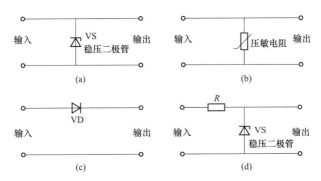

图 2-61　输入保护电路

（a）采用稳压二极管抑制瞬态尖峰；（b）采用压敏电阻抑制瞬态尖峰；
（c）采用二极管进行反极性保护；（d）采用稳压二极管抑制过电压

3. 滤波处理

生产过程中的开关类器件（如按钮、继电器、接触器、限位开关等）在闭合与断开时往往存在触点的抖动问题。抖动过程存在电平变化，如果不进行去抖处理，可能会造成错误判断开关量的状态。抖动的消除既可采用硬件电路方式实现，也可采用软件方式来实现。硬件方式通常采用 RC 滤波器或 RS 触发器电路。软件方式通过编写延时程序来实现。

此外，由于受环境干扰的影响，传输的开关量信号将产生毛刺。带有毛刺的开关量信号会对计算机控制系统的工作可靠性产生一些影响，通常采用施密特整形电路消除毛刺。

4. 隔离处理

从工业现场获取的开关量或数字量的信号电平往往高于计算机系统的逻辑电平。即使输入开关量电压本身不高，也有可能从现场引入意外的高压信号，因此必须采取电隔离，以保障计算机系统的安全。常用的隔离措施是采用光电隔离器件实现的。

图 2-62 所示是两种开关量光电隔离输入电路，它们除了可实现电气隔离之外，还具有

电平转换功能。

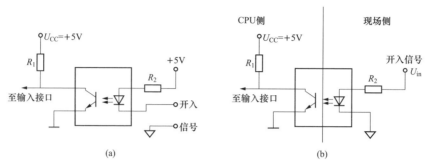

图 2-62　开关量光电隔离输入电路

（a）适用触点信号或 TTL 电平的隔离电路；（b）适用于非 TTL 电平信号的隔离电路

　　在工业控制现场，应根据现场开关的类型确定信号处理电路。图 2-63 给出了两个典型的开关量输入信号处理电路。

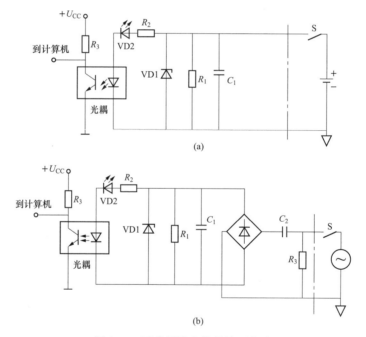

图 2-63　开关量输入信号处理电路

（a）直流输入电路；（b）交流输入电路

　　图 2-63 中的点划线右边是由开关 S 与电源组成的外部电路。交流输入电路比直流输入电路多一个降压电容和整流桥块，可把高压交流（如 380V AC）变换为低压直流（如 5V DC）。开关 S 的状态经 RC 滤波、稳压管 VD1 钳位保护、电阻 R_2 限流、二极管 VD2 防止反极性电压输入以及光耦隔离等措施处理后经输入缓冲器送到了主机。其中，RC 滤波是用 RC 滤波器滤除高频干扰；过电压保护是用稳压管和限流电阻作过电压保护；用稳压管或压敏电阻把瞬态尖峰电压钳位在安全电平上；反电压保护是串联一个二极管防止反极性电压输入；光电隔离用光耦隔离器实现计算机与外部的完全电隔离。

（三）开关状态检测

开关状态检测是指计算机在适当时刻将外部开关量的状态读入到计算机中。通常采用的方式有定时查询或中断。

一般来说，根据实际需要确定，需要立即通知计算机的开关量动作，应采用中断方式，它们应归为中断型开关量，如有的动作代表设备跳闸，要记下动作时刻，以便事后分析设备跳闸顺序。其他开关量应采用定时查询方式，归为非中断型开关量。

（1）中断型开关量。指当开关状态（闭合或断开）发生变化时，如设备故障、参数越限、定时工作时间到，向 CPU 发出中断申请，它表示对象的一个动作，需计算机立即记录下来并做出相应的处理和反应。

在中断型开关量输入较少时，比较容易设计中断请求发生电路，甚至可以直接用开关量输入作为中断请求信号。由于 CPU 的中断资源有限，如开关量输入较多时，则应将所有开关量输入综合后产生统一的中断请求信号。

（2）非中断型开关量。一般表示对象的状态变化，计算机周期性地在规定时刻将该状态读入。这种方法对开关量状态变化时刻不能正确反映。

采用定时查询方式的接口非常简单，如果从数据总线读入，只需加入总线缓冲器即可。对于单片机而言，开关量输入信号可直接与 I/O 相连，无需添加接口元件。

第四节　开关量输出通道及接口技术

一、开关量输出通道及驱动电路

开关量输出通道，也称为数字量输出通道，简称 DO 通道，它的任务是把计算机输出的微弱数字信号转换成能对生产过程进行控制的驱动信号。DO 通道的典型结构如图 2-64 所示，它主要由锁存器、光电隔离、功率放大电路等组成，完成隔离处理、电平转换和功率放大。

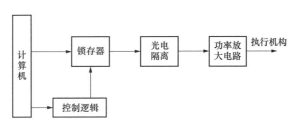

图 2-64　开关量输出通道结构框图

（1）隔离处理。当计算机控制系统的开关量输出信号用于控制较大功率的设备时，为防止现场设备上的强电磁干扰或高电压通过输出通道进入计算机系统，一般需要采取光电隔离措施隔离现场设备和计算机系统。

（2）电平转换和功率放大。计算机通过并行接口电路输出的开关量信号，往往是低压直流信号。一般来说，这种信号无论是电压等级还是输出功率，均无法满足执行机构的要求。因此应该先进行电平转换和功率放大，再送往执行机构。

根据现场负荷的不同，如指示灯、继电器、接触器、电动机、阀门等，可以选用不同的功率放大器件构成不同的开关量驱动输出通道。常用的有三极管输出驱动电路、继电器输出驱动电路、晶闸管输出驱动电路、固态继电器输出驱动电路等。

1. 三极管输出驱动电路

对于低压情况下的小电流开关量，如发光二极管、LED 数码显示器、小功率继电器和晶闸管等，可用功率三极管作为开关驱动组件，其输出电流就是输入电流与三极管增益的乘积。

当驱动电流只有十几毫安或几十毫安时，只要采用一个普通的功率三极管就能构成驱动电路，如图 2-65 所示。

当驱动电流需要达到几百毫安时，如驱动中功率继电器、电磁开关等装置，输出电路必须采取达林顿管、中功率三极管来驱动。达林顿阵列驱动器是由多对两个三极管组成的达林顿复合管构成，它具有高输入阻抗、高增益、输出功率大及保护措施完善的特点，只需较小的输入电流就能获得较大的输出功率，常用的达林顿管有 MC1412、MC1413 和 MC1416，其集电极电流可达 500mA，输出端的耐压可达 100V，很适合驱动继电器或接触器。同时多对复合管也非常适用于计算机控制系统中的多路负荷。

图 2-66 为达林顿阵列驱动中的一路驱动电路，当 P1.0 输出数字"0"即低电平时，经 7406 反相锁存器变为高电平，使达林顿复合管导通，产生的几百毫安集电极电流足以驱动负载线圈，而且利用复合管内的保护二极管构成了负荷线圈断电时产生的反向电动势的泄流回路。

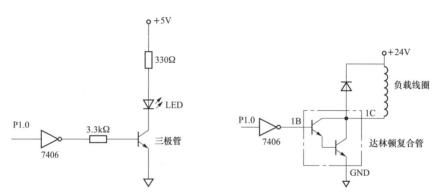

图 2-65　小功率三极管驱动电路　　　　图 2-66　达林顿阵列驱动电路

2. 继电器输出驱动电路

继电器是电气控制中常用的控制器件，一般由通电线圈和触点（动合或动断）构成。当线圈通电时，由于磁场的作用，使动合触点闭合、动断触点断开；当线圈不通电时，则动合触点断开、动断触点闭合。继电器经常用于计算机控制系统中的开关量输出功率放大，即利用继电器作为计算机输出的执行机构，通过继电器的触点控制较大功率设备或控制接触器的通断以驱动更大功率的负载，从而完成从直流低压到交流（或直流）高压，从小功率到大功率的转换。

多数微型直流继电器的驱动电流很小，几毫安到几十毫安的驱动电流就足够驱动。对于需大电流驱动的继电器，通常有几种方法可以选择，如使用三极管扩流后驱动、使用双向晶闸管驱动，或者由小继电器中继。

虽然继电器本身有一定的电气隔离作用，但必须注意其触点在通断瞬间往往容易产生火花而引起较大的电磁干扰，一般可采用阻容电路予以吸收，或增加光电隔离器。常用的继电器输出驱动电路如图 2-67 所示。

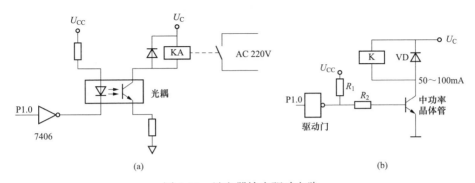

图 2-67 继电器输出驱动电路

（a）带光电隔离器的继电器输出；（b）晶体管驱动的中功率继电器输出

使用继电器输出时，为克服线圈反电动势，常在继电器的线圈上并联一个反向二极管构成线圈断电时产生的反向电动势的泄流回路。

当器件在有防爆要求的场合（如石油、化工企业）使用时，触点继电器就不能满足要求，这时应改用固态继电器。

3. 晶闸管输出驱动电路

晶闸管又称可控硅（SCR），是一种大功率半导体器件，它既有单向导电的整流作用，又有可以控制的开关作用，利用它可用较小的功率控制较大的功率，在交、直流电动机调速系统、调功系统、随动系统和无触点开关等方面均获得广泛的应用，符号如图 2-68 所示，它外部有三个电极：阳极 A、阴极 K、控制极（门极）G。

晶闸管的工作原理是：当阳、阴极之间加正压时，控制极与阴极两端也施加正压使控制极电流增大到触发电流值时，晶闸管由截止转为导通，这时管压降很小（1V 左右）。此时即使控制电压很小，仍能保持导通状态，所以控制电压没有必要一直存在，通常采用脉冲形式，以降低触发功耗。它不具有自关断能力，要切断负载电流，只有使阳极电流减小到维持电流以下，或在阳、阴极间施加反向电压实现关断。若在交流回路中应用，当电流过零或进入负半周时，自动关断，为了使其再次导通，必须重加控制信号。

图 2-68 单向晶闸管的结构符号

晶闸管应用于交流电路控制时，如图 2-69 所示，采用两个器件反并联，以保证电流能沿正反两个方向流通。如把两只反并联的 SCR 制作在同一块硅片上，便构成双向晶闸管，控制极共用一个，使电路大大简化，其特性如下：

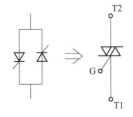

图 2-69 晶闸管的结构符号

（1）控制极 G 上无信号时，T2、T1 之间呈高阻抗，晶闸管截止。

（2）当两个电极 T1、T2 之间的电压大于 1.5V 时，不论极性如何，便可利用控制极 G 触发电流控制其导通。

（3）工作于交流时，当每一半周交替时，纯阻负载一般能恢复截止；但在感性负载情况下，电流相位滞后于电压，电流过零，可能反向电压超过转折电压，使管子反向导通。所以，要求管子能承受这种反向电压，而且一般要加 RC 吸收回路。

（4）T2、T1 可调换使用，触发极性可正可负，但触发电流有差异。

单向晶闸管在控制系统中多用于直流大电流场合，也可在交流系统中用于大功率整流回路。双向晶闸管经常用作交流调压、调功、调温和无触点开关。

晶闸管常用于高电压大电流的负载，不适宜与微型计算机直接相连，在实际使用时要采用隔离措施，在它前面加一级光电隔离器，如 MOC3041、MOC3021 等。

图 2-70 所示为双向晶闸管驱动器接口电路。

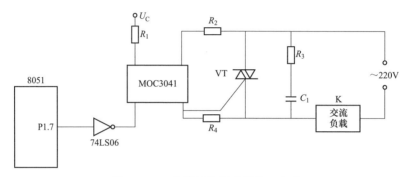

图 2-70　双向晶闸管驱动器接口电路

图 2-70 中，单片机通过 MOC3041 光电隔离器件和双向晶闸管 VT 驱动交流负载 K。当 P1.7 输出数字"1"时，经 74LS06 反相变为低电平，MOC3041 的发光二极管导通，使光敏晶闸管导通，导通电流再触发双向晶闸管 VT 导通，从而驱动大型交流负荷设备 K。这里晶闸管只工作在导通或截止状态。

图 2-70 中与晶闸管并联的 RC 网络用于吸收带感性负载时产生的电流不同步的过压，晶闸管门极电阻则用于提高抗干扰能力，以防误触发。

选择晶闸管时，其额定电流和额定电压必须是交流负载线圈工作电流的 3 倍以上。在使用晶闸管的控制电路中，常要求晶闸管在电源电压为零或刚过零时触发晶闸管，来减少晶闸管在导通时对电源的影响，这种触发方式称为过零触发。过零触发需要过零检测电路，如 MOC3061 光电隔离器内部含有过零检测电路。

4. 固态继电器输出驱动电路

固态继电器（solid state relay，SSR）是一种新型的无触点开关的电子继电器，它利用电子技术实现了控制回路与负载回路之间的电隔离和信号耦合，而且没有任何可动部件或触点，却能实现电磁继电器的功能，故称为固态继电器。它具有体积小、开关速度快、无机械噪声、无抖动和回跳、寿命长等传统继电器无法比拟的优点，在计算机控制系统中得到广泛的应用。

固态继电器有直流型固态继电器（DC-SSR）和交流型固态继电器（AC-SSR），其原理电路如图 2-71 所示。

（1）直流型固态继电器是将光电隔离、驱动、功率管集成在一个模块内，其原理电路如图 2-71（a）所示。该器件为四管脚器件，有两个输入端、两个输出端。

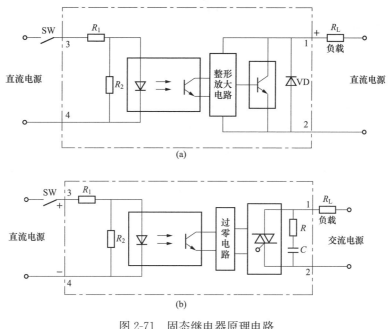

图 2-71 固态继电器原理电路

(a) DC-SSR; (b) 过零型 AC-SSR

DC-SSR 的输入部分是一个光电隔离器, 可用 OC 门或晶体管直接驱动。它的输出端经整形放大后带动大功率晶体管输出, 输出工作电压可达 30~180V (5V 开始工作)。DC-SSR 主要用于带直流负载的场合, 如直流电动机控制、直流步进电动机控制和直流电磁阀等。但在使用时应注意, 当负载为感性负载时, 要加保护二极管, 以防止 DC-SSR 因突然截止产生的高电压而损坏继电器。

(2) AC-SSR 内部的开关组件为双向晶闸管, 按控制触发方式不同又可分为过零型和移相型两种, 其中应用最广泛的是过零型。图 2-71 (b) 给出了过零型 SSR 原理电路图。

过零型 AC-SSR 是指当输入端加入控制信号后, 需等待负载电源电压过零时, SSR 才为导通状态; 而断开控制信号后, 也要等待交流电压过零时, SSR 才为断开状态。移相型 AC-SSR 的断开条件同过零型 AC-SSR, 但其导通条件简单, 只要加入控制信号, 不管负载电流相位如何, 立即导通。

AC-SSR 主要用于交流大功率控制。一般取输入电压为 4.32V, 输入电流小于 500mA。它的输出端为双向晶闸管, 一般额定电流在一至几百安范围内, 电压多为 380V 或 220V。图 2-72 所示为一种常用的固态继电器驱动电路, 当 P1.0 输出数字 "0" 时, 经 7406 反相变为高电平, 使 NPN 型三极管导通 SSR, 输入端得电使输出端接通大型交流负载设备 R_L。

当然, 在实际使用中, 要特别注意固态继电器的过电流与过电压保护以及浪涌电流的承受等工程问题, 在选用固态继电器的额定工作

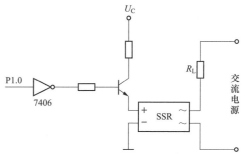

图 2-72 AC-SSR 输出驱动电路

电流与额定工作电压时，一般要远大于实际负载的电流与电压，而且输出驱动电路中仍要考虑增加阻容吸收组件。

　　5. 场效应管驱动电路

　　场效应管输入阻抗高、关断漏电流小、响应速度快，而且与同功率继电器相比，体积较小、价格便宜，所以在开关量输出控制中也常作为开关元件使用。

图 2-73　大功率场效
应管的表示符号

　　场效应管的种类非常多，如 IRF 系列，电流可从几毫安到几十安，耐压可从几十伏到几百伏，因此可以适合各种场合。

　　大功率场效应管表示符号如图 2-73 所示，其中 G 为控制栅极，D 为漏极，S 为源极。对于 NPN 型场效应管来说，G 为高电平时，源极与漏极导通，允许电流通过，否则，场效应管关断。

　　由于场效应管本身没有隔离作用，在使用中为了防止高压对计算机系统的干扰和破坏，通常在它前面要加接光电隔离器。

图 2-74 给出了利用大功率场效应管的三相步进电动机控制电路的原理。

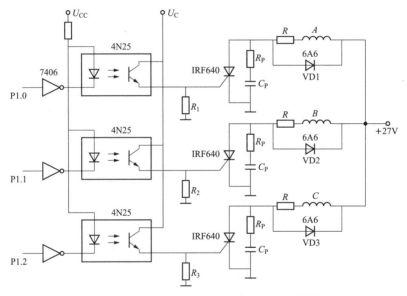

图 2-74　利用大功率场效应管的三相步进电动机控制电路原理

　　图 2-74 中，R_P、C_P、VD 均为保护元件。当某一控制输出端，如 P1.0 输出为高电平时，经反相器 7406 变为低电平，使光电隔离器 4N25 通电并导通，从而使电阻 R_1 输出为高电平，控制场效应管 IRF640 导通，使 A 相通电；反之，当 P1.0 为低电平时，IRF640 截止，A 相无电流通过。同理，用 P1.1、P1.2 对 B 相和 C 相进行控制。改变步进电动机的 A、B、C 三相的通电顺序，便可实现对步进电动机的控制。

　　二、直流电动机接口技术

　　直流电动机具有的优点：①调速范围广，易于平滑调节；②过载、启动、制动转矩大；③易于控制，可靠性高；④调速时能量损耗比较小。

　　1. 直流电动机调速原理

　　直流电动机的转速公式为

$$n = \frac{U_a - R_a I_a}{C_E \Phi} = \frac{U_a}{C_E \Phi} - \frac{R_a}{C_E \Phi} I_a \tag{2-18}$$

式中　n——电机转速，r/min；

　　　U_a——电枢电压，V；

　　　I_a——电枢电流，A；

　　　R_a——电枢电阻，Ω；

　　　Φ——每极磁通量，Wb；

　　　C_E——电机结构常数，仅与电机本身结构有关。

　　由式（2-16）可知，他励式直流电动机可通过改变电枢电阻（串电阻）、电枢电压和减弱电机励磁磁通等方法调速。

　　改变电枢电压的调速原理是：在励磁电压和负载转矩恒定时，电动机转速由电枢电压 U_a 决定。电枢电压越高，电动机转速就越快；电枢电压 U_a 降至 0V 时，电动机停转；改变电枢电压的极性，电动机改变转向。改变电枢电压可以得到不同的空载转速，而转速降是不受影响的，其机械特性只是上下移动，即电动机的机械特性硬度不变，使得改变电压调速具有更宽的调速范围，速度调节的平滑性和经济性有明显的优势，因此调压调速得到了广泛应用。在直流电压调压调速方案有三种，即选择变流机组、晶闸管静止变流装置和直流 PWM。

　　直流 PWM 调速的原理是，通过改变电枢电压接通时间与通电周期的比值（即占空比）从而改变电枢平均电压，调节电动机的转速，其调速原理如图 2-75 所示。

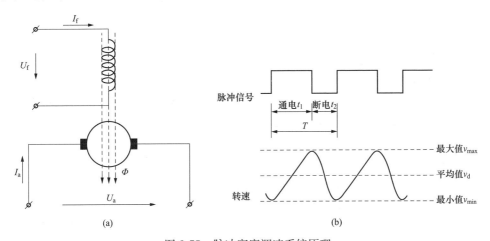

图 2-75　脉冲宽度调速系统原理
（a）直流电动机工作原理；（b）直流电动机控制曲线

　　在脉冲作用下，当电动机通电时，速度增加；电动机断电时，速度逐渐减小。只要按一定的规律，改变通、断时间，即可让电动机转速得到控制。

　　设电动机全通电时的转速为 v_{max}，占空比为 $D = t_1/T$，则电动机的平均速度为

$$v_d = v_{max} D \tag{2-19}$$
$$D = t_1/T$$

式中　v_d——电动机的平均转速；

　　　v_{max}——电动机全通电时的速度（最大）；

D——占空比。

平均转速 v_d 与占空比 D 的函数曲线如图 2-76 所示。

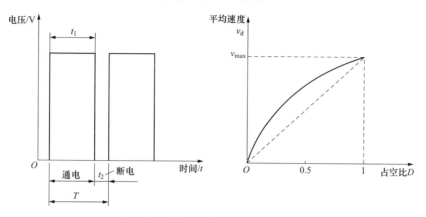

图 2-76　平均转速与占空比的关系

2. 开环 PWM 调速系统

开环 PWM 调速系统的原理如图 2-77 所示。开环 PWM 调速系统由如下五部分组成：

图 2-77　开环 PWM 调速系统原理

（1）占空比设定。占空比由人工设定，通常有三种设定方法：

1）一般通过开关给定，用每位开关的状态表示"1"和"0"组成 8 位二进制数。改变开关的状态，即可改变占空比的大小。

2）占空比也可以从电位器中取一电位，然后经 A/D 转换器接到计算机，把模拟量转换成数字量作为给定值。改变电位器滑动端的位置，即可改变占空比给定值的大小。

3）由拨码开关给定，每个拨码开关给出一位 BCD 码（4 位二进制数），若采用两位 BCD 码数，则需并行用两个拨码开关。

（2）脉冲宽度发生器。根据设定的占空比，产生满足给定的脉冲序列。在直流电动机 PWM 调速的计算机控制系统中，脉冲宽度发生器用软件程序实现。

（3）驱动器。将计算机输出的脉冲宽度调制信号加以放大，控制电动机定子电压接通或断开的时间，通常由放大器/继电器组成，也可由 TTL 集成电路组成驱动器构成。

（4）电子开关。用来接通或断开电动机电枢的供电电源，可用晶体管、场效应管、晶闸管等功率器件组成，也可以由继电器或固态继电器控制。

（5）电动机。被控对象，用以带动被控装置。

3. 直流电动机的 PWM 调速系统实现

（1）直流电动机与单片机的接口电路。由于直流电动机需要的驱动电流比较大，所以单片机与直流电动机的连接需要专门的接口电路及驱动电路。接口电路可以是锁存器，也可以是可编程接口芯片（如 8255、8155 等）。驱动电路可用电机专用驱动模块（如 LG9110）、三极管放大驱动电路、达林顿管、固态继电器、大功率场效应管等。此外，为了抗干扰，或避免一旦驱动电路发生故障，造成功率放大器件中的高电平进入单片机而烧毁器件，因而在驱动器与单片机之间加一级光电隔离器。图 2-78 所示为采用固态继电器接口控制的直流电动机的电路原理图。

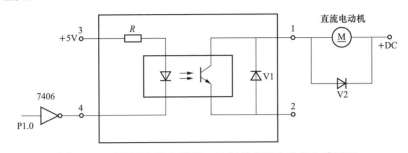

图 2-78　采用固态继电器接口控制的直流电动机电路原理

图 2-78 中，引脚 3 接＋5V 直流电源。I/O 接口的控制引脚 P1.0 经驱动器 7406 接到固态继电器引脚 4。当 P1.0 输出为高平电时，经反向驱动器 7406 输出低电平，使固态继电器发光二极管发光，并使光敏三极管导通，从而使直流电动机绕组通电。反之，当 P1.0 输出为低电平时，发光二极管无电流通过，不发光，光敏三极管随之截止，因而直流电动机绕组没有电流通过。图 2-78 中，V1 为固态继电器内部的保护电路，V2 为电动机保护元件。使用时，应根据直流电动机的工作电压、工作电流来选定合适的固态继电器。

（2）PWM 调速系统的程序设计。直流电动机控制程序主要是根据计算得到的占空比 D，产生满足要求的 PWM 脉冲。

电动机控制程序的设计有两种方法，一种是软件延时法，另一种是计数法。软件延时法的基本思想是，首先求出占空比 D，再根据周期 T 分别给电动机通电 N 个时间单位（t_0），即 $N = \dfrac{t_1}{t_0}$，然后再断开 $\overline{N}$ 个单位时间，即 $\overline{N} = \dfrac{t_2}{t_0}$。计数法的基本思想是，当单位延时个数 N 求出之后，将其作为给定值存放在某存储单元中。在通电过程中对通电单位时间（t_0）的次数进行计数，并与存储器的内容进行比较。如不相等，则继续输出控制脉冲，直到计数值与给定值相等，使电动机断电。

PWM 调速流程如图 2-79 所示。

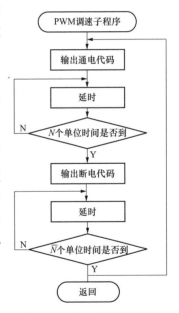

图 2-79　PWM 调速流程图

4. 闭环 PWM 调速系统

对于对转速稳定性要求不高的生产机械，可以采用开环调速。但对于对转速稳定性要求较高的生产机械，就无法适应需要，必须采用闭环控制。在直流电动机轴上装设光电码盘或测速发电机等转速测量装置测量电动机转速，与给定值比较，并进行 PID 运算，运算结果经锁存器、D/A 转换器送入脉冲发生器产生调节脉冲，经驱动器放大后控制电动机转动。由于 PID 的作用，该系统可以消除静差。

5. 直流电动机的应用

下面给出利用 L298 电动机驱动模块实现直流电动机 PWM 调速的例子，如图 2-80 所示。

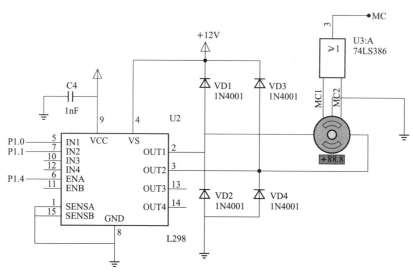

图 2-80　L298 电动机驱动电路

L298 是一种二相和四相电动机的专用驱动器，即内含两个 H 桥的高电压大电流双全桥式驱动，接收标准 TTL 逻辑电平信号，可驱动 46V、2A 以下的电动机，其逻辑功能见表 2-4。

表 2-4　　　　　　　　　　　　　　LN298 的逻辑功能表

IN1	IN2	ENA	电动机状态
×	×	0	停止
1	0	1	顺时针
0	1	1	逆时针

编写程序，使用单片机 I/O 口线 P1.0、P1.1、P1.4 调制出 PWM 脉冲波来控制电动机。

```
# include<reg51.h>
# define uchar unsigned char
# define uint unsigned int
sbit INPUT1 = P1^0;
sbit INPUT2 = P1^1;
sbit ENA = P1^4;                      // 产生 PWM 波
uint MA = 0;
uint SpeedA = 20;                     // 50% 占空比
void delay(uint z)                    // 延时子程序
    {
    uint x,y;
    for(x = z;x>0;x--)
    for(y = 125;y>0;y--);
    }
void main(void)                       //主函数
```

```
    {delay(1000);
     delay(1000);
     INPUT1 = 1;
     INPUT2 = 0;
     TH0 = 0xf4;
     TL0 = 0x48;
     TMOD = 0x01;
     TR0 = 1;
     ET0 = 1;
     EA = 1;
     while(1);
     }
void time0_int()interrupt 1 using 1
     {
     TR0 = 0;
     TH0 = 0xf4;
     TL0 = 0x48;
     MA + + ;
     if(MA< SpeedA)
       {
       ENA = 1;
       }
     else ENA = 0;
     if(MA = = 40)
       {
       MA = 0;
       } TR0 = 1;
     }
```

三、步进电动机控制接口技术

步进电动机是工业生产过程控制及仪表中的主要控制元件之一。

（一）步进电动机的控制原理

步进电动机是一种将电脉冲转化为角位移或直线位移的执行机械，每当步进电动机的驱动器接收到一个驱动脉冲信号后，步进电动机将会按照设定的方向转动一个固定的角度（步距角）。典型的步进电动机控制系统如图 2-81 所示。其中，步进电动机控制器把输入的脉冲转换成能够控制步进电动机动作的脉冲序列；功率放大器把控制器输出的控制脉冲加以放大，以驱动步进电动机转动。

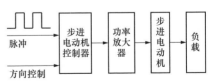

图 2-81　步进电动机控制系统的组成

（二）步进电动机计算机控制系统的实现

采用计算机控制系统，用软件代替步进电动机控制器，可以根据系统的需要灵活改变步进电动机的控制方案，使用起来很方便。

1. 步进电动机与计算机的接口电路

设计步进电动机的接口电路需要考虑下面几个内容：

（1）步进电动机的驱动电流比较大，驱动器可用大功率复合管，也可以用专门的驱动器。

（2）为了抗干扰，或避免一旦驱动电路发生故障，造成功率放大器中的高电平信号进入微型机而烧毁器件，在驱动器与微型机之间加一级光电隔离器。

（3）计算机的输出接口只能驱动几个标准的 LSTTL，而被控制的步进电动机要求高电压和大电流，所以在输出端口之后要加 74LS04/74LS06 等驱动器，以便驱动脉冲功率放大级的达林顿复合管，使电动机绕组的静态电流达到 2A。

图 2-82 所示为以达林顿管作为驱动器的三相步进电动机的硬件接口电路。

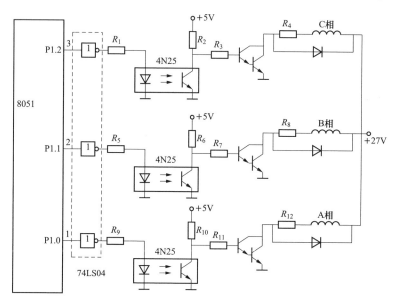

图 2-82　三相步进电动机硬件接口电路

当 P1.0 输出为"1"时，经反向驱动器变为低电平，发光二极管不发光，光敏三极管截止，从而使达林顿管导通，A 相绕组通电；反之，当 P1.0＝0 时，A 相不通电。由 P1.1 和 P1.2 控制的 B 相和 C 相也一样。总之，只要按一定的顺序改变 P1.0～P1.2 三位通电的顺序，就可控制步进电动机按一定的方向步进。

2. 步进电动机软件主要解决的问题

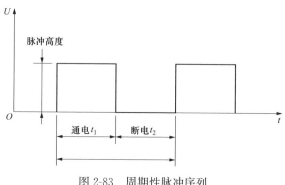

图 2-83　周期性脉冲序列

步进电动机要转动，必须有电脉冲，且必须按一定的顺序加到电动机绕组上才能按规律运转。因此，软件设计需要解决如下几个问题：

（1）脉冲序列的产生。步进电动机控制软件必须解决的问题是产生如图 2-83 所示的周期性脉冲序列。

由图 2-83 知，脉冲是用周期、脉冲幅值、接通与断开电源的时间来表示的。

对于一个数字线来说，脉冲幅值是由使用的数字元件电平来决定的，如一般 TTL 为 0～5V，CMOS 电平为 0～10V 等。接通和断开时间可用延时的办法来控制。

由于步进电动机的"步进"是需要一定的时间的，所以在输出一正脉冲后，需延长一段时间，以使步进电动机到达指定的位置。延时时间的长短由步进电动机的工作速率来决定。假设要求步进电动机旋转一周需要时间为 0.2s，步距角为 1.5°，则步进电动机走一步需要的时间为 $0.2s/(360°/1.5°)=833\mu s$。所以，只要在输出一个脉冲后，延时 $833\mu s$，即可达到上述目的。

由此可知，软件产生脉冲序列的方法是先输出一个高电平，然后进行延时，再输出一个低电平，延时。

（2）步进电动机的控制方向和控制模型。步进电动机的旋转方向与内部绕组的通电顺序有关。以三相步进电动机为例，它有 3 种工作方式：

1）单三拍，通电顺序为 A→B→C→A。

2）双三拍，通电顺序为 AB→BC→CA→AB。

3）三相六拍，通电顺序为 A→AB→B→BC→C→CA→A。

如果按上述 3 种通电方式和通电顺序进行通电，则步进电动机正向转动。反之，如果通电顺序与上述顺序相反，则步进电动机反向转动。如单三拍的通电顺序为 A→C→B→A，则步进电动机反转。

根据所选定的步进电动机及控制方式，可写出相应的控制编码。图 2-82 所示三相步进电动机的三相单三拍的控制编码见表 2-5。

表 2-5　　　　　　　　　　　　　三相单三拍的控制编码

步序	控制位								工作状态	控制编码
	P1.7	P1.6	P1.5	P1.4	P1.3	P1.2（C相）	P1.1（B相）	P1.0（A相）		
1	0	0	0	0	0	0	0	1	A	01H
2	0	0	0	0	0	0	1	0	B	02H
3	0	0	0	0	0	1	0	0	C	04H

同理，可得到三相双三拍的控制编码为 03H、06H、05H，三相六拍的控制编码为 01H、03H、02H、06H、04H、05H。

按照上述控制编码的顺序输出，步进电动机按照希望的方向转动；如果按照上述逆顺序进行控制，则步进电动机将向相反的方向转动。由此可知，所谓步进电动机的方向控制，实际上就是按照选定的控制方式所规定的顺序发送脉冲序列，达到控制步进电动机方向的目的。

（3）步数的计算。在设计步进电动机控制系统时，根据要行走的路程（当前位置到目标位置的角行程）以及步距角计算步数。

例：用步进电动机带动一个 10 圈的多圈电位器来调整电压，假定电压的调整范围为 0～10V。现在需要把电压从 2V 升到 2.1V，此时，步进电动机的行程角度为

$$10:360°×10=(2.1-2):x$$

$$x = 36°$$

采用三相三拍的控制方式，步距角为 3°，步数 $N=36°/3°=12$ 步；采用三相六拍的控制方式，步距角为 1.5°，步数 $N=36°/1.5°=24$ 步。

3. 步进电动机程序设计

在步进电动机程序设计之前，需要做的准备工作有计算步数、确定延时时间（脉冲通电时间）、控制模型以及判断转动方向。步进电动机程序设计的主要任务就是，按照顺序传送控制模型，判断所要求的控制步数是否传送完毕。

图 2-82 所示步进电动机控制系统的程序流程如图 2-84 所示。

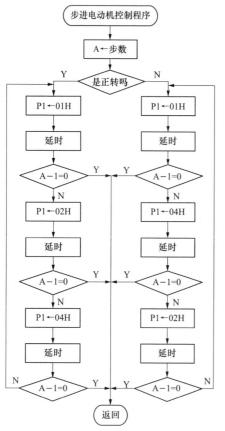

图 2-84　三相单三拍步进电动机控制程序框图

（三）步进电动机的应用

下面以 4 相永磁减速式步进电动机为例说明步进电动机的控制。

1.28BYJ48 步进电动机

28BYJ48 步进电动机为五线四相八拍步进电动机，其原理如图 2-85 所示。

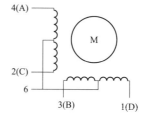

图 2-85　28BYJ48 原理

注：6 线为红色，为电源引脚；4、3、2、1 线分别为橙、黄、粉和蓝色。

根据绕组的通电方式，28BYJ48 步进电动机有单相绕组和双相绕组通电激励，有单极性绕组和双极性绕组之分。单相激励是每次只有一相绕组通电，双相激励指每次两相绕组通电，一次只能转换一相的极性。单极性绕组是指一个电极上有 2 个绕组，当一个绕组通电时，产生 N 极，另一个绕组通电时产生 S 极，从驱动器到线圈电流不会反向。双极性绕组是指每相用一个绕组，通过将绕组电流反向，电磁极性反向。其中 4-1-2 相的驱动见表 2-6。

表 2-6　　　　　　　　　　　　　　4-1-2 相驱动方式

线号	导线颜色	1	2	3	4	5	6	7	8
6	红	+	+	+	+	+	+	+	+
4	橙	−	−						−

续表

线号	导线颜色	1	2	3	4	5	6	7	8
3	黄	—	—	—					
2	粉				—	—	—		
1	蓝						—	—	—

注 "＋"表示接电源正极,"－"表示接电源负极。

2. 步进电动机驱动电路

28BYJ48 步进电动机的驱动电路和 ULN2803A 的引脚如图 2-86 所示。

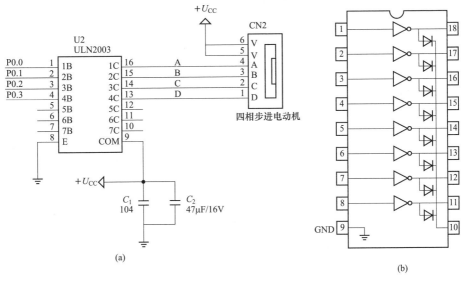

图 2-86　28BYJ48 步进电动机的驱动电路和 ULN2803A 引脚

(a) 28BYJ48 驱动电路；(b) ULN2803A 的引脚

图 2-86 中，ULN2803A 是 8 通道的达林顿管阵列，兼容 TTL 电平，输出电流为 500mA，输入电阻 2700Ω，驱动能力为 500mA /5V。其中，1～8 为输入引脚，11～18 为输出引脚。在应用时，引脚 9 接地，驱动感性负载时，引脚 10 接负载电源 $U+$。当输入信号为 0，输出达林顿截止；输入信号为 5V，输出达林顿管饱和。输出负载加在电源 $U+$ 和输出上。当输出为高电平时，输出负载动作。

3. 驱动程序

步进电动机正向旋转 30 圈的程序如下：

```
# include ⟨reg52. h⟩
sbit A1 = P0^0;                    //定义步进电动机连接端口
sbit B1 = P0^1;
sbit C1 = P0^2;
sbit D1 = P0^3;
void driver();
# define Dy_A1 {A1 = 1;B1 = 0;C1 = 0;D1 = 0;}   //A 相通电,其他相断电
```

```
#define Dy_B1 {A1 = 0;B1 = 1;C1 = 0;D1 = 0;}    //B 相通电,其他相断电
#define Dy_C1 {A1 = 0;B1 = 0;C1 = 1;D1 = 0;}    //C 相通电,其他相断电
#define Dy_D1 {A1 = 0;B1 = 0;C1 = 0;D1 = 1;}    //D 相通电,其他相断电;采用 1 相励磁
#define Dy_OFF {A1 = 0;B1 = 0;C1 = 0;D1 = 0;}   //全部断电
unsigned char Speed;                            //速度 Speed 参数是可以调节电动机速度的,
                                                  数字越小,速度越快
void DelayUs2x(unsigned char t)                 //延时函数,大致延时长度如下 T = t × 2 + 5μs
    {
        while( - -t);
    }
void DelayMs(unsigned char t)    //延时函数,大致延时 1ms
    {
    while(t - -)
      {
      DelayUs2x(245);
      DelayUs2x(245);
      }
    }
main()                          //主函数
    {
        Dy_OFF;
        while(1)
          {
          driver();
          }
    }
void driver()
    {
unsigned int i = 480;           //28BYJ48 步进电动机的步距角为 5.625,一圈 360°,需要 64 个脉冲。当
                                  i = 480 时,步进电动机可旋转 30 圈。
Speed = 5;
while(i - -)//正向
    {
    Dy_A1 ;
    DelayMs(Speed);             //改变 speed 可以调整电动机转速,数字越小,转速越大,力矩越小
    Dy_B1;
    DelayMs(Speed);
    Dy_C1;
    DelayMs(Speed);
    Dy_D1;
    DelayMs(Speed);
    }
    }
```

程序中的 define 为宏定义，定义四相的排列顺序，如果顺序从 A～D 相通电为正转，那么顺序从 D～A 相通电则为反转。

四、报警设计

在控制系统中，为了安全生产，对于一些重要的参数或系统部位，都设有紧急状态报警系统，以便提醒操作人员注意，或采取紧急措施。

常用的报警方式有：

（1）声语言报警：电铃、电笛、频率可调的蜂鸣振荡音响、集成电子音乐芯片、语音芯片等。

（2）显示报警：LED 指示灯，闪烁的白炽电灯，LED、LCD 数码管，LED、LCD 图形显示器，CRT 显示器等。

（3）图形、声音的混合报警。

声音和光报警可通过开关量输出通道驱动电铃、电笛和指示灯实现，图形报警可通过工控组态软件组态实现。这里仅简要介绍报警的设计方法。

报警程序的设计方法有两种，即全软件报警和硬件申请、软件处理报警。下面以锅炉的液位、压力和温度检测及报警为例介绍两种报警方式的实现。

1. 全软件报警

全软件报警方式，是把被测参数（如温度、压力、流量、速度、成分等），经传感器、变送器、模/数转换器后，送到计算机，再与规定的上下限值进行比较。根据比较的结果进行报警或处理，整个过程都由软件实现。

图 2-87 所示为锅炉的蒸汽压力（X3）、炉膛温度（X2）、水位（X1）等信号越限的全软件报警的硬件电路。与报警相关的硬件电路就是一个简单的开关量输出通道，而报警的判别是依据模拟量输入通道采集的相关参数与报警限值比较的结果。

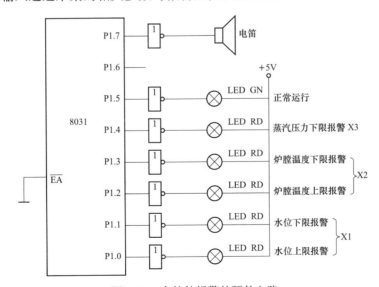

图 2-87　全软件报警的硬件电路

配套图 2-87 硬件电路的程序流程如图 2-88 所示。

本例中，Xi 上下限报警的方式是通过 P1 对应口线点亮对应的指示灯。如监测的水位信

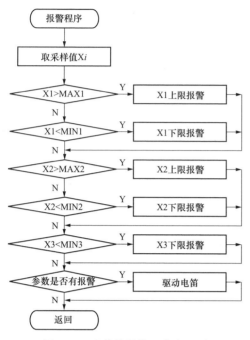

图 2-88　全软件报警程序流程图

号 X1 对于其上限值 MAX1，则 P1＝81H，驱动电笛并点亮相应的红色指示灯。

2. 硬件申请、软件处理报警

硬件申请、软件处理报警的基本思想是报警不通过程序比较得到，而是直接由开关传感器产生。例如电接点压力报警装置，当压力高于（或低于）某一极限值时，接点闭合，正常时则打开。利用这些开关量信号，通过中断的方法来实现对参数或位置的检测。硬件申请、软件处理报警的硬件电路见图 2-89 所示。

SL1 和 SL2 分别为液位上、下限报警触点，SP 为蒸汽压力下限报警触点，ST 为炉膛温度上限报警触点。参数越限，触点闭合，单片机检测到对应引脚为低电平；如单片机监测到对应引脚为高电平，则表示正常。

只要三个参数中的一个（或几个）超限（即触点闭合），其对应管脚都会由高变低，向 CPU 发出中断申请。CPU 响应后，读入报警状态 P1.3～P1.0，然后从 P1 口的高 4 位输出，完成超限报警的工作。采用中断工作方式，既节省了 CPU 计算的宝贵时间，又能不失时机地实现参数超限报警。

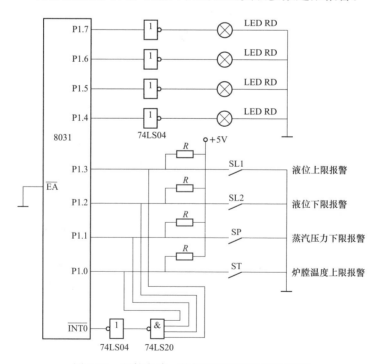

图 2-89　硬件申请、软件处理报警的硬件原理

在越限报警程序的设计中，为了避免测量值在极限值附近摆动造成频繁的报警，可以在上、下限附近设定一个回差带，如图 2-90 所示。规定只有当被测量值越过 A 点时，才认为越过上限；测量值穿越 H 带区，下降到 B 点以下才承认复限。同样道理，测量值在 L 带区内摆动均不做超越下限处理；只有它回归于 D 点之上时，才做超越下限后复位处理。这样就避免了频繁的报警和复限，以免造成操作人员人为的紧张。实际上，大多数情况下，上、下限并非只是唯一的值，而是允许一个"带"。在带区内的值都认为是正常的。带宽构成报警的灵敏区。上、下限带宽的选择应根据具体的被测参数而定。

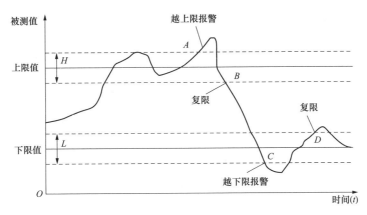

图 2-90 越限报警示意

H—上限带；L—下限带

第五节 脉冲量输入通道

现场仪表中的转速表、涡轮流量计、涡街流量计、罗茨式流量计以及一些机械计数装置等输出的测量信号均为脉冲信号。脉冲量输入通道（简称 PI）是将这些脉冲量信号读入计算机，并对其进行数据处理，以得到对应的转速、流量值等。

脉冲量输入通道结构示意如图 2-91 所示。现场脉冲量输入信号须经过隔直限幅、比较放大、整形后输入计数器，根据不同的电路连接与编程方式可计算累计值、脉冲间隔时间及脉冲频率等。计算机读入这些数值后，根据用户需求进行对应的数据处理，便可计算出相应的工程量。

通常，脉冲量的输入有两种模式：频率方式和周期方式。其中频率方式用于测量脉冲的频率，也就是单位时间内输入的脉冲量个数，其典型应用是各种机械转动机构转速的测量。周期方式是测量两个脉

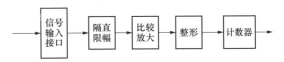

图 2-91 脉冲量输入通道结构示意

冲之间的时间间隔，即把相邻的两个输入脉冲信号之间的间隔时间测量出来。事实上周期是频率的倒数，当脉冲频率很低时，为了提高测量精度，常常采用测周期的方式进行。此外，还有积算方式，它主要用于累计脉冲的总数，一般用于流量或电量的计算。

一、频率测量法

频率测量的原理如图 2-92 所示，在定时时间 t 内，对输入脉冲信号进行计数，即可得

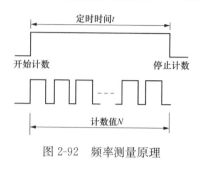

图 2-92　频率测量原理

到其频率。若在定时时间 t 内，计数器的计数值为 N，则待测信号的频率为 $f_x = N/t$。假定定时时间 $t = 1s$，计数器的值为 $N = 1000$，则待测信号频率 $f_x = 1000Hz$。

根据频率测量的原理，将待测脉冲信号连接到定时器/计数器 T0 的输入端，用定时器/计数器 T1 作定时时间 t 的定时。设置 T0 工作计数方式，计数脉冲为外部待测信号；T1 工作于定时方式，计数脉冲为系统的机器周期。在 T1 开始定时的同时，启动 T0 开始计数。当 T1 定时达到 1s 时，读取 T0 的计数值，该值即为 1s 时间内的外部脉冲个数，计算可得待测信号的频率。

二、周期测量法

周期测量法的原理如图 2-93 所示，被测脉冲连接于单片机的外部中断请求端 $\overline{INT_0}$，通过中断检测相邻两个脉冲下降沿之间的时间间隔，获得脉冲信号的周期。在第一个下降沿（一个脉冲周期的开始）中断时开启一个定时器开始定时，在第二个下降沿（该脉冲周期的结束）中断时关闭定时器工作。设定时器的计数脉冲周期为 T_{CLK}。若一个脉冲周期内定时器的计数值为 N，则测量得到的周期为 $T_c = T_{CLK} \times N$，即被测信号的频率为 $1/T_c$。

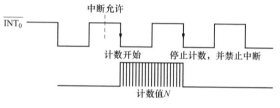

图 2-93　周期测量法原理

频率测量法和周期测量法可用于频率、速度、线（角）位移等的测量，被测信号频率或被测速度较高时宜用前者；反之宜用后者。测量范围大的系统中，可同时采用两种方法，则高低段均能获得较高的测量精度。

思考题

1. 简述模拟量输出通道的组成及各组成部分的功能。

2. 用 8 位 D/A 转换器芯片组成双极性电压输出电路，其参考电压为 $-5 \sim +5V$，求对应以下偏移码的输出电压：

(1) 10000000　　(2) 01000000　　(3) 11111111　　(4) 00000001　　(5) 01111111

(6) 11111110

3. 说明 D/A 转换的双极性输出的原理，并画出电路原理图。

4. D/A 转换器是怎么定义分辨率的？转换精度与分辨率是什么关系？

5. D/A 转换器有哪些主要技术指标？试述 DAC0832 的结构和主要功能。

6. DAC0832 与 CPU 有几种连接方式？它们在硬件接口及软件程序设计方面有何不同？

7. 试用 DAC0832 设计一个单缓冲的 D/A 转换器，要求画出接口电路图，并编写程序。

8. 试用 8255A 的 B 口和 DAC0832 设计一个 8 位 D/A 转换接口电路，并编写出程序（设 8255A 的地址为 8000～8003H）。

9. 采用两片 DAC0832 设计一个双路模拟量输出通道，要求：

(1) 双路分时输出，同时转换；

(2) 输出为单极性；

(3) 提供与 8031 的接口及实现的程序。

10. 为什么高于 8 位的 D/A 转换器与 8 位微机接口连接必须采用双缓冲方式？这种缓冲工作方式与 DAC0832 的双缓冲工作方式在接口上有什么不同？

11. 试用 TLV5613 设计一个双缓冲的 D/A 转换器，要求画出接口电路图，并编写程序。

12. 简述模拟量输入通道的组成及各组成部分的功能。试画出结构框图。

13. 多路开关如何扩展？试用两个 CD4097 扩展成一个双 16 路输入和双 2 路输出系统，并说明其工作原理。

14. 采样保持器有什么作用？

15. A/D 转换器原理有几种？它们各有什么特点和用途？

16. 试说明逐次逼近式 A/D 转换器的转换原理。

17. A/D 转换器有哪些主要技术指标？试述 ADC0809 的结构和主要功能。

18. A/D 转换器的结束信号（设为 EOC）有什么作用？根据该信号在 I/O 控制中的连接方式，说明 A/D 转换器有几种控制方式？它们在接口电路和程序设计上有什么特点？

19. 设某 12 位 A/D 转换器的输入电压为 0～5V，求当输入模拟量为下列值时输出的数字量：

(1) 1.25V　　(2) 2V　　(3) 2.5V　　(4) 3.75V　　(5) 4V　　(6) 5V

20. 高于 8 位的 A/D 转换器与 8 位微机及 16 位微机接口有什么区别？试用 ADS7852 为例加以说明。

21. 光电隔离器有什么作用？

22. 什么是无源触点？什么是有源触点？

23. 开关量输入信号需要采用哪些信号调理技术？

24. 结合图 2-63，说明它们采用了哪些信号预处理技术？

25. 开关量输出通道需要采用什么信号调理技术？

26. 常用的开关量输出驱动电路主要有哪些？各适用什么场合？

27. 简述小功率直流电动机的 PWM 调速原理。

28. 实现直流电动机的 PWM 控制，在硬件和软件方面分别需要解决什么问题？如何解决？

29. 实现步进电动机的计算机控制，在硬件和软件方面分别需要解决什么问题？如何解决？

30. 说明硬件报警与软件报警的实现方法，并比较其优缺点。

31. 为什么要设计报警回差带？结合图 2-90 说明其越限报警点和复限点。

32*. 党的二十大报告中对推进新型工业化作出了明确要求，加快实现各个领域的数字化、智能化和信息化。在数字化控制系统中，A/D 转换器是实现信号数字化的关键器件。现有一高精度温度控制系统，温度控制范围在 50～150℃，要求计算机系统对温度变化的识别能力在 0.1℃之内，试确定相应的 A/D 转换器位数（设 A/D 转换器的分辨率与精度一样）。

第三章 人 机 接 口 技 术

人机接口是人与计算机之间建立联系、交换信息的输入输出设备的接口。这些输入输出设备主要有键盘、显示和打印机等。它们是计算机控制系统必不可少的输入输出设备，是计算机控制系统与操作人员之间交互的窗口。一个安全可靠的控制系统必须具有方便的交互功能。操作人员可以通过系统显示的内容，及时掌握生产情况，并可通过键盘输入数据、传送命令，对计算机控制系统进行人工干预，以使其随时能按照操作人员的意图工作。

第一节 键 盘 接 口 技 术

键盘是由若干个按键组成的硬件输入设备，一般为长方形、正方形排列。从功能上可分为数字键和功能键，数字键用于输入原始数据，功能键用来设置功能，主要是为了简化操作。

一、键盘接口必须解决的问题

在计算机控制系统中，设计键盘首先要保证按键输入接口和软件应可靠而快速地实现按键信息的输入和按键的功能任务。因此，在进行键盘设计时必须解决以下问题。

（一）按键的确认

按键的确认就是判断是否有键按下。每个按键相当于一个开关量输入装置，必须将按键的状态转换成电平信号，如图3-1所示，通过电平状态的检测，即可确定按键是否已被按下。

（二）键的抖动问题/键开关状态的可靠输入

按键是利用机械触点的通断作用，一个按键电信号通过机械触点的断开、闭合过程完成高低电平的切换。由于机械触点的弹性作用，一个按键开关在闭合及断开的瞬间必然伴随着一连串的抖动（电平状态的不确定过程），如图3-2所示。抖动过程的长短由按键的机械特性决定，一般为10～20ms。

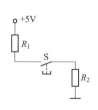

图3-1 按键的电平转换电路

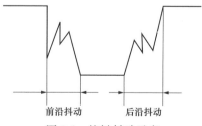

图3-2 按键抖动示意

为了使CPU对一次按键动作只确认一次，必须排除抖动的影响，即去抖。去抖可以从硬件和软件两方面考虑。

1. 硬件去抖方案

通过硬件电路消除按键过程中抖动的影响是一种广泛采用的措施，最常用的有滤波去抖电路和双稳态去抖电路。

(1) 滤波去抖电路。滤波去抖电路如图 3-3 所示,它是利用 RC 积分电路对于干扰脉冲的吸收作用,将按键信号经过积分电路,只要选择合适的时间常数就可以去除抖动。

由图 3-3 可知,当 S 未按下,电容两端电压为 0,非门输出为 1。S 刚按下时,C 两端电压不可能产生突变,尽管在触点接触过程中可能出现抖动,适当选取 R_1、R_2、C 值,可保证电容 C 两端的充电电压波动不超过非门的开启电压(TTL 为 0.8V),非门的输出将维持高电平。同理,S 断开时,由于电容 C 经过电阻 R_2 放电,C 两端的放电电压波动不会超过非门的关闭电压,因此,非门 74LS06 的输出也不会改

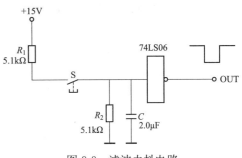

图 3-3 滤波去抖电路

变。因此,R_1、R_2 和 C 的时间常数选取得当,确保电容 C 由稳态电压充电到开启电压,或放电到关闭电压的延迟时间等于或大于 10ms,该电路就能消除抖动的影响。

(2) 双稳态去抖电路。用两个与非门构成一个 RS 触发器即形成双稳态去抖电路,其原理电路如图 3-4 所示。

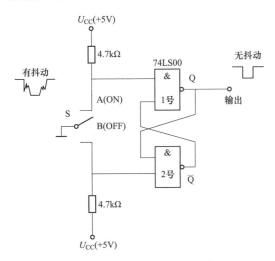

图 3-4 双稳态去抖原理电路

设按键 S 未按下时,按键与 A 端(ON)接通。此时,RS 触发器的 Q 端为高电平 1,$\overline{Q}$ 端为低电平 0。Q 端为去抖输出端,输出固定为 1。当按键 S 被按下时,将在 A 端形成一连串的抖动波形,而 $\overline{Q}$ 端在 S 端未到达 B 端之前始终为 0。这时,无论 A 处出现怎样的电压(0 或 1),Q 端固定输出 1。只有当按键 S 到达 B 端,使 B 端为 0,RS 触发器发生翻转,$\overline{Q}$ 端变为高电平,Q 端才变成低电平 0。此时,即使 B 处出现抖动波形,也不会影响 $\overline{Q}$ 端的输出,从而保证 Q 端固定输出 0。同理,在释放键的过程中,只要一接通 A,Q 端就变为 1。只要开关 S 不再与 B 端接触,双稳态电路的输出将维持不变。

如前所述,若采用硬件去抖电路,则 N 个键就必须配有 N 个防抖电路。当按键的个数比较多时,硬件去抖过于复杂。为了解决这个问题,可以采用软件去抖。

2. 软件去抖

软件去抖是利用软件延时的方法避开抖动。其思路是:当检测到有键按下时,可以执行一个延时程序,避开抖动期,然后再来确认该键按下时的电平状态,若是,则确定有键按下;否则,则属于键干扰。

(三) 确定键值

键盘中有多个按键,为了说明各键的具体位置,事先按一定的顺序给每一个键编一个号 0、1、2…,称其为键值。键译码找出每个键的键值,然后根据键值确定数字键、功能键,

并分别进行处理。

键值的安排通常根据按键所在行和列综合考虑，本书将在后面进行介绍。

（四）按键的处理

当所设置的功能键和数字键按下时，计算机应用程序应完成该键所设置的功能，通过散转指令转去各按键的处理子程序。

（五）选择键盘的管理方式

键盘的管理方式有查询和中断两种。查询方式会占用计算机机时，适用于常规按键；中断方式不占用计算机机时，响应快，可用于有特殊功能的按键。具体采用何种方式，视应用不同。

（六）编制键盘程序

一个完善的键盘控制程序应具备下列功能：

（1）检测有键按下：查询方式，软件实现；中断方式，硬件实现。

（2）有键按下应进行去抖。

（3）有可靠的逻辑处理方法。

1）若某一时刻，有多个键同时按下，应采取方法确认哪个键操作是有效的，视设计者意图决定。

2）某一按键按下时无论按下时间多长，仅处理一次。

（4）输出确定的键号，以满足散转指令的要求。

二、按键接口技术

常用的键盘接口分为独立式键盘接口和矩阵式键盘接口。

1. 独立式键盘接口

独立式按键就是各按键相互独立，每个按键各接一根输入线，一根输入线上的按键工作状态不会影响其他输入线上的工作状态，如图 3-5 所示。因此，通过检测输入线的电平状态可以很容易判断哪个按键被按下了。

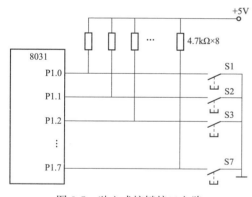

图 3-5　独立式按键接口电路

独立式按键接口电路简单，如图 3-6 所示。但是当按键较多时要占用较多的 I/O 口线，所以此种键盘适用于按键较少或操作速度较高的场合。

图 3-7 给出了查询工作方式下利用独立按键控制发光二极管的示例。图 3-7 中，当按键 S1 按下，对应的 VD1 发光二极管点亮，同理当 S2、S3 分别被按下，VD2、VD3 发光二极管点亮。图 3-7 中使用了上拉电阻，这样，当开关开启时，输出被提升到 +5V，当开关关闭时，输入就被强制接地。

相关的查询程序如下：

```
#include<reg51.h>
#define uchar unsigned char
uchar key,keynum;
int scankey();
```

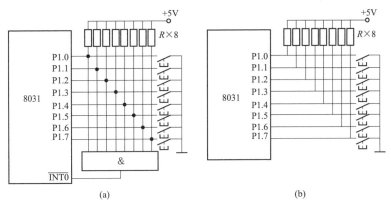

图 3-6 独立式按键接口电路

（a）中断方式；（b）查询方式

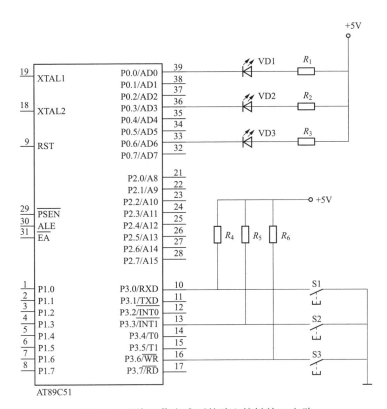

图 3-7 查询工作方式下的独立按键接口电路

```
void main()
{
    while(1)
    {
        key = scankey();
        switch(key)
```

```
    {   case 0:P0 = 0xfe;break;
        case 3:P0 = 0xf7;break;
        case 6:P0 = 0xfb;break;
        }
    }
}
int scankey()
{
    if(P3 == 0xfe)keynum = 0;
    if(P3 == 0xf7)keynum = 3;
    if(P3 == 0xbf)keynum = 6;
    return keynum;
}
```

2. 矩阵式键盘接口

矩阵式键盘是用 I/O 口线组成行列结构。按键设置在行列线的交叉点上，行列线分别连接到按键开关的两端。同样的 I/O 口线的行列式按键多。为了判断按键是否被按下，行线或列线通过上拉电阻接＋5V 电源，如图 3-8 所示。

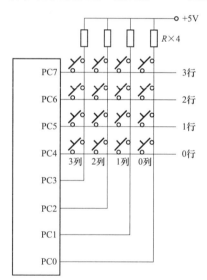

图 3-8　矩阵式键盘结构

（1）判别有键按下。

1）平时无键按下时，列线处于高电平状态。当有键按下时，某列线电平状态将由与此列线所相连的行线电平决定。若行线电平为高，有键按下时，列线电平仍为高。事实上，会发现，当行线电平为高，有无键按下，列线电平都为高，不会变化，从而计算机不能感受到电平变化，因而不能判别有无键按下。

2）如果行线电平全为低，若某列的任何一个键按下，则此行电平为低电平，计算机能感受到哪一行有键按下，但是区别不出这行的哪个键按下。因此，判断有键按下的依据是，行线电平送低，读回列线的状态，若检测有低电平，则判别有键按下。

（2）判断按键所在的列号。

1）逐列送低，读回行线状态，以此判别键所处于的行号、列号。

2）某时刻只让一条行线为低电平，其他行线为高电平，这样，对应的某一行的电平为低，某列电平为低，则说明此行此列的键按下。

（3）键值。以图 3-8 所示的 4×4 键盘，其键值＝4×行号＋列号。

（4）矩阵式键盘工作步骤。

1）判断有无键按下，延时去抖，再重新判别。

2）识别是哪个键按下。

3）求取键值；计算机工作速度非常快，远快于手的操作，在整个判断过程中，键保持按下状态。

4）判断键是否释放，延时去抖，再重新判别。

5）转键盘处理程序。

3. 键盘的工作方式

计算机控制系统忙于各项工作任务时，如何兼顾键盘的输入，取决于键盘的工作方式。键盘工作方式的选取应根据控制系统中 CPU 工作忙闲情况而定，其原则是，既要保证能及时响应按键操作，又不要过多占用 CPU 的工作时间。通常，键盘工作方式有 3 种，即编程扫描、定时扫描和中断扫描。

（1）编程扫描方式。编程扫描方式也称查询扫描方式，是利用 CPU 的空闲时间，调用键盘扫描子程序，反复扫描键盘，等待用户从键盘上输入命令或数据，来响应键盘的输入请求。图 3-9 所示为一个 4×8 矩阵键盘通过 8255A 扩展 I/O 口与 8031 的接口电路原理图，键盘采用编程扫描方式工作，8255A 的 PC 口低 4 位输出逐行扫描信号，PA 口输入 8 位列信号，均为低电平有效。

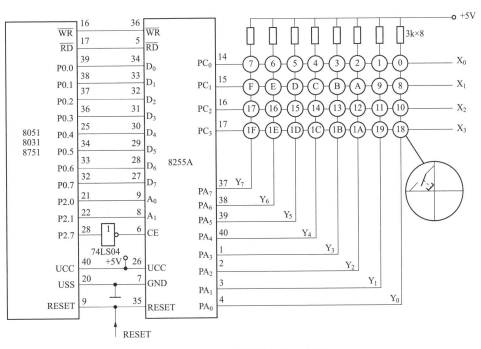

图 3-9　4×8 矩阵键盘接口电路

其工作过程为：

1）判断是否有键按下。通过 PC 口使所有的行输出均为低电平，从端口 A 读入列值。如果读入值为 FFH，无键按下。如果读入值不为 FFH，有键按下。

2）去除键抖动。若有键按下，延时 10～20ms，再一次判断有无键按下，如果此时仍有键按下，则认为键盘上确有一个键被按下。

3）求按下键的键值。对键盘逐行扫描。使 $PC_0=0$，读入列值，若等于 FFH，说明该行无键按下。再对下一行进行扫描（即令 $PC_1=0$），直至发现列值不等于 FFH，则说明该行有键按下。求出其键值。键值＝8×行值 ＋列值，例如，X_2 行 Y_3 列键被按下，求其键值。

4）为保证键每闭合一次，CPU 只作一次处理，程序中需等闭合键释放后才对其进行处理。

编程扫描法的程序流程图如图 3-10 所示。

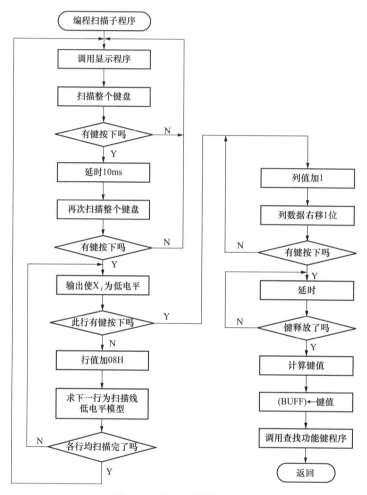

图 3-10　编程扫描的流程图

（2）定时扫描方式。定时扫描方式是 CPU 每隔一定的时间（如 10ms）对键盘扫描一遍。发现有键被按下时，读入键盘操作，以求出键值，并执行相应键处理功能程序。定时扫描方式的键盘硬件电路与编程扫描方式相同，工作过程也相同。定时扫描方式中的定时时间间隔是由单片机内部定时/计数器产生。

（3）中断扫描方式。为了进一步提高 CPU 工作效率，可采用中断扫描方式，即无键按下时，CPU 正常并行工作。键盘中任何键按下都会向 CPU 申请中断，CPU 响应中断后，即转到相应的中断服务程序。在中断服务程序中，对键进行扫描，判别键盘上闭合键的键号，进行相应的处理。

图 3-11 所示为中断扫描法硬件接线图。由图可知，无键按下时，所有列线均为 1，经

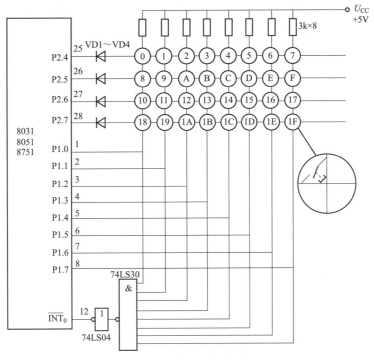

图 3-11 中断方式键盘接口

74LS30 输出一低电平到中断申请线，没有中断申请。某一个键按下，使 74LS30 输出为高电平，从而使外部中断引脚$\overline{\text{INT}_0}$变为低电平，向 CPU 申请中断。CPU 响应后，即转到中断扫描程序，查出键号，且进行相应处理。

中断扫描方式的扫描方法与编程扫描、定时扫描法相同，只在有键按下时，才进行扫描，提高了计算机的工作效率。

图 3-12 给出了 4×4 的矩阵键盘的应用示例。

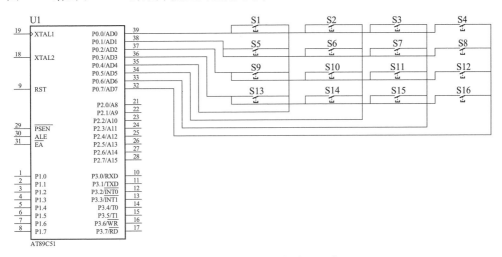

图 3-12 4×4 矩阵键盘接口电路

图 3-12 中，利用单片机的 P0 口外接一 4×4 的矩阵键盘，通过行列扫描获取键值，相关的程序如下：

```
#define GPIO_KEY P0
void KeyDown(void)
{
    char a = 0;
    GPIO_KEY = 0x0f;
    if(GPIO_KEY! = 0x0f)                        //读取按键是否按下
    {
      Delay10ms();                              //延时 10ms 进行消抖
      if(GPIO_KEY! = 0x0f)                      //再次检测键盘是否按下
      {
        GPIO_KEY = 0x0f;                        //测试列
        switch(GPIO_KEY)
        {
          case(0x07): KeyValue = 0;break;
          case(0x0b): KeyValue = 1;break;
          case(0x0d): KeyValue = 2;break;
          case(0x0e): KeyValue = 3;break;
        }
        GPIO_KEY = 0xf0;
        switch(GPIO_KEY)
        {
          case(0x70):KeyValue = KeyValue;break;
          case(0xb0):KeyValue = KeyValue + 4;break;
          case(0xd0):KeyValue = KeyValue + 8;break;
          case(0xe0):KeyValue = KeyValue + 12;break;
        }
        while((a<50)&&(GPIO_KEY! = 0xf0))        //按键松手检测
        {
          Delay10ms();
          a + +;
        }
      }
    }
}
```

第二节　显示器接口技术

在计算机控制系统中，常用的接口有三种形式，即 LED、LCD、CRT。其中 CRT 应用数量最多，接口标准，所以 CRT 应用简单方便。使用 CRT 时，只要知道接口标准即可，而不必深入到内部。LED、LCD 广泛地用于智能仪表中，具有成本低廉、配置灵活的特点。LCD 是一种极低功耗的显示器件，在袖珍仪表中或低功耗系统中应用广泛，其亮度小、电路复杂，夜间需要背光。液晶显示器不直接发光，只是将射入光通过偏振原理发光。LED 相对于 LCD 来说，具有亮度大、电路简单的特点，不需要背光，可直接发光，是一种普遍使用的显示器。

一、LED 显示器接口技术

LED（light emitting diode）是发光二极管的缩写。LED 显示器是由发光二极管构成的。

（一）LED 显示器结构

常用的 LED 显示器有 8 段和"米"字段之分。下面以 8 段 LED 为例进行介绍。

一个 8 段 LED 显示器的结构与工作原理如图 3-13（a）所示。它是由 8 个发光二极管组成，各段依次记为 a、b、c、d、e、f、g、dp，其中 dp 表示小数点（不带小数点的称为 7 段 LED）。

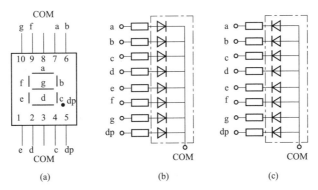

图 3-13 8 段 LED 显示器的结构

（a）段排列；（b）共阴极；（c）共阳极

8 段 LED 显示器有共阴极和共阳极两种结构，分别如图 3-13（b）、（c）所示。共阴极 LED 的所有发光管的阴极并接成公共端 COM，而共阳极 LED 的所有发光管的阳极并接成公共端 COM。当共阴极 LED 的 COM 端接地，某个发光二极管的阳极加上高电平时，该管有电流流过因而点亮发光；当共阳极 LED 的 COM 端接高电平，某个发光管的阴极加上低电平时，该管有电流流过因而点亮发光。

为使 LED 显示不同的符号或数字，要为 LED 提供段码（或称字型码）。提供给 LED 显示器的段码（字型码）正好是一个字节（8 段）。各段与字节中各位对应关系如下：

代码位	D7	D6	D5	D4	D3	D2	D1	D0
显示段	dp	g	f	e	d	c	b	a

按上述格式，8 段 LED 的段码见表 3-1。

表 3-1 8 段 LED 的段选码

显示字符	共阴极段码	共阳极段码	显示字符	共阴极段码	共阳极段码
0	3FH	C0H	c	39H	C6H
1	06H	F9H	d	5EH	A1H
2	5BH	A4H	E	79H	86H
3	4FH	B0H	F	71H	8EH
4	66H	99H	P	73H	8CH
5	6DH	92H	U	3EH	C1H
6	7DH	82H	T	31H	CEH
7	07H	F8H	y	6EH	91H
8	7FH	80H	H	76H	89H
9	6FH	90H	L	38H	C7H
A	77H	88H	"灭"	00H	FFH
b	7CH	83H	…	…	…

（二）LED 接口设计技术

LED 接口设计时需考虑下列问题：

（1）驱动问题。LED 显示器的一个段发光时，通过该段的平均电流约为 10～20mA，计算机输出的 TTL 电平信号不能直接提供这么大的电流，必须用驱动电路对 TTL 电平的控制信号进行驱动后，才能提供足够大的电流。

（2）限流电阻。采用阴极驱动方式时，限流电阻＝(5V－LED 的压降－硬件译码输出的低电平)/点亮 LED 通过的电流。

（3）译码问题。把要显示的数据转换成相应的段选码。

（4）多位 LED 显示技术。

（5）I/O 扩展问题。当单片机的 I/O 端口不够时，须进行 I/O 的扩展。I/O 扩展可采用可编程 I/O 接口扩展、简单 I/O 接口的扩展、专用键盘/显示器接口 8279。

下面将重点介绍译码问题和多位 LED 的显示技术。

1. LED 的译码

LED 的译码有硬件译码和软件译码两种方式。

（1）硬件译码方式。利用 7447、7449 等硬件芯片进行译码，其输入时要显示数据的 BCD 码，输出为对应的段选码。其特点是节省 CPU 的时间、程序设计简单。

（2）软件译码方式。以共阴极为例，使用数组的方式即可将其对应的段选码取出。共阴极连接方式通过数组进行编码的程序段如下：

```
uchar code table[] = {0x3f,0x06,0x5b,0x4f,0x66,0x6d,0x7d,0x07,0x7f,0x6f,0x77,0x7c,0x39,0x5e,
0x79,0x71};
```

2. 多位 LED 显示技术

由 N 个 LED 显示块可拼接成 N 位 LED 显示器。图 3-14 所示是 4 位 LED 显示器的结构原理图。

N 个 LED 显示块有 N 根位选线和 $8 \times N$ 根段选线。根据显示方式,位选线和段选线的连接方法也各不相同。段选线控制显示字符的字形,而位选线为各个 LED 显示块的公共端,它控制该 LED 显示位的亮、暗。

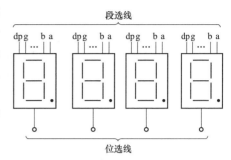

图 3-14 4 位 LED 显示器的构成原理

多位 LED 显示有静态显示和动态显示两种方式。

(1) 静态显示方式。LED 显示器工作于静态显示方式时,各位的共阴极(或共阳极)连接在一起并接地(或 +5V);每位的段选线分别与一个 8 位的锁存器输出相连。各个 LED 的显示字符一经确定,相应锁存器的输出将维持不变,直到显示另一个字符为止,所以称为静态显示。也正因为如此,静态显示器的亮度都较高。

图 3-15 所示为一个 4 位静态 LED 显示器电路。该电路各位可独立显示,只要在该位的段选线上保持段码电平,该位就能保持相应的显示字符。由于各位分别由一个 8 位输出口控制段码电平,故在同一段时间内,每一位显示的字符各不相同。这种显示方式接口编程容易,付出的代价是占用口线较多。如图 3-15 所示,若用 I/O 口接口,则要占用 4 个 8 位 I/O 端口;若用锁存器(如 74LS373)接口,则要 4 片 74LS373 芯片。如果显示器位数增多,则静态显示方式更是无法适应。因此在显示器位数较多的情况下,一般都采用动态显示方式。

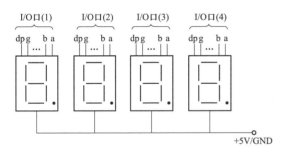

图 3-15 4 位静态 LED 显示器电路

静态显示的特点是占用机时少,显示可靠,广泛应用在工业过程控制中。但是使用元件多,且线路比较复杂。随着集成电路的发展,多种功能的显示器件问世,如锁存器、译码器、驱动器、显示器四位一体,静态显示得到广泛应用。

(2) 动态方式。在多位 LED 显示时,为了简化硬件电路,通常将所有位的段选线相应地并联在一起,由一个 8 位 I/O 口控制,形成段选线的多路复用,各位的公共端分别由相应的 I/O 线控制,形成各位的分时选通。

图 3-16 所示为一个 4 位 7 段 LED 动态显示器电路原理。其中段选线占用一个 8 位 I/O 口,而位选线占用一个 4 位 I/O 口。由于各位的段选线并联,段码的输出对各位来说都是相同的。因此,同一时刻,如果各位位选线都处于选通状态的话,4 位 LED 将显示相同的字符。若要各位 LED 能够显示出与本位相应的显示字符,就必须采用扫描显示方式,即在某一时刻,只让某一位的位选线处于选通状态,而其他各位的位选线处于关闭状态,同时,段选线上输出相应位要显示字符的段码。这样同一时刻,4 位 LED 中只有选通的那一位显示出字符,而其他三位则是熄灭的。同样,下一时刻,只让下一位的位选线处于选通状态,而其他各位的位选线处于关闭状态,同时在段选线上输出相应位将要显示字符的段码,则同一

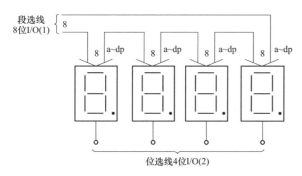

段选线
8位I/O(1)

位选线4位I/O(2)

图 3-16　4 位 7 段 LED 动态显示器电路

时刻，只有选通位显示出相应的字符，而其他各位是熄灭的。如此循环下去，就可以使各位显示出将要显示的字符，虽然这些字符是在不同时刻出现的，而且同一时刻，只有一位显示，其他各位熄灭，但由于 LED 显示器的余光和人眼的视觉暂留作用，只要每位显示间隔足够短，则可造成多位同时显示的假象，达到同时显示的目的。

图 3-17 给出了 8 位 LED 动态显示 2003.10.10 的过程。图 3-17（a）是显示过程，某一时刻，只有一位 LED 被选通显示，其余位则是熄灭的；图 3-17（b）是显示结果，人眼看到的是 8 位稳定的同时显示的字符。

显示字符	段码	位显码	显示器显示状态(微观)	位选通时序
0	3FH	FEH	0	T_1
1	06H	FDH	1	T_2
0	BFH	FBH	0.	T_3
1	06H	F7H	1	T_4
3	CFH	EFH	3.	T_5
0	3FH	DFH	0	T_6
0	3FH	BFH	0	T_7
2	5BH	7FH	2	T_8

(a)

（b）

图 3-17　8 位 LED 动态显示的过程和结果

（a）8 位 LED 动态显示过程；（b）人眼看到的显示结果

LED 动态显示的特点是使用硬件少，因而价格低。但是其占用机时长，只有扫描程序停止，显示才即刻停止。因此，在以工业控制为主的微型机控制系统中应用较少。

（三）应用示例

1. 静态显示软件译码示例

图 3-18 给出一个用 6 位锁存器连接的 6 位静态显示软件译码显示电路。74LS244 为总线驱动器，6 位数字显示共用同一组总线，每个 LED 显示器配有一个锁存器（74LS377），用以锁存待显示的数据的模型。74LS138 的输出作为位选信号，决定哪一个锁存器选通。总线驱动器 74LS244 由 $\overline{WR}$ 和 P2.7 控制，当 $\overline{WR}$ 和 P2.7 同时为低电平时，将 P0 口的数据送到各显示器锁存器 74LS377 上。

根据图 3-18 可写出 6 位静态显示软件译码子程序：

```
#define uchar unsigned char
#define uint unsigned int
uchar code table[] = {0xc0,0xf9,0xa4,0xb0,0x99,0x92,0x82,0xf8,0x80,0x90};
uint i;
void delay(uchar x)
{uchar y;
```

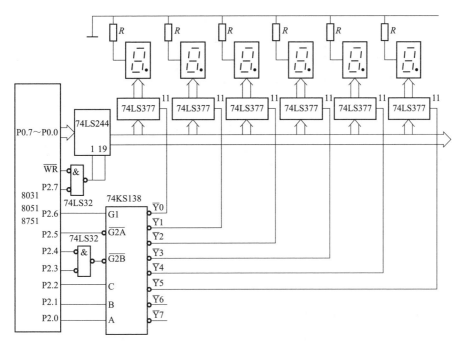

图 3-18 用 6 位锁存器连接的 6 位静态显示软件译码显示电路

```
while(x - -)
for(y = 255;y>255;y - -);}
void main( )
{ while(1)
  {P2 = 0x40;
  P0 = table[0];
  Delay(10);
  for(i = 0;i< = 4;i + +)
    {P2 = P2 + 1;
    P0 = table[i + 1];
    Delay(10);}
}}
```

2. 动态显示、软件译码示例

图 3-19 给出了动态显示软件译码显示电路原理图。8155 的 PA 口输出显示码,PB 口用来输出位选码。设显示缓冲区为 DISBUF,则完成 8155 初始化后取出一位要显示的数,利用软件译码的方法求出待显示的数对应的段选码,然后由 PA 口输出,并经过 74LS07 驱动后送到各显示器的数据线上。到底哪一位 LED 显示,主要取决于位选码。只有位选信号 $PB_i = 1$(经驱动器变作低电平)时,对应位上的选中段才发光。若将各位从左至右依次显示,每个数码管连续显示 1ms,显示完最后一位数后,再重复上述过程,这样看到的就好像 6 位数"同时"显示一样。

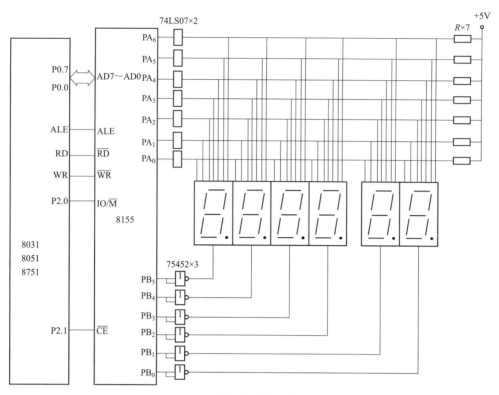

图 3-19　动态显示软件译码显示电路

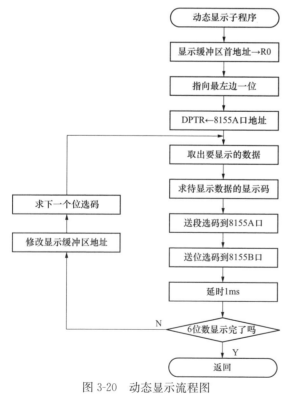

图 3-20　动态显示流程图

图 3-19 中的 74LS07 为 6 位驱动器，为 LED 提供一定的驱动电流。由于一片 74LS07 只有 6 个驱动器，故 7 段 LED 需要两片 74LS07 进行驱动。8155 的 PB 口经 75452 缓冲器/驱动器反向后，作为位控信号。75452 内部包括两个缓冲器/驱动器，它们各有两个输入端。所以，实际上是两个双输入与非门电路，这就需要 3 片 75452。

完成上述显示任务的显示子程序流程图如图 3-20 所示。

根据图 3-19 可写出动态显示子程序如下：

```
#define   PORTA XBYTE[0xfd01]
#define   PORTB XBYTE[0xfd02]
#define uchar unsigned char
#define uint unsigned int
uint i;
uchar code table[] = {0x3f, 0x06, 0x5b,
```

0x4f,0x66,0x6d,0x7d,0x07,0x7f,0x6f,0x77,0x7c,0x39,0x5e,0x79,0x71};

```
    uchar code table1[] = {0x80,0x40,0x20,0x10,0x08,0x04};
    void delay(uchar x)
    { uchar y;
    while(x－－)
    for(y＝255;y＞255;y－－);}
    void main()
    {
        while(1)
        {
          for(i＝0;i＜5;i＋＋)
            {PORTA＝table[i];
            PORTB＝table1[i];
            delay(10);}
        }
    }
```

3. 动态显示、硬件译码示例

图 3-21 给出了动态显示硬件译码显示电路。

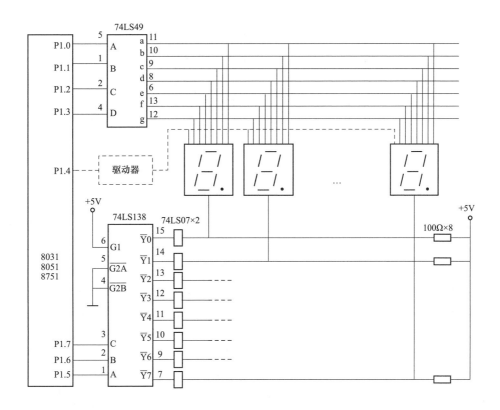

图 3-21　动态显示硬件译码显示电路

　　图 3-21 所示显示电路中，P1 口的低 4 位输出 BCD 码，经硬件译码芯片 74LS49（共阴极）转换成 7 段显示码输出。用 74LS138 译码器来输出位选信号，改变 C、B、A 的输入状态，即可输出不同的位选信号，使被选中的位显示。经过一段延时，重复上述过程，输出另一位数据，如此不断循环，即可显示 8 位数据。

　　4. 静态显示硬件译码示例

　　静态显示硬件译码电路如图 3-22 所示，用可编程并行 I/O 接口芯片 8255 的 A 口、B 口分别控制两位 LED 显示器，每位显示器与 8255 端口之间接一片 74LS47 完成 BCD 码到 7 段显示码的转换。

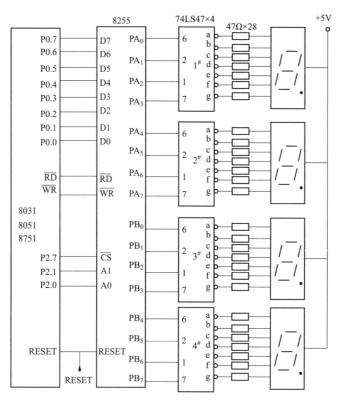

图 3-22　静态显示硬件译码电路

二、LCD 显示技术

　　LCD（liquid crystal display）是液晶显示器的缩写，一种被动式的显示器，即液晶本身并不发光，而是经液晶处理后能改变光线通过方向的特性，达到白底黑字或黑底白字显示的目的。液晶显示器具有功耗低、抗干扰能力强等优点，广泛用在仪器仪表和控制系统中。

　　LCD 显示器按排列形状分字段型、点阵字符型和点阵图形。字段型广泛用于电子表、数字仪表、计算器中。点阵字符型显示字母、数字、符号，它是由 5×7 或 5×10 点阵组成，广泛应用在单片机应用系统中。点阵图形广泛用于笔记本电脑和彩色电视等设备中。

　　点阵字符型 LCD 显示器，需相应的 LCD 控制器、驱动器来对 LCD 显示器进行扫描、驱动，以及一定空间的 RAM 和 ROM 来存储写入的命令和显示字符的点阵。现在已将 LCD 控制器、驱动器、RAM、ROM 和 LCD 显示器用 PCB 连接到一起，称为液晶显示模块

LCM（LCD module）。用户只向 LCM 送入相应的命令和数据就可实现所需要的显示内容，与单片机接口简单，使用灵活方便。LCD 产品分为字符和图形两种。下面从应用的角度介绍一款字符型液晶显示模块——1602 液晶显示模块。

1. 1602LCD 的基本参数及引脚功能

液晶通常是按照显示字符的行数或液晶点阵的行、列数命名的，LCD1602 表示的意思就是每行可以显示 16 个字符，一共可以显示两行。这类液晶通常都是字符型液晶，也就是只能显示 ASCII 码字符，如数字、大小写字母、各种符号等；液晶 1602LCD 分为带背光和不带背光两种，其控制器大部分为 HD44780，带背光的比不带背光的厚。是否带背光在应用中并无差别，两者尺寸如图 3-23 所示。

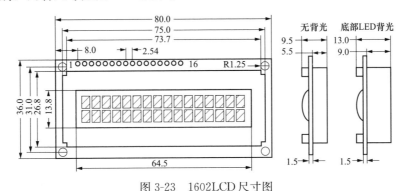

图 3-23　1602LCD 尺寸图

1602LCD 主要技术参数：①显示容量，16×2 个字符；②芯片工作电压，4.5～5.5V；③工作电流，2.0mA（5.0V）；④模块最佳工作电压，5.0V；⑤字符尺寸：2.95mm×4.35mm（$W \times H$）。

1602LCD 采用标准的 14 脚（无背光）或 16 脚（带背光）接口，各引脚接口说明见表 3-2。

表 3-2　　　　　　　　　　　　引 脚 接 口 说 明 表

编号	符号	引脚说明	编号	符号	引脚说明
1	USS	电源地	9	D2	数据口
2	UDD	电源正极	10	D3	数据口
3	VL	液晶显示偏压	11	D4	数据口
4	RS	数据/命令选择	12	D5	数据口
5	R/W	读/写选择	13	D6	数据口
6	E	使能信号	14	D7	数据口
7	D0	数据口	15	BLA	背光源正极
8	D1	数据口	16	BLK	背光源负极

第 3 引脚：液晶显示器对比度调节端，接正电源时对比度最弱，接地时对比度最高，使用时可以通过一个 10kΩ 的电位器调整对比度。

第 4 引脚：数据/命令寄存器选择引脚，高电平时选择数据寄存器、低电平时选择指令寄存器。

第 5 引脚：读/写信号选择引脚，高电平时进行读操作，低电平时进行写操作。

第 6 引脚：使能引脚。

2. 1602LCD 的指令说明及时序图

1602 液晶模块的读/写操作、屏幕和光标的控制都是通过指令编程来实现的。1602 液晶模块内部的控制器共有 11 条控制指令，见表 3-3。

表 3-3　　　　　　　　　　　　　　控 制 指 令 表

序号	指令	RS	R/W	D7	D6	D5	D4	D3	D2	D1	D0
1	清屏显示	0	0	0	0	0	0	0	0	0	1
2	光标复位	0	0	0	0	0	0	0	0	1	*
3	置输入模式	0	0	0	0	0	0	0	1	I/D	S
4	显示开/关控制	0	0	0	0	0	0	1	D	C	B
5	光标或字符移位	0	0	0	0	0	1	S/C	R/L	*	*
6	设置显示模式	0	0	0	0	1	DL	N	F	*	*
7	设置字符发生器 RAM 地址	0	0	0	1	字符发生存储器地址					
8	设置 DDRAM（数据存储器）地址	0	0	1	显示数据存储器地址						
9	读忙信号和光标地址	0	1	BF	计数器地址						
10	写数据到 CGRAM 或 DDRAM	1	0	要写的数据内容							
11	从 CGRAM 或 DDRAM 读数据	1	1	读出的数据内容							

指令 1：清屏显示指令，指令码 01H，光标复位到地址 00H 位置。

指令 2：光标复位，光标返回到地址 00H。

指令 3：置输入模式指令，即进行光标、显示光标和显示模式设置。I/D：光标移动方向，高电平右移，低电平左移；S：屏幕上所有文字是否左移或者右移。高电平表示有效，低电平则无效。

指令 4：显示开/关控制。

D——控制整体显示的开与关，高电平表示开显示，低电平表示关显示。

C——控制光标的开与关，高电平表示有光标，低电平表示无光标。

B——控制光标是否闪烁，高电平闪烁，低电平不闪烁。

指令 5：光标或字符移位。S/C 为高电平时移动显示的文字，为低电平时移动光标。

指令 6：设置显示模式命令。

DL——高电平时为 4 位总线，低电平时为 8 位总线。

N——低电平时为单行显示，高电平时为双行显示。

F——低电平时显示 5×7 的点阵字符，高电平时显示 5×10 的点阵字符。

指令 7：设置字符发生器 RAM 地址。

指令 8：设置 DDRAM（数据存储器）地址。

指令 9：读忙信号和光标地址。BF 为忙标志位，高电平表示忙，此时模块不能接收命令或者数据，如果为低电平表示不忙。

指令 10：写数据到 CGRAM（字符点阵存储器）或 DDRAM。

指令 11：从 CGRAM 或 DDRAM 读数据。

LCD1602 读/写操作时序如图 3-24 和图 3-25 所示。图中 t_{SP1} 为地址建立时间；t_{SP2} 为数据建立时间；t_{HD1} 为地址保持时间；t_{PW} 为 E 脉冲宽度；t_R、t_F 为 E 脉冲上升沿/下降沿时间；t_D 为数据建立时间；t_{HD2} 为数据保持时间；t_C 为 E 信号周期。

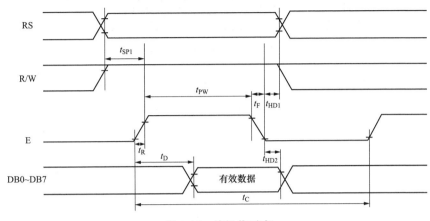

图 3-24　读操作时序

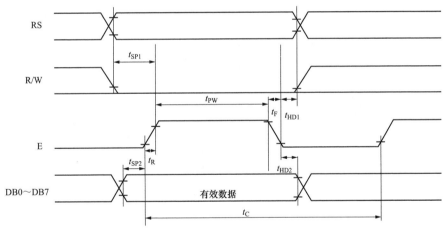

图 3-25　写操作时序

图 3-24 所示读操作时序图中要注意的是，读操作时 R/W 引脚为高电平，数据在 E 引脚为高电平时输出，其中 t_{PW} 的最小值是 230ns，t_C 的最小值是 500ns。

图 3-25 所示写操作时序图中要注意的是，写操作时 R/W 引脚时低电平，E 引脚下降沿有效，其中 t_{PW} 的最小值是 230ns，t_C 的最小值是 500ns。

3.1602LCD 的 RAM 地址映射及标准字库表

液晶显示模块是一个慢显示器件，所以在执行每条指令之前一定要确认模块的忙标志为低电平，表示不忙，否则此指令失效。要显示字符时要先输入显示字符地址，也就是告诉模块在哪里显示字符，图 3-26 所示是 1602LCD 的内部显示地址。

假如第二行第一个字符的地址是 40H，那么直接写入 40H 就不能将光标定位在第二行第一个字符的位置，因为写入显示地址时要求最高位 D7 恒定为高电平 1，所以实际写入的

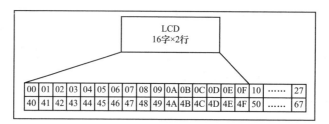

图 3-26　1602LCD 内部显示地址

数据应该是 01000000B（40H）＋10000000B（80H）＝11000000B（C0H）。在对液晶模块的初始化中要先设置其显示模式，在液晶模块显示字符时光标是自动右移的，无需人工干预。每次输入指令前都要判断液晶模块是否处于忙的状态。1602LCD 内部的字符发生存储器（CGROM）已经存储了 160 个不同的点阵字符图形，见表 3-4，这些字符有阿拉伯数字、英文字母的大小写、常用的符号和日文假名等，每一个字符都有一个固定的代码，比如大写的英文字母"A"的代码是 01000001B（41H），显示时模块把地址 41H 中的点阵字符图形显示出来，就能看到字母"A"。

表 3-4　　　　　　　　　　　　字符代码与图形对应表

低位 ＼ 高位	0000	0010	0011	0100	0101	0110	0111	1010	1011	1100	1101	1110	1111
××××0000	CGRAM (1)		0	@	P	\	p		―	タ	ミ	α	P
××××0001	(2)	！	1	A	Q	a	q	。	ア	チ	ム	ä	q
××××0010	(3)	"	2	B	R	b	r	「	イ	ツ	メ	β	θ
××××0011	(4)	♯	3	C	S	c	s	」	ウ	テ	モ	ε	∞
××××0100	(5)	＄	4	D	T	d	t	、	エ	ト	ヤ	μ	Ω
××××0101	(6)	％	5	E	U	e	u	・	オ	ナ	ユ	σ	O
××××0110	(7)	＆	6	F	V	f	v	ラ	カ	ニ	ヨ	ρ	Σ
××××0111	(8)	，	7	G	W	g	w	ア	キ	ヌ	ラ	η	Ⅱ
××××1000	(1)	（	8	H	X	h	x	イ	ク	ネ	リ	Γ	χ
××××1001	(2)	）	9	I	Y	i	y	ウ	ケ	ノ	ル	ー1	ý
××××1010	(3)	＊	：	J	Z	j	z	エ	コ	ハ	レ	j	千
××××1011	(4)	＋	；	K	[	k	{	オ	サ	ヒ	ロ	χ	万
××××1100	(5)	，	＜	L	¥	l			ヤ	シ	フ	ワ	φ	Á
××××1101	(6)	―	＝	M	]	m	}	ユ	ス	ヘ	ヲ	ξ	÷
××××1110	(7)	．	＞	N	∧	n	→	ヨ	セ	ホ	ン	Ä	
××××1111	(8)	／	？	O	_	o	←	ツ	ソ	マ	ロ	Ö	■

4. 1602LCD 的初始化过程

(1) 写指令 38H：设置为 16×2 显示，5×7 点阵，8 位数据接口。

(2) 写指令 06H：设置显示格式为屏不动，字符后移。

(3) 写指令 0CH：屏幕开，关光标。

(4) 写指令 01H：清屏。

1602LCD 的初始化函数如下：

```
void LCD_INIT(void)
  {
  LCD_EN = 0;
  write_LCD_cmd(0x38);
  delay_ms(1);
  write_LCD_cmd(0x06);
  delay_ms(1);
  write_LCD_cmd(0x0c);
  delay_ms(1);
  write_LCD_cmd(0x01);
  delay_ms(1);
  }
```

5. 应用示例

LCD1602 液晶显示模块可以和单片机 AT89C51 直接接口，电路如图 3-27 所示。

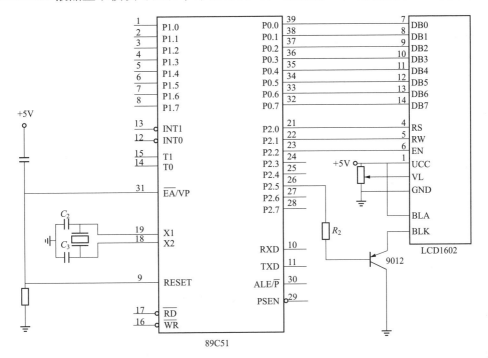

图 3-27 AT89C51 与 LCD1602 模块连接

程序流程如图 3-28 所示。

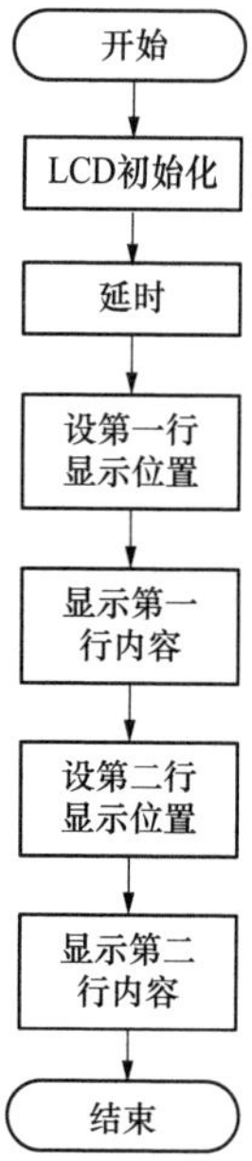

图 3-28　LCD 程序流程图

LCD 程序如下：

```
# include <reg51. h>
# include <intrins. h>
sbit rs = P2^0;
sbit rw = P2^1;
sbit ep = P2^2;
unsigned char code dis1[] = {"http://zdhse. sxu. edu. cn/"};
unsigned char code dis2[] = {"0351 - 7120252"};
void delay(unsigned char ms)
{
unsigned char i;
while(ms - -)
{
for(i = 0;i< 250;i + +)
{
_nop_();
_nop_();
_nop_();
_nop_();
}}}
bit lcd_bz()
{
bit result;
rs = 0;
rw = 1;
ep = 1;
_nop_();
_nop_();
_nop_();
_nop_();
result = (bit)(P0 & 0x80);
ep = 0;
return result;
}
void lcd_wcmd(unsigned char cmd)
{
while(lcd_bz());                    //判断 LCD 是否忙碌
rs = 0;
rw = 0;
ep = 0;
_nop_();
_nop_();
```

```
P0 = cmd;
_nop_();
_nop_();
_nop_();
_nop_();
ep = 1;
_nop_();
_nop_();
_nop_();
_nop_();
ep = 0;
}
void lcd_pos(unsigned char pos)
{
lcd_wcmd(pos | 0x80);
}
void lcd_wdat(unsigned char dat)
{
while(lcd_bz());                    //判断 LCD 是否忙碌
rs = 1;
rw = 0;
ep = 0;
P0 = dat;
_nop_();
_nop_();
_nop_();
_nop_();
ep = 1;
_nop_();
_nop_();
_nop_();
_nop_();
ep = 0;
}
void lcd_init()
{
lcd_wcmd(0x38);
delay(1);
lcd_wcmd(0x0c);
delay(1);
lcd_wcmd(0x06);
delay(1);
lcd_wcmd(0x01);
```

```
delay(1);
}
void main(void)
{
unsigned char i;
lcd_init();                              // 初始化 LCD
delay(10);
lcd_pos(0x01);                           //设置显示位置
i = 0;
while(dis1[i] ! = '/0')
{
lcd_wdat(dis1[i]);                       //显示字符
i + +;
}
lcd_pos(0x42);                           // 设置显示位置
i = 0;
while(dis2[i] ! = '/0')
{
lcd_wdat(dis2[i]);                       // 显示字符
i + +;
}}
```

1. 键盘设计需要解决的几个问题是什么？键盘为什么要去除抖动？在计算机控制系统中如何实现去抖？

2. 结合图 3-6，分析键盘接口电路的工作原理。

3. 试编写图 3-8 和图 3-9 的键盘扫描程序。

4. LED 发光二极管组成的八段数码管显示器，就其结构来讲有哪两种接法？不同接法对字符显示有什么影响？

5. 结合图 3-13，说明 8 段 LED 显示器段选码的概念及其 0～F 的段选码表。

6. 多位 LED 显示器显示方法有哪几种？它们各有什么优缺点？

7. 无论动态显示还是静态显示，都有硬件译码和软件译码之分，这两种译码方法其段、位译码方法各有什么优缺点？

8. 试编写图 3-21 和图 3-22 的 LED 显示子程序。

9. 结合图 3-15，简述 LED 静态显示硬件译码电路的工作过程。

10. 结合图 3-16，简述 LED 动态显示软件译码电路的工作过程。

11. 试用 8255、ADC0809 设计一个 8 路数据采集系统，要求：

(1) 8255 端口地址为 8001H～8005H。

(2) A/D 转换采用查询方式。

(3) 把 A/D 转换结果显示在 6 位 LED 显示器上，要求采用静态显示、软件译码方式，且第一位显示通道号，后 4 位显示采样值。

12*. 党的二十大报告中对构建新一代信息技术、人工智能、生物技术、新能源、新材料、高端装备、绿色环保等一批新的增长引擎作出部署。目前，已有企业在显示屏在柔性化、微型化、轻薄化等方面开展技术攻关。请结合图 3-27，编程实现在 LCD 上显示 "IN-NOVATE"。

第四章 总线技术

第四章
数字资源

在现代计算机中，无论是在计算机内部各部件之间，还是计算机与外部设备之间，地址、数据、控制信息的传送都是通过总线进行的，总线是信息传送的公共通路。

第一节 总线的基本知识

一、总线概述

总线，也称母线，是连接计算机系统各个部件和装置的线路，是一个或多个信息到多个目的地的数据通路。同一时刻总线只能传送一个数据，否则总线输出要发生混乱。因此，总线是连接两个或多个功能部件的一组共享传输介质，一个部件发出的信号可以被连接到总线上的其他所有部件所接收。

二、总线的特性

1. 物理特性

总线的物理特性是指总线在机械物理连接上的特性，包括连接类型、数量、接插件的几何尺寸和形状以及引脚的排列等。

从连接的类型来看，总线可以分为电缆式、主板式和底板式。

从连接的数量来看，总线一般分为串行总线和并行总线。在并行传输总线中，按数据线的宽度分 8 位、16 位、32 位、64 位总线等。

一般串行总线用于长距离的数据传送，并行总线用于短距离的高速数据传输。

2. 电气特性

总线的电气特性是指总线的每一条信号线的信号传递方向和信号的有效电平范围。CPU 发出的信号为输出信号，送入 CPU 的信号为输入信号。总线的电平表示方式有两种：单端方式和差分方式。在单端电平方式中，用一条信号线和一条公共接地线来传递信号，采用正逻辑。差分电平方式中，采用一条信号线和一个参考电压比较来互补传输信号，一般采用负逻辑。

3. 功能特性

总线功能特性是指总线中每根传输线的功能，如地址线用来传输地址信息，数据线用来传输数据信息，控制线用来发出控制信息，不同的控制线其功能不同。

4. 时间特性

总线时间特性是指总线中任一根传输线在什么时间内有效，以及每根线产生的信号之间的时序关系，通常用信号时序图来说明。

三、总线的分类

在微机系统中，有各式各样的总线。这些总线可以从不同的层次和角度进行分类。

（1）按总线的功能可以分为数据总线、地址总线和控制总线。

1）数据总线：传送数据信息的总线。特点是双向传输，数据总线的位数与计算机字长相同，采用三态门电路。

2）地址总线：传送地址信号的总线。特点是单向传输，位数与存储容量有关。

3）控制总线：传递控制信号的总线。

例如 ISA 总线共有 98 条线（即 ISA 插槽有 98 个引脚），其中数据线有 16 条（构成数据总线）、地址线 24 条（构成地址总线），其余各条为控制信号线（构成控制总线）、接地线和电源线。

（2）按相对于 CPU 或其他芯片的位置可分为片级总线、内部总线和外部总线。

1）片级总线：是指在微处理器芯片内各个部件的连接总线。

2）内部总线：是指在计算机系统中各部分之间的连接总线，内部总线也可称为系统总线或板级总线。

3）外部总线：是指计算机系统间互联的总线，通常称为通信总线。

（3）按照总线传送信号的形式分为并行总线和串行总线。

1）并行总线：如果用若干根信号线同时传递信号，就构成了并行总线。并行总线的特点是能以简单的硬件来运行高速的数据传输和处理。PCI、ISA 总线等都是并行总线。

2）串行总线：串行总线是按照信息逐位的顺序传送信号。其特点是可以用几根信号线在远距离范围内传递数据或信息，主要用于数据通信。常用的串行总线有 RS-232C、RS-485、I^2C、SPI 总线等。

（4）按数据的传送方向分为单向总线和双向总线。

1）单向总线：仅有一个固定的发送门，接收门可以有多个。

2）双向总线：可以有多个发送门和接收门，但每个发送门均附有三态门电路，以便各个发送门分时共享总线。

四、总线的主要参数

1. 总线的带宽

总线的带宽指的是一定时间内总线上可传送的数据量，即常说的每秒钟传送多少兆字节（MB）的最大稳态数据传输率。与总线带宽密切相关的两个概念是总线的位宽和总线的工作时钟频率。

2. 总线的位宽

总线的位宽指的是总线能同时传送的数据位数，即常说的 32 位、64 位等总线宽度的概念。总线的位宽越宽，则总线每秒数据传输率越大，也即总线带宽越宽。

3. 总线的工作时钟频率

总线的工作时钟频率以兆赫兹（MHz）为单位，工作频率越高则总线工作速度越快，也即总线带宽越宽。

单方面提高总线的带宽或工作时钟频率都只能部分提高总线的带宽，并容易达到各自的极限。只有两者配合才能使总线的带宽得到更大的提升。

总线带宽、总线宽度、总线工作频率三者之间的关系就像高速公路上的车流量、车道数和车速的关系。车流量取决于车道数和车速，车道数越多、车速越快，则车流量越大；同样，总线带宽取决于总线宽度和工作频率，总线宽度越宽、工作频率越高，则总线带宽越大。常见总线的带宽和传输率见表 4-1。

表 4-1   总线的带宽和传输率

总线类型	8-bit ISA	16-bit ISA	PCI	64-bit PCI 2.1	AGP	AGP（×2 mode）	AGP（×4 mode）
总线宽度/bit	8	16	32	64	32	32	32
总线频率/MHz	8.3	8.3	33	66	66	66×2	66×4
传输率/（Mbit/s）	8.3	16.6	133	533	266	533	1066

第二节 串行总线技术

一、串行通信的基本概念

根据组成字符的各个二进制位是否同时传输，字符编码在信源/信宿之间的传输分为并行传输和串行传输两种方式。

（一）串行通信方式

在串行通信中有两种基本方式，即异步串行通信和同步串行通信。

1. 同步串行通信

同步串行通信中可分为字符同步方式和位同步方式。

（1）字符同步方式又称起止式同步方式或异步传输方式。它是以字符为单位进行传输。发送端每发一个字符之前先发送一个同步参考信号，接收端根据同步参考信号产生与数据位同步的时钟脉冲。这样，在发送端和接收端之间，每个字符都要同步一次。发送端在发送一个字符的串行数据前加 1 位起始位，在字符之后要加 1 位校验位（任选）和 1～2 位的停止位。

（2）位同步方式，即在发送端对每位数据位都带有同步信息。在发送端可以附加发送与数据位同步的时钟脉冲，在接收端用这个时钟脉冲来读入数据。

所谓波特率是指每秒钟传送二进制数据的位数，单位是位/秒（bit/s）。

$$1 \text{ 波特} = 1 \text{ 位 / 秒（bit/s）}$$

例如，设数据传送的速率为 120 字符/s，每个字符（帧）包括 10 个数据位，则传送的波特率为

$$10 \times 120 = 1200 \text{bit/s} = 1200 \text{ 波特}$$

每一位传送的时间为

$$t = 1/1200 = 0.000\ 833(\text{s}) = 0.833(\text{ms})$$

2. 异步串行通信

所谓异步，就是指发送端和接收端使用的不是同一个时钟。异步串行通信通常以字符（或者字节）为单位组成字符帧传送。字符帧由发送端一帧一帧地传送，接收端通过传输线一帧一帧地接收。

字符帧由起始位、数据位、奇偶校验位、停止位四部分组成，如图 4-1 所示。

起始位：位于字符帧的开头，只占 1 位，始终为逻辑低电平，表示发送端开始发送一帧数据。

数据位：紧跟起始位后，可取 5、6、7、8 位，低位在前，高位在后。

奇偶校验位：占 1 位，用于对字符传送做正确性检查，因此奇偶校验位是可选择的，共

有三种可能，即奇校验、偶校验和无校验，由用户根据需要选定。

停止位：末尾，为逻辑"1"高电平，可取 1、1.5、2 位，表示一帧字符传送完毕。

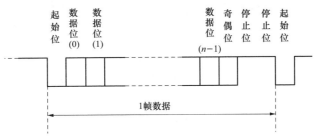

图 4-1　字符帧格式

异步串行通信的字符帧可以是连续的，也可以是断续的。连续的异步串行通信，是在一个字符格式的停止位之后立即发送下一个字符的起始位，开始一个新的字符的传送，即帧与帧之间是连续的。而断续的异步串行通信，则是在一帧结束之后不一定接着传送下一个字符，不传送时维持数据线的高电平状态，使数据线处于空闲。其后，新的字符传送可在任何时候开始，并不要求整倍数的位时间。

（二）并行通信方式

并行通信是指数据的各位同时进行传送的通信方式，可以字节或字为单位并行传送。计算机内部各种信息都是以并行方式传送数据的。例如：系统板上各部件之间，接口电路板上各部件之间；也适合于外部设备与微机之间进行近距离、大量和快速的信息交换，但不宜进行远距离通信。

（三）串行通信中的数据传输方向

根据信息的传送方向，串行通信可以进一步分为单工、半双工和全双工三种方式。

单工方式是指通信线路上的数据按单一方向传送，一般用在只向一个方向传输数据的场合。单工方式的数据传输如图 4-2（a）所示，通信双方中，一方固定为发送端，一方则固定为接收端。信息只能沿一个方向传输，使用一根传输线。例如计算机与打印机之间的通信是单工模式，因为只有计算机向打印机传输数据，而没有相反方向的数据传输。还有在某些通信信道中，如单工无线发送等。

半双工方式如图 4-2（b）所示。在这种方式下，使用同一根传输线，既可以发送数据又可以接收数据，但不能同时进行发送和接收。数据传输允许数据在两个方向上传输，但是，在任何时刻只能由其中的一方发送数据，另一方接收数据。因此半双工方式既可以使用一条数据线，也可以使用两条数据线。它实际上是一种切换方向的单工方式，就和对讲机（步话机）一样。半双工方式中每端需有一个收发切换电子开关，通过切换来决定数据向哪个方向传输。因为有切换，所以会产生时间延迟，信息传输效率低些。

全双工方式如图 4-2（c）所示。在这种方式下，允许数据同时在两个方向上传输，因此，全双工方式是两个单工方式的结合，它要求发送设备和接收设备都有独立的接收和发送能力，就和电话一样。在全双工方式中，每一端都有发送器和接收器，有两条传输线，可在交互式应用和远程监控系统中使用，信息传输效率高。

（四）信号的调制和解调

把数字信号转换为适于传输的模拟信号，而在接收端再将其转换成数字信号，前一种转

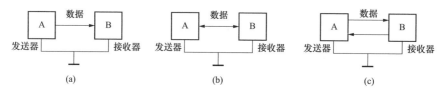

图 4-2　串行数据传输方式示意

（a）单工方式；（b）半双工方式；（c）全双工方式

换称为调制，后一种转换称为解调。完成调制、解调功能的设备称为调制解调器（modem）。

调制解调器（modem）常用的方式有幅移键控（amplitude shift keying，ASK）、频移键控（frequency shift keying，FSK）、相移键控（phase shift keying，PSK）。

二、串行通信标准总线 RS-232

RS-232C 接口是目前常用的一种串行通信接口。RS-232C 是由美国电子工业协会 EIA（electronic industries association）正式公布的，在异步串行通信中应用广泛的标准总线。其中 RS 是 recommended standard 的缩写，代表推荐标准；232 是标识符；C 代表 RS-232 的最新一次修改。

该标准的用途是定义数据终端设备 DTE 与数据通信设备 DCE 接口的电气特性及它们之间的信息交换的方式和功能，当时几乎每台计算机和终端设备都配备了 RS-232C 接口。

图 4-3 是 PC 机通过 RS-232C、调制解调器访问远程计算机的应用框图。RS-232 在 PC 机通信中起着极为重要的作用。

图 4-3　RS-232C 接口应用

（一）RS-232C 引脚分配及定义

RS-232C 中定义了 20 根信号线，规定设备间使用带 D 型 25 针连接器的电缆通信。在这 25 根引线中，除了用于全双工串行通信的两根信号线（9、10）及 3 根（11、18、25）未定义用途外，标准还定义了若干"握手线"，如 DSR、DTR、RTS、CTS 等。在实际应用中，这些"握手线"的连接不是必需的。其他两根（9、10）备用。

DB25 的串口一般只用到 3（RXD）、2（TXD）、7（GND）这 3 个引脚，随着设备的不断改进，现在 DB25 针很少看到了，取而代之的是 DB9 的接口，DB9 所用到的引脚与 DB25 相比有所变化的是 2（RXD）、3（TXD）、5（GND）这 3 个。因此现在都把 RS-232 接口称为 DB9。它若与配接 DB25 型连接器的 DCE 设备连接，必须使用专门的电缆线。二者对应关系见表 4-2。

表 4-2　　　　　　　　　　9 针连接器和 25 针连接器间的对应关系

9 针连接器	1	2	3	4	5	6	7	8	9
25 针连接器	8	3	2	20	7	6	4	5	22

（二）RS-232C 的传输特性

1. RS-232C 数据线

RS-232C 的数据线有两根：发送数据线 TXD 和接收数据线 RXD。与逻辑地线 7 结合起来工作，可以实现全双工和半双工的信息传输。信号是从 DTE 角度说明的，在 DTE 一方引脚 2 定义为 TXD，引脚 3 定义为 RXD。为了使 DCE 能很好地与 DTE 配合，协同进行数据发送与接收工作，在 DCE 一方引脚 2 定义为 RXD，引脚 3 定义为 TXD，为了能够正确地传输数据，对这一点必须给予应有的注意。在使用 RS-232C 标准插头实现连接之前，用户必须根据已有的 DTE 及 DCE 的具体说明，做好匹配的调整工作。

对数据线上所传输的数据格式，RS-232C 标准并没有严格的规定，数据的传输速率是多少、有无奇偶校验位、停止位为多少、字符代码采用多少位等问题，应由发送方与接收方自行商定，达成一致的协议。

2. RS-232C 的控制线

RS-232C 的控制线是为建立通信链接和维持通信链接而使用的信号，RS-232C 控制线的功能及信号出现顺序如图 4-4 所示。

本地的数据终端设备 DTE 通过本地及远程的调制解调器，与远程的数据终端 DTE 进行通信，DTE 与 Modem 之间采用的是 RS-232C 接口。Modem 之间通过电话线进行数据交换，图 4-4 中标出了通信过程和 RS-232C 的控制信号出现的从上向下的顺序。

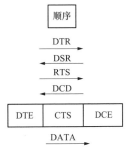

图 4-4 RS-232C 控制线的
功能及信号出现顺序

DTR：数据终端准备好。DTR 设备加电以后，能正确实现通信的功能，向 DCE 发出 DTR 信号，表示数据终端已做好准备工作，可以进行通信。

DSR：数据设备准备好。数据设备是 DCE 通信的设备，如此处的 Modem。Modem 加电，并能正常执行通信功能时，向 DTE 发出 DSR 信号，表示 Modem 已准备好。在通信的过程中首先要对这两个准备好信号进行测试，以了解通信对方的状态，可靠地建立通信。但是如果通信的对方并不要求测试，就可以不发出此信号。

RTS：请求发送。当 DTE 有数据需要向远程 DTE 传输时，DTE 在测得 DSR 有效，即 Modem 接收信号时，根据提供的目的电话编码，向远程 Modem 发出呼叫。远程 RTS 收到此呼叫时，首先发出 2000Hz 的断断续续的冲击声，以关闭电话线路的回声消除器，然后发出回答载波信号。本地 Modem 接收此载波信号，确认已获得双方的同意，它向远程 Modem 发出原载波信号以向对方表示是一个可用的 Modem，同时用 RS-232C 的第 8 引线发出数据载波信号 DCD，向 DTE 表示已检测出有效的回答载波信号。

DCD：数据载波检测时 Modem 发向 DTE，表示已检测出对方载波信号。

CTS：允许发送。每当一个 Modem 辨认出对方 Modem 已准备好运行接收时，便用 CTS 信号通知自己的 DTE，表示这个通信通路已为传输数据做好准备，允许 DTE 数据发送。至此，通信链路才建立，开始通信。

在半双工的通信中，CTS 是对 DTE 的 RTS 信号的应答，使 DTE 开始传输信号。在全双工的通信中，CTS 一般保持很长时间，而对 RTS 并不要求保持很长时间。

RI：振铃指示线。如果 Modem 具有自动应答能力，当对方通信传叫来时，Modem 用引线向 DTE 发出信号，指示此呼叫。在电话呼叫振铃结束后，Modem 在 DTE 已准备好通信的条件（即 DTE 有效）下，立即向对方自动应答。

3. RS-232 总线连接

数据采集和控制系统中如果有联网通信，或在本地和远程控制数据时，RS-232C 是数据终端设备和调制解调器之间的接口标准，所以数据终端设备和调制解调器各有对应的规格，通信连接的双方必须配对。

使用 RS-232 连接系统时，根据通信距离的不同有近程通信和远程通信之分，对于远程通信，需要使用 Modem。图 4-5 是最常用的使用 Modem 的远程连接方式。

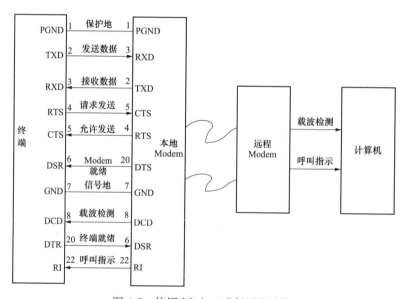

图 4-5　使用 Modem 进行远程连接

如果两个设备之间的传输距离小于 15m，可以使用电缆直接进行连接，完整的线路连接如图 4-6 所示。

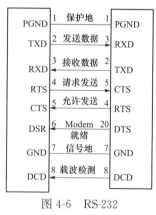

图 4-6　RS-232
直接连接完整线路

RS-232 连接的最简单方式如图 4-7 所示。

在图 4-7 中，发送数据和接收数据是交叉连接的，这样两台设备均可以进行正常的发送和接收，实现全双工通信。"数据终端准备好"和"数据装置就绪"两根线也应交叉连接。此外，两端的"请求发送"端还应同时与本方的"允许发送"和对方的"载波检测"相连。这样，当设备向对方请求发送时，可以立刻通知本方的"允许发送"端，表示对方已经响应。

使用中，只需连接好 TXD、RXD、DSR、RTS、SGND 这 5 根线即可正常通信。如果去掉握手信号，最少使用 3 根线即可实现正常的串口通信。

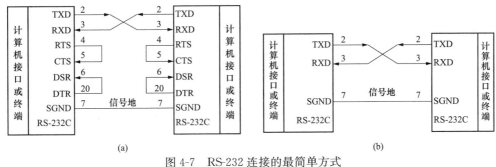

图 4-7 RS-232 连接的最简单方式

（a）带握手信号的三线连接；（b）不带握手信号的三线连接

当需要进行串口通信信号测试时，可以直接将 TXD 与 RXD 相连，构成回路。这样，串口发出的数据就会自动回送给发送方（自己），可以由此检测通信程序的功能。信号回送的连接电路如图 4-8 所示。

（三）RS-232 的电气特性

RS-232C 对电气特性、逻辑电平和各种信号线的功能都给出了明确的规定。

在 RXD、TXD 引脚上电平定义为：逻辑"1"（MARK）为 $-3\sim-15$ V，逻辑"0"（SPACE）为 $+3\sim+15$ V。

在 RTS、CTS、DSR 和 DCD 等控制线上电平定义为：信号有效（接通、ON 状态、正电压）为 $+3\sim+15$ V；信号无效（断开、OFF 状态、负电压）为 $-3\sim-15$ V。

以上规定说明了 RS-232C 标准对逻辑电平的定义。对于数据（信息码），逻辑 1 的传输电平为 $-3\sim-15$ V，逻辑 0 的传输电平为 $+3\sim+15$ V。对于控制信号，接通状态 ON 即信号有效的电平为 $+3\sim+15$ V，断开状态 OFF 即信号无效的电平为 $-3\sim-15$ V，也就是当传

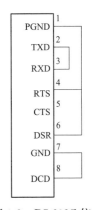

图 4-8 RS-232C 信号回送的连接电路

输电平的绝对值大于 3V 时，电路可以有效地检查出来；而介于 $-3\sim+3$ V 之间的电平处于模糊区电位，此部分电压将使得计算机无法准确判断传输信号的意义，可能会得到 0，也可能会得到 1。如此得到的结果是不可信的，在通信时体现的是会出现大量误码，造成通信失败。因此，在实际工作中，应保证传输的正电平在 $+3\sim+15$ V，负电平在 $-3\sim-15$ V。

（四）信号电平转换

计算机均采用 TTL 逻辑电平。TTL 电平规定低电平"0"在 $0\sim+0.8$ V 之间，高电平"1"在 $+2.4\sim+5$ V 之间，因此在 TTL 电路与 RS-232C 总线之间要进行电平的转换及正反逻辑的转换，否则将使 TTL 电路烧毁。

这种电平与逻辑的转换是用专门的集成电路芯片来完成的，早期常用 MC1488 和 MC1489 作为发送器和接收器。MC1488/MC1489 发送/接收示意如图 4-9 所示，发送器 MC1488 可实现 TTL 到 RS-232C 的电平转换，所用正负电源分别是 ±12 V；接收

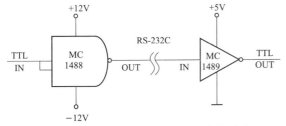

图 4-9 MC1488/MC1489 发送/接收示意

器 MC1489 可实现 RS-232C 到 TTL 的电平转换，所用电源是＋5V。由于需要±12V 与＋5V 供电电压，因此现在更愿意使用一种新的单一电源供电的 MAX232 芯片。

MAX232 芯片的引脚结构及发送/接收过程如图 4-10 所示，它是一个含有两路发送器和接收器的 16 脚 DIP/SO 封装型工业级 RS-232C 标准接口芯片。芯片内部有一个电源电压变换器，可以把输入的＋5V 电源电压变换为 RS-232C 输出电平所需的±10V 电压。所以，采用此芯片接口的串行通信系统只需单一的＋5V 电源就可以。图 4-10 中给出了其中的一路发送器和接收器，T1$_{IN}$ 引脚为 TTL 电平输入端，转换后的 RS-232C 电平由 T1$_{OUT}$ 送出；而 R1$_{IN}$ 引脚接受 RS-232C 电平，转换后的 TTL 电平由 R1$_{OUT}$ 输出。如此，完成了 TTL 到 RS-232C（发送）以及 RS-232C 到 TTL（接收）的电平与逻辑的转换。由于采用单端输入和公共信号地线，容易引进干扰。为了保证数据传输的正确，RS-232C 总线的传送距离一般不超过 15m，传送信号速率不大于 20kbit/s。

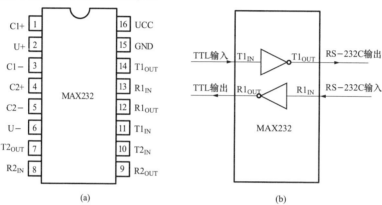

图 4-10　MAX232 芯片引脚及发送/接收示意

（a）引脚；（b）发送/接收示意

（五）RS-232C 网络通信

图 4-11 给出了 PC 机与多个单片机构成的 RS-232C 通信网络示意图，PC 机作主机、n 个单片机智能仪表为从机，构成了主从方式的 RS-232C 串行总线网络。PC 机串行口给出的已是标准的 RS-232C 电平，而单片机的串行口为 TTL 电平，采用 MAX232 芯片就可实现电平的转换和驱动。

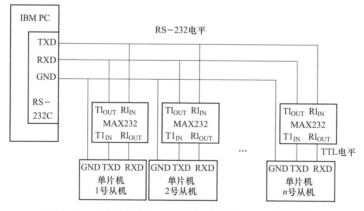

图 4-11　PC 机与多个单片机构成的 RS-232 通信网络

三、串行通信应用

1. 利用 RS-232 进行串口通信

要实现的任务是通过串口调试工具打开串口 COM3，发送大写字母到串口 COM2（COMPIM），单片机通过 COMPIM 组件接收到该字母后，将其转换为小写字母再发送回去，步骤如下：

（1）利用虚拟端口软件添加两个串行端口，如图 4-12 所示。

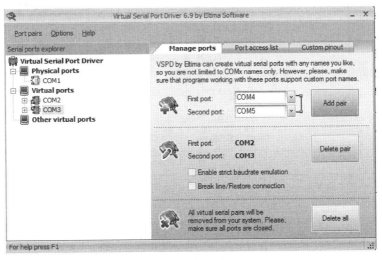

图 4-12　添加两个串口

（2）将 Proteus 中的串口连接到硬件。利用 VSPD6.9 软件添加虚拟串口，该软件会自动将这两个串口连接起来，如图 4-13 所示，COM2 和 COM3 连接到一起。可以利用串口调试工具 SSCOM3.2 查看连接是否正确，在两个串口调试器中分别选择一个串口，然后设置波特率、数据位、停止位等，最后单击"发送"按钮，查看添加的串口是否真的已连接。

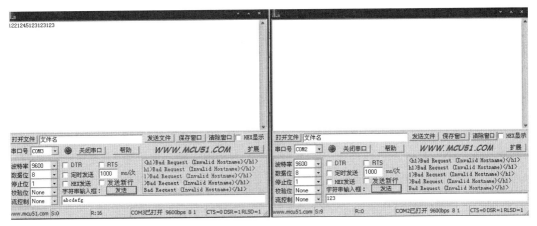

图 4-13　串口连接

（3）实现串口收发通信。图 4-14 所示为在 Proteus 仿真软件中利用单片机连接串口组件进行串口通信的电路连接图，并分别设置虚拟终端和 COMPIM 组件的属性，如图 4-15 所示。

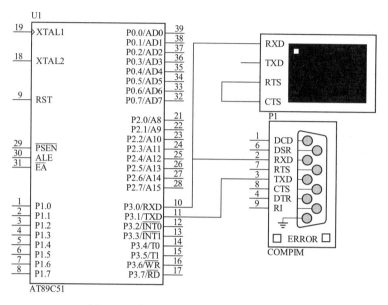

图 4-14　在 Proteus 中的串口连接电路

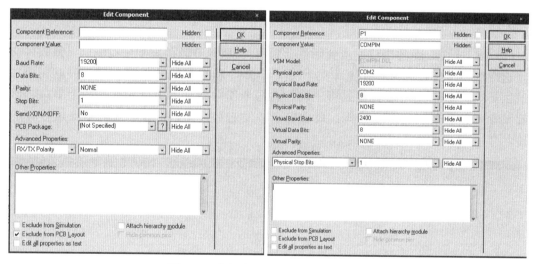

图 4-15　虚拟终端和 COMPIM 的属性

（4）编写串口程序。

```
void timer1_int(void)        // 定时器 T1 初始化函数
    {TMOD = 0x20;
    TL1 = 0xfd;
    TH1 = 0xfd;
    TR1 = 1;}
void serial_int(void)        //  串口初始化函数
```

```
{
    PCON = 0x80;
    SCON = 0x50;
}
void main(void)                    //主函数
{
    uchar tmp_data = 0;
    timer1_int();
    serial_int();
    IE = 0x00;
    while(1)
    {
        while(RI = = 0);
        RI = 0;
        tmp_data = SBUF;
        tmp_data + = 32;
        SBUF = tmp_data;
        while(TI = = 0);
        TI = 0;
    }
}
```

该程序采用查询的方法，通过不停地查询 RI 状态，直到接收到数据，RI 变为 1 才进行数据处理，也可以通过中断的方法来完成。

（5）仿真结果。仿真时，打开串口调试工具，选择串口 COM3，设置和 COMPIM 一样的波特率，就可以在调试串口和虚拟终端中看到仿真的结果了，如图 4-16 所示。

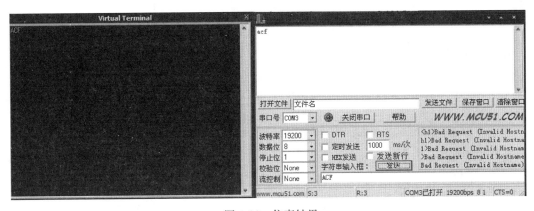

图 4-16　仿真结果

2. 通过 VC++6.0 实现单片机和 PC 之间的通信

利用 VC++6.0 软件中的 MSCOMM 通信控件实现单片机与 PC 机的串口通信，硬件连接如图 4-17 所示。

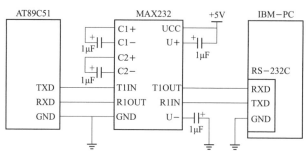

图 4-17　硬件连接图

按照设计方案绘制原理图如图 4-18 所示。

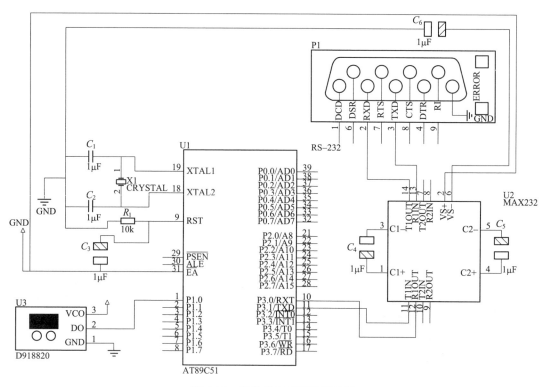

图 4-18　单片机与 PC 通信原理

设计步骤如下：

步骤 1：打开 VC 软件，新建文件，选择【MFC AppWizard［exe］】项，工程名取为【tem_con】，单击【OK】按钮，如图 4-19 所示。

步骤 2：选择【Dialog based】项，单击【Finish】按钮，如图 4-20 所示。

步骤 3：单击【Project－＞Add to project－＞Components and Controls…】菜单项，如图 4-21 所示。

步骤 4：等待软件打开文件夹，双击【Registered ActiveX Controls】文件夹，如图4-22所示。

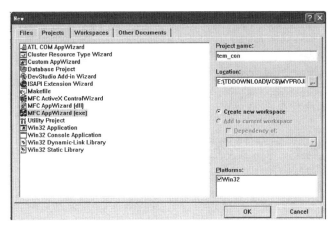

图 4-19　打开 VC 软件界面

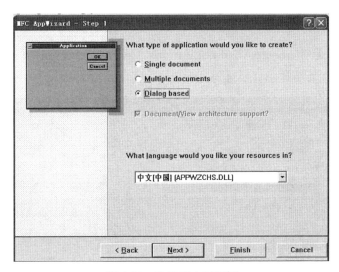

图 4-20　选择基本对话框

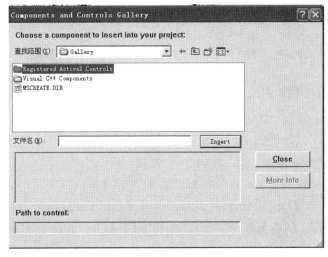

图 4-21　添加工程

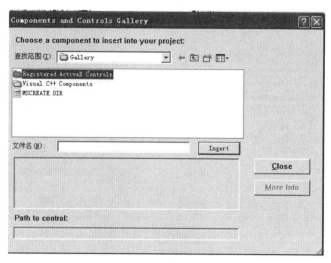

图 4-22　软件打开文件夹

步骤 5：选择【Microsoft Communications Control，version 6.0】列表项，单击【Insert】按钮，如图 4-23 所示。

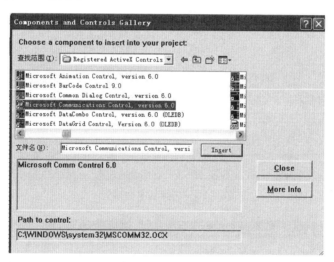

图 4-23　选择【Microsoft Communications Control，version 6.0】

步骤 6：接着弹出【Confirm Classes】对话框，默认不修改，单击【OK】按钮，如图 4-24 所示。

步骤 7：将控件工具条中的串行口控件拖动到对话框中，用鼠标左键点住📞，一直拖到对话框中，在任意位置释放左键，如图 4-25 所示。

步骤 8：单击【View->ClassWizard】菜单项打开【MFC ClassWizard】对话框，选中【IDC_MSCOMM1】和【OnComm】列表项，单击【Add Function】按钮，如图 4-26 所示。

步骤 9：连续单击【OK】按钮，就会看到增加【OnOnCommMscomm1（）】函数，如图 4-27 所示。

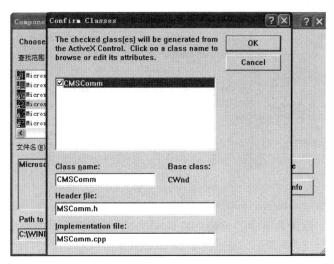

图 4-24　弹出 Confirm Classes 对话框

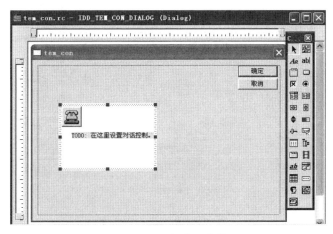

图 4-25　添加串口控件

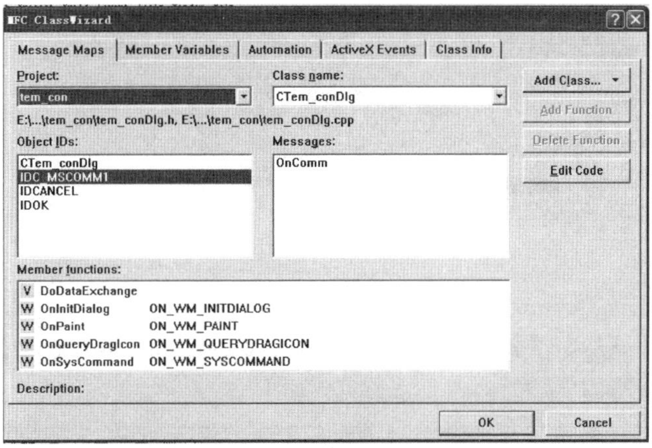

图 4-26　增加消息处理函数

图 4-27　增加 OnOnCommMscomm（）函数

步骤 10：选择控件工具条中的编辑框控件 ab，在对话框中添加编辑框控件，如图 4-28 所示。

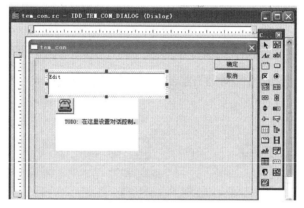

图 4-28　添加编辑框控件

步骤 11：在【MFC ClassWizard】对话框中，打开【Member Variables】选项卡，为编辑框和串行口选择关联变量 m_strRXData 和 m_ctrlComm，单击【OK】按钮，如图 4-29 所示。

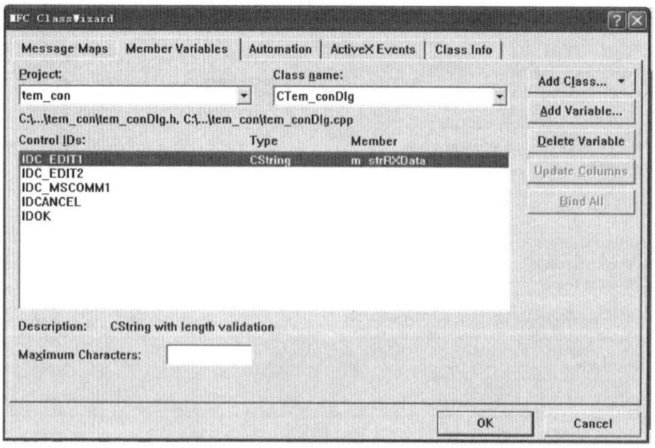

图 4-29　选择关联变量 m_strRXData 和 m_ctrlComm

步骤 12：在【OnOnCommMscomm1（）】函数中添加代码，添加完代码后的界面如图 4-30 所示。

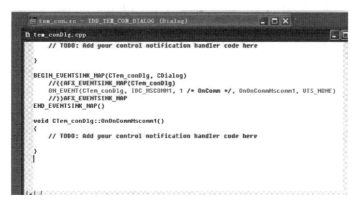

图 4-30　在 OnOnCommMscomm1（）函数中添加代码

步骤 13：在【OnInitDialog（）】函数中添加代码，添加完代码后的界面如图 4-31 所示。

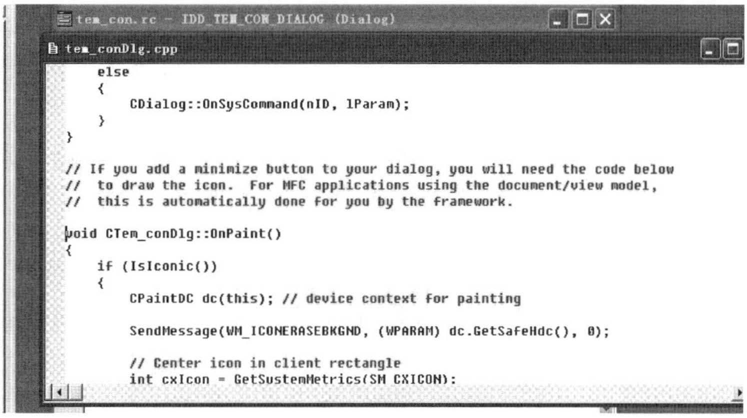

图 4-31　在 OnInitDialog（）函数中添加代码

VC 软件界面仿真如图 4-32 所示。图中所示界面仿真结果表示当前的环境温度为 28.7℃。

四、RS-422 和 RS-485

1. 概述

RS-232C 虽然使用很广，但由于推出时间比较早，所以在现代通信网络中已暴露出明显的缺点，主要表现在：传送速率不够快；传送距离不够远；未明确规定连接器；接口使用非平衡发送器和接收器；接口处各信号间容易产生串扰。因此，EIA 在 1977 年进行了部分改进，制定了新标准 RS-449，除了保留与 RS-

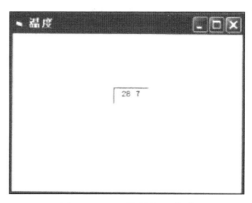

图 4-32　VC 软件界面仿真

232C 兼容外，还在提高传输速率、增加传输距离、改进电气特性等方面做了很多努力，增加了 RS-232C 没有的环测功能，明确规定了连接器，解决了机械接口问题。

在 RS-449 标准下，推出的子集有 RS-423A/RS-422A，以及 RS-422A 的变型 RS-485。RS-423A/RS-422A 总线标准的数据线也是负逻辑且参考电平为地，与 RS-232C 规定为 $-15 \sim +15V$ 有所不同，这两个标准规定为 $-6 \sim +6V$。与 RS-232C 的单端驱动非差分接收方式相比，RS-423A 是一个单端驱动差分接收方式，而 RS-422A 则是平衡驱动差分接收方式，如图 4-33 所示，因此抗干扰能力一个比一个强，数据传送速率与传送距离也更快、更远。RS-423A 在传送速率为 1kbit/s 时，传送距离可达 1200m，在速率为 100kbit/s 时，距离可达 90m；而 RS-422A 可以在 1200m 距离内把传送速率提高到 100kbit/s，或在 12m 内提高到 10Mbit/s。

RS-422（EIA RS-422－A standard）是 Apple 的 Macintosh 计算机的串口连接标准。RS-422 使用差分信号，RS-232 使用非平衡参考地的信号。差分传输使用两根线发送和接收信号，对比 RS-232，它能更好地抗噪声和有更远的传输距离，在工业环境中具有更大的优点。

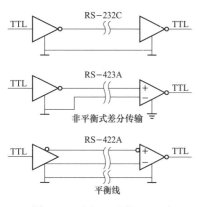

图 4-33　RS-232C/RS-422/
RS-423 接口电路

RS-485（EIA-485 标准）是 RS-422 的改进，因为它增加了设备的个数，从 10 个增加到 32 个，同时定义了在最大设备个数情况下的电气特性，以保证足够的信号电压。RS-485 是 RS-422 的超集，因此所有的 RS-422 设备可以被 RS-485 控制。RS-485 可以用超过 4000ft（1200m）的线进行通信，RS-422/485 数据信号采用差分传输方式（也称平衡传输）。

2. RS-485 的电平特性

通常 RS-485 用一对双绞线，将其中一线定义为 A，另一线定义为 B，通常情况下，发送驱动器 A、B 之间的正电平为 $+2 \sim +6V$，是一个逻辑状态，负电平为 $-2 \sim -6V$，是另一个逻辑状态。在 RS-485 中还有一个使能端，使能端是用于控制发送驱动器与传输线的切断与连接，可以认为是一个开关。当开关，即使能端信号为 1 时，信号就输出，当使能端信号是 0 时，信号就无法输出。接收器也进行与发送端相对的规定，收、发端通过平衡双绞线将 AA 与 BB 对应相连：

$$\text{if} \quad A-B \geqslant 200mV, \quad TTL=1$$

$$\text{if} \quad A-B \leqslant -200mV, \quad TTL=0$$

接收器接收平衡线上的电平范围通常在 200mV～6V，RS-485 的电气特性如图 4-34 所示。

3. 数据传送方式

RS-485 实际就是 RS-422 总线的变型，二者不同之处在于：RS-422 为全双工，采用两对差分平衡信号线；RS-485 为半双工，只需一对平衡差分信号线。RS-485 与 RS-422 总线的数据传送方式如图 4-35 所示。

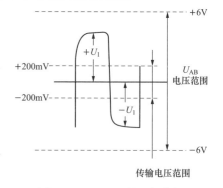

传输电压范围

图 4-34　RS-485 的电气特性

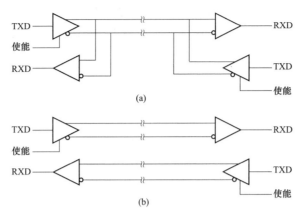

图 4-35　RS-485 与 RS-422 总线的数据传送方式
(a) RS-485 连接电路；(b) RS-422 连接电路

4. 电平转换

与 RS-232C 标准总线一样，RS-422 和 RS-485 两种总线也需要专用的接口芯片完成电平转换。MAX481E/ MAX488E 分别是只用＋5V 电源的 RS-485/RS-422 的 8 引脚收发器，其结构及引脚如图 4-36 所示。两个芯片的共同点是都含有一个发送器 D 和一个接收器 R，其中 DI 是发送输入端，RO 是接收输出端。不同的是，图 4-36 (a) 中只有两根信号线 A 和 B，信号线 A 为同相接收器输入和同相发送器输出，信号线 B 为反相接收器输入和反相发送器输出，由于是半双工，所以有发送与接收的使能端 DE、RE 引脚。而在图 4-36 (b) 中，有两对 4 根信号线 A、B 和 Y、Z，其中 A、B 专用作接收器输入，A 为同相、B 为反相；而 Y、Z 专用作发送器输出，Y 为同相、Z 为反相，所以构成了全双工通信。

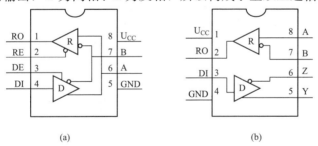

图 4-36　MAX481E/488E 结构及引脚
(a) MAX481E/483E/485E/487E/1487E；(b) MAX488E/490E

5. 使用方法

在控制领域中，以微处理器为核心构成的测控仪表的一个重要技术指标就是具有串行通信接口功能，以前主要采用 RS-232C 接口，现多采用 RS-485 接口。图 4-37 给出了 AT89C52 单片机与芯片 MAX487E 构成系统的 RS-485 接口电路，用单片机的 P1.7 口控制 MAX487E 的数据发送和接收，当数据发送时置 P1.7 为高电平时，则使能端 DE＝1 打开发送器 D 的缓冲门，发自单片机 TXD 端的数据信息经 DI 端分别从 D 的同相端与反相端传到 RS-485 总线上。当接收数据时把 P1.7 置于低电平时，使能端有效打开接收器 R 的缓冲门，来自 RS-485 总线上的数据信息分别经 R 的同相端与反相端从 RO 端传出进入单片机 RXD

端。RS-485 总线上的 A 正（高）B 负（低）电平对应的是逻辑"1"，而 RS-485 总线上的 A 负（低）B 正（高）电平对应的是逻辑"0"。一般的，A 与 B 之间的正负（高低）电压之差为 0.2～2.5V。

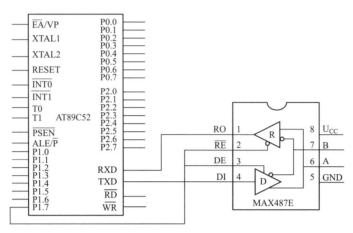

图 4-37　单片机系统中的 RS-485 接口电路

　　PC 机与多个单片机系统构成的 RS-485 通信网络如图 4-38 所示。利用 PC 机配置的 RS-232C 串行端口，外配一个 RS-232C/RS-485 转换器，可将 RS-232C 信号转换为 RS-485 信号。每个从机通过 MAX487E 芯片构建 RS-485 通信接口，就可挂接在 RS-485 总线网络上，总线端点处并接的两个 120Ω 电阻用于消除两线间的干扰。RS-485 总线网络传输距离最远可达 1200m（速率 100kbit/s）、传输速率最高可达 10Mbit/s（距离 12 m）。至于在网络上最多允许挂接多少个从机，这主要取决于 RS-232/RS-485 转换器的驱动能力与 RS-485 接口芯片的输入阻抗与驱动能力，如果再加上中继站，可以增加更多的从机数量。

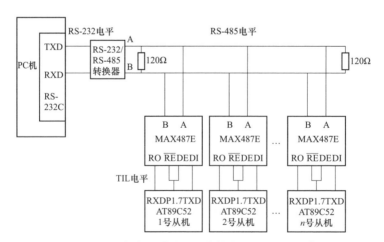

图 4-38　PC 机与多个单片机系统构成的 RS-485 通信网络

6. RS-422/RS-485/RS-232 总线对比
RS-232、RS-422、RS-485 总线的特性对比见表 4-3。

表 4-3　　　　　　　　　　RS-232、RS-422、RS-485 总线特性对比

规定	RS-232	RS-422	RS-485
工作方式	单端	差分	差分
节点数	1 收，1 发	1 发，10 收	1 发，32 收
最大传输距离/m	15	1200	1200
最大传输速率	200kbit/s	10Mbit/s	10Mbit/s
最大驱动输出电压/V	+/−25	−0.25～+6	−7～+12
输出信号电平（带载最小）/V	+/−5～+/−15	+/−2.0	+/−1.5
输出信号电平（空载最大）/V	+/−25	+/−6	+/−6
驱动器负载阻抗/Ω	3000～7000	100	54/120
摆率（最大值）	30V/μs	N/A	N/A
接收器输入电压范围/V	+/−15	−10—+10	−7～+12
接收器输入门限	+/−3V	+/−200mV	+/−200mV
接收器输入阻抗/kΩ	3～7	4（最小）	≥12
驱动器共模电压	N/A	−3～+3V	−1～+3V
接收器共模电压	N/A	−7～+7V	−7～+12V

注　N/A 表示不适用。

第三节　MCU 总 线 技 术

采用串行总线技术可以使系统的硬件设计大大简化，系统的体积减小，可靠性提高。同时，系统的更改和扩充极为容易。

常用的串行扩展总线有：I^2C 总线（Inter IC bus）、单总线（1—wire bus）、SPI（serial peripheral interface）总线及 Microwire/PLUS 等。现代电子器件大多具有 I^2C 总线接口，故本节重点介绍 I^2C 总线。

I^2C 即 inter-integrated circuit（集成电路总线），是一种串行总线，它是具备多主机系统所需的总线裁决和高低速设备同步等功能的高性能串行总线，是一种近年来应用较多的串行总线。在采用 I^2C 总线的系统中，不仅要求所用单片机内部集成有 I^2C 总线接口，而且要求所用外围芯片内部也要有 I^2C 总线接口。现在许多公司的产品已经具有 I^2C 总线接口，所以 I^2C 总线是一种很有发展前途的总线。

日前推出的新型二选一 I^2C 主选择器，可以使两个 I^2C 主设备中的任何一个与共享资源连接，广泛适用于从 MP3 播放器到服务器等计算、通信和网络应用领域，从而使制造商和终端用户从中获益。PCA9541 可以使两个 I^2C 主设备在互不连接的情况下与同一个从设备相连接，从而简化了设计的复杂性。此外，新产品以单器件替代了 I^2C 多个主设备应用中的多个芯片，有效节省了系统成本。

一、I^2C 总线的硬件结构

I^2C 串行总线连接如图 4-39 所示，一般有两根信号线，一根是双向的数据线 SDA，另

一根是时钟线 SCL。所有接到 I²C 总线设备上的串行数据 SDA 都接到总线的 SDA 上，各设备的时钟线 SCL 接到总线的 SCL 上。

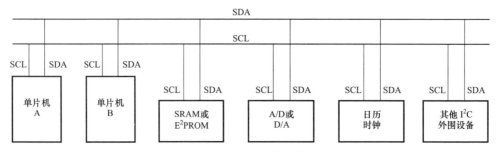

图 4-39　I²C 总线连接

I²C 总线上允许连接多个微处理器以及各种外围设备，如存储器、LED 及 LCD 驱动器、A/D 及 D/A 转换器等。为了保证数据可靠地传送，任一时刻总线只能由某一台主机控制，各微处理器应该在总线空闲时发送启动数据，为了妥善解决多台微处理器同时发送启动数据的传送（总线控制权）冲突，以及决定由哪一台微处理器控制总线的问题，I²C 总线允许连接不同传送速率的设备。

总线对设备接口电路的制造工艺和电平都没有特殊的要求（NMOS、CMOS 都可以兼容）。在 I²C 总线上的数据传送率可高达每秒 10×10^4 bit，高速方式时在每秒 40×10^4 bit 以上。另外，总线上允许连接的设备数以其电容量不超过 400pF 为限。

为了避免总线信号的混乱，要求各设备连接到总线的输出端时必须是漏极开路（OD）输出或集电极开路（OC）输出。设备上的串行数据线 SDA 接口电路应该是双向的，输出电路用于向总线上发送数据，输入电路用于接收总线上的数据。而串行时钟线也应是双向的，作为控制总线数据传送的主机，一方面要通过 SCL 输出电路发送时钟信号，另一方面还要检测总线上的 SCL 电平，以决定什么时候发送下一个时钟脉冲电平；作为接受主机命令的从机，要按总线上的 SCL 信号发出或接收 SDA 上的信号，也可以向 SCL 线发出低电平信号以延长总线时钟信号周期。总线空闲时，因各设备都是开漏输出，上拉电阻 R_p 使 SDA 和 SCL 线都保持高电平。任一设备输出的低电平都将使相应的总线信号线变低，也就是说：各设备的 SDA 是"与"关系，SCL 也是"与"关系，如图 4-40 所示。

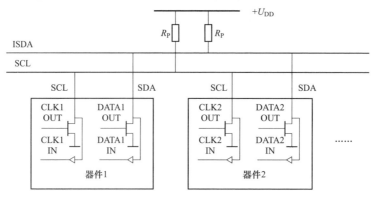

图 4-40　I²C 总线的线"与"关系

总线的运行（数据传输）由主机控制。所谓主机是指启动数据的传送（发出启动信号）、发出时钟信号以及传送结束时发出停止信号的设备，通常主机都是微处理器。被主机寻访的设备称为从机。为了进行通信，每个接到 I²C 总线的设备都有一个唯一的地址，以便于主机寻访。主机和从机的数据传送，可以由主机发送数据到从机，也可以由从机发到主机。凡是发送数据到总线的设备称为发送器，从总线上接收数据的设备被称为接收器。

二、I²C 数据传输

I²C 总线上主-从机之间一次传送的数据为一帧，由启动信号、若干个数据字节和应答位以及停止信号组成。数据传送的基本单元是一位数据。

1. 数据位的有效性规定

I²C 总线进行数据传送时，时钟信号为高电平期间，数据线上的数据必须保持稳定，只有在时钟线上的信号为低电平期间，数据线上的高电平或低电平状态才允许变化，如图4-41所示。

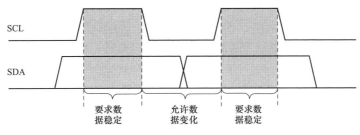

图 4-41　I²C 总线的数据有效性规定

2. 起始和终止信号

I²C 总线的起始和终止信号如图 4-42 所示。SCL 线为高电平期间，SDA 线由高电平向低电平的变化表示起始信号；SCL 线为高电平期间，SDA 线由低电平向高电平的变化表示终止信号。

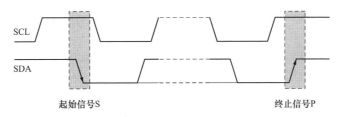

图 4-42　I²C 总线的起始和终止信号

起始和终止信号都是由主机发出的，在起始信号产生后，总线就处于被占用的状态；在终止信号产生后，总线就处于空闲状态。

连接到 I²C 总线上的器件，若具有 I²C 总线的硬件接口，则很容易检测到起始和终止信号。

接收器件收到一个完整的数据字节后，有可能需要完成一些其他工作，如处理内部中断服务等，可能无法立刻接收下一个字节，这时接收器件可以将 SCL 线拉成低电平，从而使主机处于等待状态。直到接收器件准备好接收下一个字节时，再释放 SCL 线使之为高电平，从而使数据传送可以继续进行。

3. 数据传送格式

（1）字节传送与应答。

每一个字节必须保证是 8 位长度。数据传送时，先传送最高位（MSB），每一个被传送的字节后面都必须跟随一位应答位（即一帧共有 9 位）。

由于某种原因从机不对主机寻址信号应答时（如从机正在进行实时性的处理工作而无法接收总线上的数据），它必须将数据线置于高电平，而由主机产生一个终止信号以结束总线的数据传送。

如果从机对主机进行了应答，但在数据传送一段时间后无法继续接收更多的数据时，从机可以通过对无法接收的第一个数据字节的"非应答"通知主机，主机则应发出终止信号以结束数据的继续传送。

当主机接收数据时，它收到最后一个数据字节后，必须向从机发出一个结束传送的信号。这个信号是由对从机的"非应答"来实现的。然后，从机释放 SDA 线，以允许主机产生终止信号。

（2）数据帧格式。I^2C 总线上传送的数据信号是广义的，既包括地址信号，又包括真正的数据信号。

在起始信号后必须传送一个从机的地址（7 位），第 8 位是数据的传送方向位（R/T），用"0"表示主机发送数据（T），"1"表示主机接收数据（R）。每次数据传送总是由主机产生的终止信号结束。但是，若主机希望继续占用总线进行新的数据传送，则可以不产生终止信号，马上再次发出起始信号对另一从机进行寻址，如图 4-43 所示。

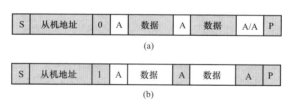

图 4-43 I^2C 总线上主机发送/接收的数据

（a）发送；（b）接收

注：有阴影部分表示数据由主机向从机传送，无阴影部分则表示数据由从机向主机传送。

A 表示应答，$\overline{A}$ 表示非应答（高电平）；S 表示起始信号；P 表示终止信号。

在总线的一次数据传送过程中，可以有以下几种组合方式：

1）主机向从机发送数据，数据传送方向在整个传送过程中不变。

2）主机在第一个字节后，立即从从机读数据。

3）在传送过程中，当需要改变传送方向时，起始信号和从机地址都被重复产生一次，但两次读/写方向位正好反相。

4. 总线的寻址

I^2C 总线协议有明确的规定：采用 7 位的寻址字节（寻址字节是起始信号后的第一个字节）。

寻址字节的位定义：D7～D1 位组成从机的地址。D0 位是数据传送方向位，为"0"时表示主机向从机写数据，为"1"时表示主机由从机读数据。

　　主机发送地址时，总线上的每个从机都将这 7 位地址码与自己的地址进行比较，如果相同，则认为自己正被主机寻址，根据 R/T 位将自己确定为发送器或接收器。

　　从机的地址由固定部分和可编程部分组成。在一个系统中可能希望接入多个相同的从机，从机地址中可编程部分决定了可接入总线该类器件的最大数目。如一个从机的 7 位寻址位有 4 位是固定位、3 位是可编程位，这时仅能寻址 8 个同样的器件，即可以有 8 个同样的器件接入到该 I^2C 总线系统中。

三、I^2C 总线时序子程序

1. 数据传送时序图

单片机 I^2C 串行总线数据传送时序如图 4-44 所示。

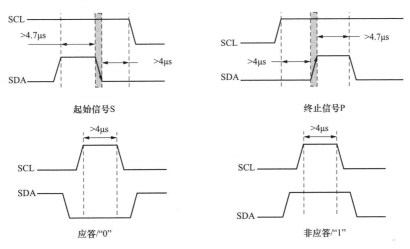

图 4-44　单片机 I^2C 串行总线数据传送时序

2. 总线的初始化

```
void init()
{
    SDA = 1;
    delay();
    SCL = 1;
    delay();
}
```

将 SDA 和 SCL 都拉成高电平以释放总线，完成总线的初始化。

3. 启动信号

```
void start()
{
    SDA = 1;
    delay();
    SCL = 1;
    delay();
    SDA = 0;
```

```
    delay();
}
```

SCL 在高电平期间，SDA 一个下降沿信号以启动 I²C 总线。

4. 应答信号

```
void response()
{
unsigned char i = 0;
SCL = 1;
delay();
while((SDA == 1)&&(i<255))
    {
    i + + ;
    SCL = 0;
    delay();
    }
}
```

SCL 在高电平期间，SDA 被从设备拉为低电平表示应答，上面的代码中有一个 (SDA==1) 和 (i<255) 与关系，表示若在一段时间内没有收到从器件的应答，则主器件默认从器件已经收到数据而不再等待应答信号。如果不加这个延时退出，一旦从器件没有发送应答信号，程序将永远停在这里，而真正的程序中不允许这样的情况发生。

5. 停止信号

```
void stop()
{
    SDA = 0;
    delay();
    SCL = 1;
    delay();
    SDA = 1;
    delay();
}
```

SCL 在高平期间，SDA 一个上升沿信号来停止 I²C 总线。

6. 写一个字节

```
void writebyte(uchar data)
{
    uchar i,temp;
    temp = data;
    for(i = 0;i<8,i + + )
    {
    temp = temp<<1;
    SCL = 0;
```

```
        delay();
        SDA = CY;
        delay();
        SCL = 1;
        delay();
        }
    SCL = 0;
    delay();
    SDA = 1;
    delay();
    }
```

串行发送一个字节时，需要把这个字节中的 8 位一位一位地发出，temp＝temp≪1 表示左移，将最高位移入 PSW 寄存器 CY 位中然后将 CY 赋给 SDA，进而在 SCL 的控制下发送出去。

7. 读一个字节

```
uchar readbyte()

{
uchar i,k;
SCL = 0;
delay();
    SDA = 1
    for(i = 0;i<8;i+ +)
    {
        SCL = 1;
        delay();
        k = (k<<1)|SDA;
        SCL = 0;
        delay();
    }
  delay();
  return k;
}
```

串行接收一个字符时，需要先将 8 位一位一位地接收，然后再组合成一个字节，上面代码中定义了一个临时变量 k，将 k 左移一位后与 SDA 进行或运算，依次把 8 个独立的位放入一个字节中来完成接收。

四、I^2C 总线的使用

1. ADXL345 引脚分布与电路连接

ADXL345 是一款小而薄的超低功耗 3 轴加速度计，分辨率高（13 位），测量范围达 $\pm 16g$。数字输出数据为 16 位二进制补码格式，可通过 SPI（3 线或 4 线）或 I^2C 数字接口访问，其引脚分布见表 4-4。

表 4-4　　　　　　　　　　　　　　　ADXL345 的引脚分布表

引脚编号	引脚名称	描述
1	UDD	数字接口电源电压
2	GND	该引脚必须接地
3	RESERVED	保留。该引脚必须连接到 VS 或保持断开
4	GND	该引脚必须接地
5	GND	该引脚必须接地
6	US	电源电压
7	$\overline{\text{CS}}$	片选
8	INT1	中断 1 输出
9	INT2	中断 2 输出
10	NC	内部不连接
11	RESERVED	保留。该引脚必须接地或保持断开
12	SDO/ALT ADDRESS	串行数据输出（SPI 4 线）/备用 I^2C 地址选择（I^2C）
13	SDA/SDI/SDIO	串行数据（I^2C）/串行数据输入（SPI 4 线）/串行数据输入和输出（SPI 3 线）
14	SCL/SCLK	串行通信时钟。SCL 为 I^2C 时钟，SCLK 为 SPI 时钟

其中第 14 引脚为 I^2C 总线的 SCL，第 13 引脚为 I^2C 总线的 SDA。INT 为连接到单片机的中断引脚，利用单片机的中断就可实现角度的传输。

ADXL345 的电路连接如图 4-45 所示。

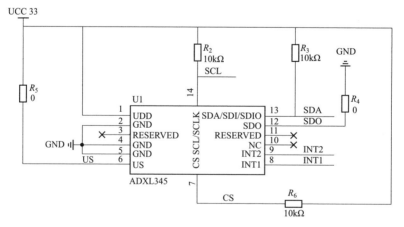

图 4-45　ADXL345 的电路连接

2. 数据函数

（1）向 I^2C 总线发送一个字节数据。

```
void ADXL345_SendByte(uchar dat)
{
```

```
    uchar i;
    for(i = 0;i<8;i + +)               //8 位计数器
    {
      dat << = 1;                      //移出数据的最高位
      SDA = CY;                        //送数据口
      SCL = 1;                         //拉高时钟线
      Delay5us();                      //延时
      SCL = 0;                         //拉低时钟线
      Delay5us();                      //延时
    }
    ADXL345_RecvACK();
}
```

（2）从 I²C 总线接收一个字节数据。

```
uchar ADXL345_RecvByte()
{
    uchar i;
    uchar dat = 0;
    SDA = 1;                           //使能内部上拉,准备读取数据,
    for(i = 0;i<8;i + +)               //8 位计数器
    {
        dat << = 1;
        SCL = 1;                       //拉高时钟线
        Delay5us();                    //延时
        dat| = SDA;                    //读数据
        SCL = 0;                       //拉低时钟线
        Delay5us();                    //延时
    }
    return dat;
}
```

思考题

1. 什么叫总线？总线分哪两大类？分别说出它们的特点和用途？
2. 串行通信传送方式有几种？各自有什么特点？
3. 波特率是什么的单位？它的意义如何？
4. 异步通信与同步通信的区别是什么？它们各有什么用途？
5. 串行通信有几种通信方式？各有什么特点？
6. 对比说明 RS-232C 总线标准与 TTL 逻辑电平的电气特性，它们之间如何进行接口？
7. RS-232C 总线在实际应用中有几种接线方式？都应用在何种场合？
8. 分析说明 PC 机与多个单片机构成的 RS-232C 通信网络。
9. 分析说明 PC 机与多个单片机构成的 RS-485 通信网络。

10. 分析说明 I^2C 总线的特点。

11*. 在新能源技术的发展趋势下，一批国内科技企业以及传统汽车厂商纷纷角力新能源汽车市场，国产新能源汽车向高端化、智能化发展。新能源汽车广泛使用的 CAN 总线，其物理层采用什么协议？试以某款新能源汽车为例，画出其总线系统。

第五章　过程数据处理技术

在计算机控制系统中，通过输入通道送入计算机的数据，是对被测物理量进行检测和转换而得到的数据。这些数据送入计算机后，通常首先要进行一定的处理，然后才能作为计算控制量以及进行显示的数据。此外，按照控制算式所计算出的控制量数据，也要根据输出通道的特点做适当处理，才能被接受和执行。

在计算机控制系统中，对数据进行处理的技术有查表、数字滤波、标度变换、线性化处理及非线性补偿算法、系统误差的自动校正及有效性校验等。

第一节　查表与数字滤波

一、查表技术

（一）采用查表技术的原因

在计算机控制系统中，有些参数的计算非常复杂，如用汇编语言编程实现指数函数、三角函数等的计算；有的参数甚至无法建立相应的数学模型，如显示程序中的显示代码与显示数字之间的关系，热电偶测量端温度与输出热电动势之间的关系。这些问题采用查表技术则非常容易解决。

（二）查表的定义

查表就是把事先计算或测得的数据按一定顺序编制成表格，并编写查表程序。查表程序的任务就是根据被测参数的值或者中间结果，查出最终所需要的结果。

查表是一种非数值计算方法，利用这种方法可以完成数据补偿、计算、转换等各种工作，它具有程序简单、执行速度快等优点。

（三）查表方法

查表过程繁简程度及查询时间的长短，除与表格的长短有关外，很重要的因素在于表格的排列方法。

根据表中数据的排列方法，表格有无序和有序两种。表中的数据是任意排列，且无规律可循的表格，称之为无序表格；表中的数据是按一定的顺序（如按大小排列或按一定规律）排列的表格，称之为有序表格。

表格的排列方法不同，适合的查表方法也不同。查表的方法有顺序查表、计算查表和对分查表等。

1. 顺序查表

顺序查表是最简单的查找方法，适合于无序表格。由于无序表格中所有各项数据的排列均无一定的规律可循，其查找只能是按照顺序从第一项开始逐项寻找，直到找到所要查找的关键字为止。

查找步骤为：①设定表格的起始地址；②设定表格的长度；③设定要搜索的关键字；④从表格的第一项开始，比较表格数据和关键字，进行数据搜索。

2. 计算查表

计算查表适用于数据按一定的规律排列，并且搜索内容和表格数据地址之间的关系能用公式表示的有序表格。查表思路是，根据给定的元素，通过一定的计算，求出元素所对应的数值的地址，然后将该地址单元的内容取出来即可。

在功能键转移地址程序、软件译码程序以及阶乘等复杂数学运算中采用的就是计算查表方法。

3. 对分查表

对分查表适用于按大小顺序排列的有序表格。其查找思路是：先取表中的中间值与要搜索的参数值进行比较，若相等，则查到。若不相等，按照比较结果在长度减半的表格继续查表。若要搜索的参数值大于中间值，在排序大的一半数据中重复上述过程；若小于中间值，则在排序小的一半数据中重复上述查找过程。这样循环比较下去，经过若干次的逼近搜索，将很快查询到结果。

对分查表法的最高搜索次数为 $\log_2 N$。与顺序查表法（平均查表次数为 $N/2$）相比，对分法可以大大减少查表次数，提高检索效率。

二、数字滤波

（一）数字滤波的特点

在工业过程控制系统中，由于被控对象所处环境比较恶劣，常存在运行环境变化、电磁场干扰等，使采样值偏离真实值。对于各种随机出现的干扰信号，计算机控制系统常采取 RC 滤波电路（也称为模拟 RC 滤波器）、光电隔离器等硬件措施，以及数字滤波的软件措施。数字滤波就是通过一定的计算程序，对多次采样信号构成的数据序列进行平滑加工，以提高其有用信号在采样值中所占比例，减少乃至消除各种干扰及噪声，从而保证系统工作的可靠性。

与模拟 RC 滤波器相比，数字滤波具有以下优点：

（1）无需增加任何硬件设备，只要在程序进入数据处理和控制算法之前，附加一段数字滤波程序。

（2）由于数字滤波器不需增加硬件设备，所以系统可靠性高，不存在阻抗匹配问题。

（3）模拟滤波器通常是多通道专用，而数字滤波器则可多通道共享，从而降低成本。

（4）可以对频率很低（如 $0.01\,Hz$）的信号进行滤波，而模拟滤波器由于受到电容的限制，频率不可能太低。

（5）使用灵活、方便，可根据需要选择不同的滤波方法，或改变滤波器的参数。

正因为数字滤波具有上述优点，所以在计算机控制系统中得到了广泛的应用。

（二）数字滤波的方法

数字滤波的方法有很多，可以根据不同的测量参数选择不同的数字滤波方法。下面介绍几种常用的数字滤波方法。

1. 中值滤波

中值滤波是对某一参数连续采集奇数次 N（一般 $3\sim5$ 次即可），然后把 N 次采样值按大小进行排列，取中间值作为本次采样值。

编制中值滤波的算法程序，首先要采用常规的排序程序，如冒泡算法把 N 个采样值按照从小到大（或从大到小）的顺序进行排队，然后再取中间值。

中值滤波能有效地克服因偶然因素引起的波动干扰，对温度、液位等变化缓慢的被测参数有良好的滤波效果；缺点是对流量、速度等快速变化的参数不宜使用。

2. 程序判断滤波

经验说明，许多物理量的变化都需要一定的时间，相邻两次采样值之间的变化有一定的限度。程序判断滤波的方法为：根据生产经验，确定出相邻两次采样信号之间可能出现的最大偏差 ΔY，如小于此偏差值，则可将该信号作为本次采样值。如果超过此偏差值，则表明该输入信号窜入了干扰信号，应该进行处理。

程序判断滤波根据滤波方法的不同，可分为限幅滤波和限速滤波两种。

（1）限幅滤波。限幅滤波的做法是把两次相邻的采样值相减，求出增量（以绝对值表示），然后与两次采样允许的最大差值（由被控对象的实际情况决定）ΔY 进行比较，若小于或等于 ΔY，则取本次采样值；若大于 ΔY，则仍取上次采样值作为本次采样值。限幅滤波即

$|Y(k)-Y(k-1)| \leqslant \Delta Y$，则 $Y(k)=Y(k)$，即本次采样值

$|Y(k)-Y(k-1)| > \Delta Y$，则 $Y(k)=Y(k-1)$，取上次采样值　　　　　　　(5-1)

式中　$Y(k)$——第 k 次采样值；

　　$Y(k-1)$——第 $k-1$ 次采样值；

　　　　ΔY——相邻两次采样值所允许的最大偏差，其大小取决于采样周期 T 及 Y 值的变化动态响应。

限幅程序判断滤波的软件流程如图 5-1 所示。这种程序滤波方法，主要用于变化比较缓慢的参数，如温度、物位等的测量。使用时，关键问题是最大允许偏差 ΔY 的选取。ΔY 太大，各种干扰信号将"乘机而入"，使系统误差增大；ΔY 太小，又会使某些有用信号被"拒之门外"，使计算机采样效率变低。因此，门限值 ΔY 的选取是非常重要的。通常可根据经验数据或实验数据给出。

（2）限速滤波。限幅滤波用两次采样值来决定采样结果，而限速滤波一般可用 3 次采样值来决定采样结果。其方法是：当 $|Y(k)-Y(k-1)| > \Delta Y$ 时，不像限幅滤波那样，用 $Y(k-1)$ 作为本次采样值，而是再采样一次，取得 $Y'(k)$，然后根据 $|Y'(k)-Y(k)|$ 与 ΔY 的大小关系来决定本次采样值。其具体判别式如下。

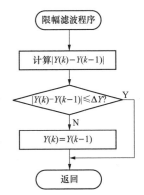

图 5-1　限幅程序
判断滤波程序流程图

设顺序采样时刻 t_1、t_2、t_3 所采集的参数分别为 $Y(k-1)$、$Y(k)$、$Y'(k)$，那么

当 $|Y(k)-Y(k-1)| \leqslant \Delta Y$ 时，则取 $Y(k)$ 存入 RAM；

当 $|Y(k)-Y(k-1)| > \Delta Y$ 时，则不采用 $Y(k)$，但仍保留，继续采样取得 $Y'(k)$；

当 $|Y'(k)-Y(k)| \leqslant \Delta Y$ 时，则取 $Y'(k)$ 存入 RAM；

当 $|Y'(k)-Y(k)| > \Delta Y$ 时，则取 $[Y'(k)+Y(k)]/2$ 输入计算机。

限速滤波是一种折中的方法，既照顾了采样的实时性，又顾及了采样值变化的连续性。但这种方法也有缺点：①ΔY 的确定不够灵活，必须根据现场的情况不断更换新值；②不能反映采样点数 $N>3$ 时各采样数值受干扰的情况。因此，它的应用受到一定的限制。

在实际使用中，可用 $[|Y(k)-Y(k-1)|+|Y'(k)-Y(k)|]/2$ 取代 ΔY，这样也可基

本保持限速滤波的特性，虽增加一步运算，但灵活性有所提高。

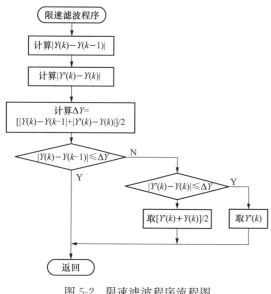

图 5-2 限速滤波程序流程图

限速滤波程序流程如图 5-2 所示。当采样信号由于随机干扰，如大功率用电设备的启动或停止，造成电流的尖峰干扰或错误检测，以及变送器不稳定而引起的严重失真等现象时，可采用程序判断法进行滤波。

3. 平均值滤波

平均值滤波就是对多个采样值求平均，这是消除随机误差最常用的方法。具体可分为算术平均值滤波、去中值平均值滤波、加权平均值滤波和滑动平均值滤波等几种。

（1）算术平均值滤波。算术平均值滤波就是在一个采样周期内连续 N 次采样，然后取其算术平均值作为该周期的采样值，即

$$\overline{Y}(k) = \frac{1}{N}\sum_{i=1}^{N}X(i) \tag{5-2}$$

式中 $\overline{Y}(k)$ ——第 k 个采样周期采样值的平均值；

       N——采样次数；

      $X(i)$ ——第 i 次采样值。

算术平均值滤波法主要用于对压力、流量等变化较快的周期脉动的参数采样值进行平滑加工，不适用于脉冲性干扰比较严重的场合。其缺点是：对于测量速度较慢或要求数据计算速度较快的实时控制不实用，且比较浪费 RAM 空间。

采样次数 N 的选取，取决于对参数平滑度和灵敏度的要求。N 值越大，平滑度提高，灵敏度降低，实时性下降。通常对流量参数，N 取经验值 12 次；对压力滤波时，N 取经验值 4 次；至于温度参数，如无噪声干扰可不用平均滤波。

（2）中位值平均滤波。中位值平均滤波，相当于"中值滤波法＋算术平均值滤波法"，其实现方法是：①连续采样 N 个数据，去掉一个最大值和一个最小值；②然后计算（$N-2$）个数据的算术平均值。一般 N 的选取范围是 3～14。

中位值平均滤波又称防脉冲干扰平均滤波，其融合了中值滤波法和算术平均值滤波法的优点，对于偶然出现的脉冲性干扰，可消除由于脉冲干扰所引起的采样值偏差。存在的缺点是测量速度较慢，和算术平均值法一样比较浪费 RAM 空间。

（3）加权平均滤波。在算术平均滤波程序中，N 次采样值在最后的结果中所占的比重是相等的，这样虽然消除了随机干扰，但有用信号的灵敏度也随之降低。为了提高滤波效果，将各个采样值取不同的比重，然后再相加求平均值，这种方法称为加权平均滤波。一个 n 项加权平均式为

$$\overline{Y}(k) = \sum_{i=0}^{n-1}C_i X(i) \tag{5-3}$$

式（5-3）中，C_0、C_1、C_2、$\cdots$、C_{n-1}均为常数，且应满足下列关系

$$\sum_{i=0}^{n-1} C_i = 1 \tag{5-4}$$

C_0、C_1、C_2、$\cdots$、C_{n-1}为各次采样值的系数，它体现了各次采样值在平均值中所占的比例，可根据具体情况决定。一般采样次数愈靠后，取的比例愈大，这样可增加新的采样值在平均值中所占的比例。这种滤波方法可以根据需要突出信号的某一部分来抑制信号的另一部分。

（4）滑动平均值滤波。不管是算术平均值滤波，还是加权平均值滤波，每计算一次需连续采样 N 个数据，对于测量速度较慢或要求数据计算速度较快的实时控制系统，上述方法是无法使用的。为了克服这一缺点，可采用滑动平均值滤波法。

滑动平均值滤波时根据先进先出（FIFO）的原理，在计算机中开辟一片存储空间，将测量数据按先后顺序进行排队，长度为 N。每进行一次新的测量，把测量结果放入存储空间的队尾，并将旧数据的首项顶出，这样在存储空间中始终有 N 个"最新"的数据。计算平均值时，只需将这 N 个数据进行算术平均，就可得到新的算术平均值。

滑动平均值滤波对周期性干扰有良好的抑制作用，平滑度高，灵敏度低；但对偶然出现的脉冲性干扰的抑制作用差，不易消除由于脉冲干扰引起的采样值的偏差。因此它不适用于脉冲干扰比较严重的场合，而适用于高频振荡系统。通常观察不同 N 值下滑动平均的输出响应来选取 N 值，以便既少占用时间，又能达到最好滤波效果。其工程经验值见表 5-1。

表 5-1 滑动平均值滤波中 **N** 的工程经验值

参数	流量	压力	液面	温度
N 值	12	4	4~12	1~4

4. 模拟 RC 滤波器

前面的滤波方法总体上可以看成是静态滤波，主要用于变化过程较快的参数，如压力、流量等。而对于慢速随机变量，采用短时间内连续采样求平均值的方法，其滤波效果并不理想。

为了提高滤波效果，可以仿照模拟硬件 RC 低通滤波器的方法，用数字形式来实现低通滤波。RC 低通滤波电路如图 5-3 所示。

由图 5-3 可写出低通滤波器的传递函数，即

$$G(s) = \frac{Y(s)}{X(s)} = \frac{1}{T_f(s) + 1} \tag{5-5}$$

$$T_f = RC$$

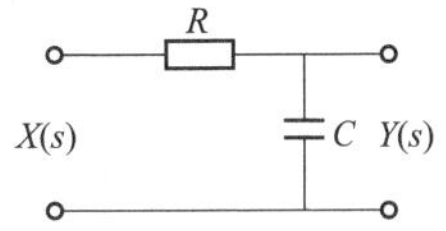

图 5-3 RC 低通滤波电路

式中 T_f——RC 滤波器的时间常数。

将式（5-5）写出差分方程

$$T_f \frac{y(k) - y(k-1)}{T} + y(k) = x(k) \tag{5-6}$$

整理后得：

$$y(k) = \frac{T_f}{T_f + T} y(k-1) + \frac{T}{T_f + T} x(k) = (1-a)y(k-1) + ax(k) \tag{5-7}$$

$$a = \frac{T}{T_f + T}$$

式中　$x(k)$——第 k 次采样值；

　　$y(k-1)$——第 $k-1$ 次滤波结果输出值；

　　　$y(k)$——第 k 次滤波结果输出值；

　　　　a——滤波平滑系数；

　　　　T——采样周期。

　　一般 T 远小于 T_f，即 a 远小于 1，表明本次有效采样值（滤波输出值）主要取决于上次有效采样值（滤波输出值），而本次采样值仅起到略微修正作用。

　　通常，采样周期 T 足够小，故 $a \approx T/T_f$，滤波算法的截止频率为

$$f = \frac{1}{2\pi RC} = \frac{a}{2\pi T} \tag{5-8}$$

　　当采样周期 T 一定时，滤波系数 a 越小，数字滤波器的截止频率 f 就越低。例如当 $T = 0.5\text{s}$（即每秒采样 2 次），$a = 1/32$ 时，有

$$f = \frac{\dfrac{1}{32}}{2 \times 3.14 \times 0.5} \approx 0.01(\text{Hz})$$

　　这对于变化缓慢的采样信号（如大型贮水池的水位信号），其滤波效果是很好的。

　　式（5-7）即为模拟硬件 RC 滤波器的数字滤波器，可用程序来实现。

　　与模拟滤波器相同，可采用双级 RC 滤波的方法，即把采样值经过低通滤波后，再经过一次高通滤波，这样，结果更接近理想值，这实际上相当于多级 RC 滤波器。

　　第一级滤波为

$$Y(k) = A_1 Y(k-1) + B_1 X(k) \tag{5-9}$$

式中　A_1、B_1——与滤波环节的时间常数及采样时间有关的常数。

　　再进行一次滤波，则

$$Z(k) = A_2 Z(k-1) + B_2 Y(k) \tag{5-10}$$

式中　$Z(k)$——数字滤波器的输出值；

　　$Z(k-1)$——上次数字滤波器的输出值；

　　　$Y(k)$——前级滤波器的输出值。

　　将式（5-9）代入式（5-10）得

$$Z(k) = A_2 Z(k-1) + A_1 B_2 Y(k-1) + B_1 B_2 X(k) \tag{5-11}$$

　　将式（5-10）移项，并由 k 递推到 $k-1$，则

$$Z(k-1) - A_2 Z(K-2) = B_2 Y(k-1) \tag{5-12}$$

　　将 $B_2 Y(k-1)$ 代入（5-11），得：

$$Z(k) = (A_1 + A_2) Z(k-1) - A_1 A_2 Z(k-2) + B_1 B_2 X(k) \tag{5-13}$$

　　式（5-13）即为两级数字滤波公式。

第二节　标　度　变　换

　　以某水箱的液位信号采集为例，说明标度变换的必要性和定义。水箱的液位量程范围为

$0\sim400$mm，由液位变送器转换成 $4\sim20$mA 的电流信号，经 12 位 A/D 转换之后送入计算机中的数字量为 $0\sim0$FFFH。当液位信号为 200mm 时，A/D 转换器的输出为 7FFH，如果直接把 A/D 转换器输出的数字量显示或打印出来，显然不便于操作者理解。因此必须把 A/D 转换后的数字量变换为带有工程单位的数值，这种变换称为标度变换，或称工程变换。

现场的物理量转换成数字量经过了传感器、A/D 转换器两个主要环节，A/D 转换器理论上是线性关系，因此如何标度变换则完全取决于被测物理量所使用的传感器的类型。

一、线性参数的标度变换

当被测物理量与传感器的输出之间呈线性关系时，应选择线性参数的标度变换。其标度变换的公式为

$$Y = Y_0 + \frac{Y_m - Y_0}{N_m - N_0}(N - N_0) \tag{5-14}$$

式中　Y_0——被测参数量程下限；

Y_m——被测参数量程上限；

Y——标度变换后所得到的被测参数的实际值；

N_0——Y_0 对应的 A/D 转换后的数字量；

N_m——Y_m 对应的 A/D 转换后的数字量；

N——被测参数实际值 Y 所对应的 A/D 转换后的数字量。

式（5-14）为线性参数标度变换的通用公式，其中，Y_0、Y_m、N_0、N_m 对于某一固定的被测参数来说都是常数，不同的参数有着不同的数值。为了使程序设计简单，一般把被测参数量程下限 Y_0 所对应的 A/D 转换值置为 0，即 $N_0 = 0$。

【例 5-1】　某压力测量系统，测压范围是 $400\sim1200$Pa，采用 12 位 A/D 转换器，设某采样周期计算机中经采样及数字滤波后的数字量为 800H，求此时的压力值。

解：根据题意，已知 $Y_0 = 400$Pa，$Y_m = 1200$Pa，$N = 800$H = 2048D，$N_0 = 0$，$N_m = 0$FFFH = 4095D，采用式（5-14），则

$$Y = Y_0 + (Y_m - Y_0)\frac{N - N_0}{N_m - N_0} = (1200 - 400) \times \frac{(2048 - 0)}{(4095 - 0)} \approx 900(\text{Pa})$$

在计算机控制系统中，可将式（5-14）设计成专门的子程序，当某一个被测参数需要进行标度变换时，只要调用标度变换子程序即可。

二、非线性参数的标度变换

如果传感器的输出信号与被测参数之间的关系是非线性关系，则应根据具体问题具体分析，选用不同的标度变换方法。

1. 公式变换法

如果传感器的输出信号与被测信号之间的非线性关系可以用解析式表达，则可以通过解析式来推导所需要的参量，这类参量称为导出参量。例如在流量测量中，实际流量 Q 与差压变送器的输出信号呈线性开方关系。即

$$Q = K\sqrt{\Delta p} \tag{5-15}$$

式中　Q——流量；

K——刻度系数，与流体的性质及节流装置的尺寸有关；

Δp——节流装置前后的差压。

由于送入计算机的是节流装置前后的差压信号 Δp，经 A/D 转换后的数字量 N 与差压 Δp 对应，因此可推出流量与数字量 N 的平方根成正比，于是得到测量流量时的标度变换公式为

$$Q_x = \frac{\sqrt{N} - \sqrt{N_0}}{\sqrt{N_m} - \sqrt{N_0}}(Q_m - Q_0) + Q_0 \tag{5-16}$$

式中　Q_x——被测流体的流量值；

　　　Q_m——被测流体的流量上限值；

　　　Q_0——被测流体的流量下限值；

　　　N——差压变送器所测得的差压值（数字量）；

　　　N_m——差压变送器上限所对应的数字量；

　　　N_0——差压变送器下限所对应的数字量。

2. 多项式变换法

传感器的输出信号与被测参数之间的关系无法用解析式表达，但它们之间的关系是已知的，例如热电阻的阻值和温度之间的关系是非线性的，且无法用解析式表达。对于这种类型参数，标度变换的关键是找出一个能够较准确反映传感器输出信号与被测参数之间的多项式。

通常可以采用最小二乘法或代数插值法等寻找传感器输出信号与被测参数之间的多项式。下面简要介绍代数插值法。

已知被测量 $y = f(x)$ 与传感器的输出值 x 在 $n+1$ 个相异点：$a = x_0 < x_1 < x_2 < \cdots < x_n = b$ 处的函数值为 $f(x_0) = y_0$、$f(x_1) = y_1$、$f(x_2) = y_2$、$\cdots$、$f(x_n) = y_n$，用一个阶数不超过 n 的代数多项式 $P_n(x) = a_n x^n + a_{n-1} x^{n-1} + \cdots + a_1 x + a_0$ 去逼近函数 $y = f(x)$。该函数在点 x_i 处满足

$$P_n(x_i) = f(x_i) = y_i, \quad i = 0, 1, 2, \cdots, n$$

代数多项式的待定系数 a_0，a_1，$\cdots$，a_n 共有 $n+1$ 个，它所应满足的方程也有 $n+1$ 个，所以可以得到以下方程组

$$\begin{cases} a_n x_0^n + a_{n-1} x_0^{n-1} + \cdots + a_1 x_0 + a_0 = y_0 \\ a_n x_1^n + a_{n-1} x_1^{n-1} + \cdots + a_1 x_1 + a_0 = y_1 \\ \qquad\qquad\qquad \vdots \\ a_n x_n^n + a_{n-1} x_n^{n-1} + \cdots + a_1 x_n + a_0 = y_n \end{cases}$$

其行列式为

$$v(x_0, x_1, \cdots, x_n) = \begin{vmatrix} 1 & x_0 & x_0^2 & \cdots & x_0^n \\ 1 & x_1 & x_1^2 & \cdots & x_1^n \\ \vdots & \vdots & \vdots & \cdots & \vdots \\ 1 & x_n & x_n^2 & \cdots & x_n^n \end{vmatrix} \text{（范德蒙德行列式）} \tag{5-17}$$

当 x_0，x_1，x_2，$\cdots$，x_n 互异时，$v(x_0, x_1, \cdots, x_n)$ 不等于零，方程组有唯一解。

只要用已知的 x_i 和 y_i 去解方程组，就可以得到多项式 $P_n(x)$。在满足一定精度的前提下，被测量 $y = f(x)$ 就可以用 $y = P_n(x)$ 来计算。

插值点的选择对于逼近的精度有很大的影响。一般来说，在函数 $y = f(x)$ 曲线上曲率比较大的地方应适当加密插值点，这样可以得到比较高的精度，但是将增加多项式的阶次，

从而增加计算机计算多项式的时间，影响数据采集与处理系统的速度。为避免增加计算时间，经常采用表格法对非线性参数做标度变换。

3. 表格法

在已知的被测量与传感器输出的关系曲线上选取若干个采样点并以表格形式存储在计算机中，即把关系曲线分成若干段，对每一个需要做标度变换的数据 x 分别查表一次，找出数据 x 所在的区间，然后用该区间的线性插值公式（5-18）进行计算，即可完成对 A/D 转换数字量所做的标度变换。表格法的具体执行过程可参见对分查表和分段线性插值的相关内容。

$$y = y_i + k_i(x - x_i) = y_i + \frac{y_{i+1} - y_i}{x_{i+1} - x_i}(x - x_i) \tag{5-18}$$

如果是自行开发计算机控制系统，则需要编程实现标度变换；在构建 PLC、DCS 和 FCS 系统时，由于各厂家已经开发了相应的软件功能模块，标度变换或在模拟量输入模块算法中根据传感器类型进行选择，或者利用软件功能模块搭建实现。

第三节　测量数据的预处理技术

在许多计算机控制系统及智能化仪器仪表中，一些参量往往是非线性参量，不便于计算和处理，有时甚至很难找出明显的数学表达式，需要根据实际检测值或采用一些特殊的方法来确定其与自变量的函数关系；在某些时候，即使有较明显的解析表达式，但计算起来也相当麻烦。而在实际测量和控制系统中，都允许有一定范围的误差。因此，如何找出一种既方便又能满足实际功能要求的数据处理方法，就是本节所要解决的问题。

此外，本节还将介绍过程数据的有效性校验和系统误差的自动校正问题。

一、非线性补偿

在过程控制中，经过检测元件所检测到的电信号和被检测的物理参数之间往往存在非线性关系。例如在温度测量中，热电偶和热电阻的输出信号与温度之间的关系是非线性的；在流量测量中，从差压变送器输出的信号与实际流量之间成平方根关系。

在自动化仪表中，用硬件进行非线性补偿，将非线性关系转化成线性关系，以得到均匀的显示刻度，使读数看起来清楚、方便。

在计算机控制系统中，计算机从模拟量输入通道得到的数字量，与其反映的现场物理量之间也不一定呈线性关系。为了保证这些参数能有线性输出，同样需要引入非线性补偿，将非线性关系转化成线性关系，这种转化过程称为线性化处理。

在计算机控制系统中，这种补偿是通过软件实现的，不仅方法灵活、补偿精度高，而且可以"一机多用"，对多个参数进行补偿。用软件进行补偿的方法有很多。

当参数之间的非线性关系可以用数学方程式来表示时，计算机可直接按公式进行计算，完成对非线性的补偿。例如，在过程控制中，温度与热电动势、温度与热电阻、差压与流量，这些经常遇到的可以用数学方程式来描述的非线性关系，都可以用此方法来完成。

当参数之间的非线性关系难以用数学方程式来表示时，可以用查表法、分段线性化等方法来解决。查表法见本章第一节的介绍。由于受到存储容量的限制，有些表格只给出了函数在一些稀疏点上的数据，而对于相邻于两点之间的函数值，则没有给出。为了获得这些值，可以用插值法进行近似计算，其中，常用的有线性插值法、分段插值法。

1. 线性插值法

下面用 y 表示被测的物理参数，x 表示对该物理参数进行测量所得的信号（或数据），y 和 x 的关系 $y=g(x)$ 如图 5-4 所示的实线。

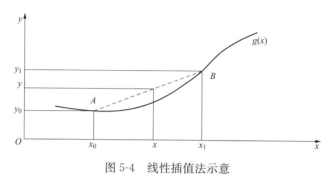

图 5-4　线性插值法示意

已知 x 在点 x_0 和 x_1 的对应值分别为 y_0 和 y_1，现在用直线 AB 代替弧线 AB，由此可得直线方程

$$y=f(x)=ax+b \tag{5-19}$$

根据插值条件，应满足

$$\begin{cases} y_0=f(x_0)=ax_0+b \\ y_1=f(x_1)=ax_1+b \end{cases} \tag{5-20}$$

根据式（5-20），可求出直线方程的参数 a 和 b。由此可求出该直线方程的表达式为

$$y(x)=\frac{y_1-y_0}{x_1-x_0}(x-x_0)+y_0=k(x-x_0)+y_0 \tag{5-21}$$

$$k=\frac{y_1-y_0}{x_1-x_0}$$

式中　k——直线方程的斜率。

由图 5-4 可以看出，插值点 x_0 和 x_1 之间的间距越小，那么在这一区间 $g(x)$ 和 $f(x)$ 之间的误差越小。因此，在实际应用中，为了提高精度，经常采用几条直线来代替曲线，此方法称为分段插值法。

2. 分段插值算法

分段插值法的基本思想是将被逼近的函数（或测量结果）根据其变化情况分成几段，为了提高精度及缩短运算时间，各段可根据精度要求采用不同的逼近公式。最常用的是线性插值和抛物线插值。在这种情况下，分段插值的分段点的选取可按实际曲线的情况灵活决定。

分段插值法程序设计步骤如下：

（1）用实验法测量出传感器的输出变化曲线 $y=f(x)$，或各插值节点的值（x_i，y_i）（$i=0$，1，2，…，n）。为使测量结果更接近实际值，要反复进行测量，以便求出一个比较精确的输入输出曲线。

（2）将上述曲线进行分段，选取各插值基点。为了使基点的选取更合理，可根据不同的方法分段。主要有两种方法：

1）等距分段法。沿着关系曲线的 x 轴对曲线等距离选取插值样点。这种分段方法的优

点是公式中的 $x_{i+1}-x_i=$ 常数，简化了计算，节省内存。缺点是当关系曲线的曲率和斜率变化较大时，将会产生较大的误差。要减少这种误差就必须选取更多的样点，这样势必占用更多的内存，使计算时间加长。

2）非等距分段法。插值样点的选取不是等距离的，而是根据关系曲线的形状及其曲率变化的大小随时修正样点的选取距离。曲率变化大时，样点距离取小一点；反之，可将样点距离增大。这种方法可提高精度和速度，但非等距选取样点比较复杂。

（3）确定并计算相邻样点之间拟合直线的斜率 k_i。

（4）每当接收到一个数据 x 时，首先找出 x 所在区间（x_i、x_{i+1}），并取出该区间的斜率 k_i。利用该区间的逼近公式（5-22）计算，即得 y 值。

$$y=y_i+k_i(x-x_i)=y_i+\frac{y_{i+1}-y_i}{x_{i+1}-x_i}(x-x_i) \tag{5-22}$$

值得说明的是，分段插值法总的来讲光滑度都不太高，这对于某些应用是有缺陷的。但就大多数工程要求而言，也能基本满足需要。

二、系统误差及自动校正

在计算机控制系统中，测量过程中总是会产生一定的误差，不存在绝对没有误差的系统，如测量环境的改变，压力、温度的变化，零点漂移，机械系统滞后等，都会引起测量环节中参数的变化，从而造成误差。

根据误差的性质，测量误差可分为系统误差、随机误差和疏忽误差三类。对于疏忽误差和随机误差，可采用数据的有效性校验、数字滤波等方法去除。

系统误差是指在相同条件下，经过多次测量，误差的数值（包括大小符号）保持恒定，或按某种已知规律变化的误差。这种误差的特点是，在一定条件下，其变化规律是可以掌握的，产生误差的原因一般也是知道的。因此，原则上讲，系统误差是可以通过适当的技术途径来确定并加以修正。下面介绍几种消除系统误差的方法。

1. 环境温度引起的误差的修正

环境温度变化幅度或变化速度过大时，将给测量结果带来明显的误差。模拟系统处理这类问题，通常采用温度补偿电路或者装置进行补偿。但是大多数情况下，难以达到满意的结果。在计算机控制系统中，可以通过采用精确建立温度误差的数学模型来解决这个问题。比如模拟系统中的热电偶温度补偿法在计算机控制系统中，在采集热电偶输出信号的同时，额外增加一路模拟量输入通道采集辅助测量元件——热电阻（测量环境温度）信号以进行温度修正。

2. 零点漂移的自动校正

在计算机控制系统中，由于温度及放大器参数等的变化，往往会产生零点偏移和漂移、产生放大电路的增益误差及器件参数的不稳定等现象，它们会影响测量数据的准确性，造成系统误差。为了消除系统误差，可采用自动校正，全自动校正电路如图5-5所示。

图 5-5 全自动校正电路

图 5-5 中，为了实现自动校正功能，在输入通道中额外增设两路参考量输入，一路接标准电压 U_R，一路接地。计算机在进行数据测量时，每隔一定的时间，进行一次自动校正。这时，先把多路开关接地，测出这时的输出值 x_0，然后把开关接标准电压 U_R，测出输出值 x_1。设测量信号 x_1 与校正信号 y 的关系是线性关系，即 $y = a_1 x + a_0$，以此得到两个方程

$$\begin{cases} U_R = a_1 x_1 + a_0 \\ 0 = a_1 x_0 + a_0 \end{cases} \tag{5-23}$$

求解上述方程组可得到 a_0 和 a_1 的取值。在正式测量时，如测得输出值为 x，则可得校正公式

$$y = \frac{U_R(x - x_0)}{(x_1 - x_0)} \tag{5-24}$$

采用这种方法测得的 y 与放大器的零点漂移及增益变化无关，与 U_R 的精度也无关，从而大大提高测量精度。

三、有效性校验

数据的有效性校验是去除数据中的奇异项，其目的是判断采样进来的数据是否有效，主要有以下几种方法：

（1）有的参数变化缓慢，可用本次的采样值与上次的采样值比较，计算二者之差。若差值大于某一数值，则该数值不可信。

（2）当变送器采用Ⅲ型变送器，电流有效输出范围为 4～20mA。当 CPU 接收到数字量对应的电压值小于 1V 时（例如 0V），则为无效数据，很可能为变送器失电。

（3）利用相关参数的变化率互相检验。例如排汽温度与真空度之间有较强的相关性，当排汽温度上升时，真空度必然按一定关系下降，若不符合这种规律则数据不可信。

（4）对于一些重要参数，可在同一处安装两台同样的变送器，将数据送入计算机，计算二者之间的差值。当差值超过一定数值时，数据不可信。

（5）限值判断。各种采样数据，当超出最大可能的范围时，数据不可信。

根据参数类型和具体情况的不同，可分别采用不同的方法进行有效性校验，舍弃不可信数据，或报告测点失败。

思考题

1. 在计算机控制系统中，为什么要对数据进行处理？数据处理的方法有哪几类？

2. 查表技术的主要特点及任务是什么？表格排列的顺序有哪些？查表的方法有哪几种，各有何特点？

3. 何为数字滤波？它有何特点？试叙述常用的数字滤波的基本思路及其适用场合。

4. 算术平均滤波、加权平均滤波及滑动平均滤波三者的区别是什么？

5. 标度变换在工程上有什么意义？在什么情况下使用标度变换？

6. 什么是标度变换？常用的标度变换有哪些方法？

7. 为什么要对采样数据进行非线性补偿？常用的非线性补偿方法有哪些？

8*. 党的二十大报告中对加快建设体育强国作出了要求。随着运动科学的进步，体育运

动正逐渐从传统训练方式向科学化、系统化方式转变。在很多体育运动项目中，通过分析运动员的运动技术动作和足底对接触面的作用力之间的关系可为预防足部运动损伤等提供科学依据。已知足底压力分布测量系统的测量范围为 $0 \sim 1000\text{mm}$ H_2O，经 A/D 转换后对应的数字量为 $00 \sim FFH$，试编写一个标度变换子程序，使其能对该测量值进行标度变换。

第六章　数字 PID 技术

　　自动化控制系统的核心是控制器。控制器的任务是按照一定的控制规律，产生满足工艺要求的控制信号，以输出驱动执行器，达到自动控制的目的。在传统的模拟控制系统中，控制器的控制规律或控制作用是由仪表或电子装置的硬件电路完成的，而在计算机控制系统中，除了计算机装置以外，更主要体现在软件算法上，即数字控制器的设计上。

　　数字控制器的设计方法有两种，即模拟化设计方法和离散化设计方法。模拟化设计方法是采用连续系统设计方法设计模拟控制器，求出其 S 域的传递函数或微分方程，然后将此传递函数或微分方程通过离散近似法，化为脉冲传递函数或差分方程，从而得到数字控制器算法。离散化设计方法是将连续的被控对象离散化从而得到等效的离散系统数学模型，然后在离散域内分析整个闭环系统。数字 PID 技术和直接数字控制及其算法分别属于模拟化设计方法和离散化设计方法。

　　本章仅介绍在控制领域广泛使用的数字 PID 技术。

第一节　PID 算法的数字化实现

　　按偏差信号的比例、积分、微分进行控制的调节器，简称 PID 调节器。PID 调节器具有原理简单、易于实现、鲁棒性强和适用面广等优点，是一种技术成熟、应用广泛的模拟调节器。

一、PID 算法的数字化

　　在模拟调节系统中，PID 控制算法的模拟表达式为

$$u(t) = K_p \left[e(t) + \frac{1}{T_i} \int_0^t e(t) \mathrm{d}t + T_d \frac{\mathrm{d}e(t)}{\mathrm{d}t} \right] \tag{6-1}$$

式中　　$u(t)$——调节器的输出信号；

　　　　$e(t)$——调节器的偏差信号，等于给定值与测量值之差；

　　　　K_p——调节器的比例系数；

　　　　T_i——调节器的积分时间；

　　　　T_d——调节器的微分时间。

　　为了实现计算机控制，必须将模拟 PID 算式离散化，变为数字 PID 算式。为此，做如下近似：T 足够小时，用求和替代积分，一阶后向差分替代微分，得到相应的近似差分方程如下：

$$\left. \begin{aligned} & u(t) = u(k) \\ & e(t) = e(k) \\ & \int_0^t e(t) \mathrm{d}t \approx T \sum_{j=0}^{k} e(j) \\ & \frac{\mathrm{d}e(t)}{\mathrm{d}t} \approx \frac{e(k) - e(k-1)}{T} \end{aligned} \right\} \tag{6-2}$$

1. 位置式 PID 算法

将式（6-2）代入式（6-1），可得第 k 次采样时控制器的输出值 $u(k)$：

$$u(k) = K_p \left\{ e(k) + \frac{T}{T_i} \sum_{j=0}^{k} e(j) + T_d \frac{e(k) - e(k-1)}{T} \right\} \tag{6-3}$$

式（6-3）中，$u(k)$ 为全量值输出，每次的输出值都与执行机构的位置（如控制阀的开度）一一对应，所以称之为位置型 PID 算法。

将式（6-3）的括号去掉，得到式（6-4），即

$$u(k) = K_p e(k) + K_i \sum_{j=0}^{k} e(j) + K_d [e(k) - e(k-1)] \tag{6-4}$$

$$K_i = K_p \frac{T}{T_i}$$

$$K_d = K_p \frac{T_d}{T}$$

式中　K_p——比例系数；

　　　K_i——积分系数；

　　　K_d——微分系数。

2. 增量式 PID 算式

由式（6-3）可推得第（$k-1$）次采样时的控制算式为

$$u(k-1) = K_p \left[e(k-1) + \frac{T}{T_i} \sum_{j=0}^{k-1} e(j) + T_d \frac{e(k-1) - e(k-2)}{T} \right] \tag{6-5}$$

两次采样计算机输出的增量为

$$\Delta u(k) = u(k) - u(k-1) = K_p \left\{ \Delta e(k) + \frac{T}{T_i} e(k) + \frac{T_d}{T} \Delta^2 e(k) \right\} \tag{6-6}$$

$$\Delta e(k) = e(k) - e(k-1)$$

$$\Delta^2 e(k) = e(k) - 2e(k-1) + e(k-2)$$

去掉式（6-6）的括号，可得式（6-7），即

$$\Delta u(k) = u(k) - u(k-1) = K_p \Delta e(k) + K_i e(k) + K_d \Delta^2 e(k) \tag{6-7}$$

$$K_i = K_p \frac{T}{T_i}$$

$$K_d = K_p \frac{T_d}{T}$$

整理式（6-6），可得

$$\Delta u(k) = q_0 e(k) + q_1 e(k-1) + q_2 e(k-2) \tag{6-8}$$

$$q_0 = K_p \left(1 + \frac{T}{T_i} + \frac{T_d}{T} \right)$$

$$q_1 = -K_p \left(1 + \frac{2T_d}{T} \right)$$

$$q_2 = K_p \frac{T_d}{T}$$

从式（6-8）中已看不出比例、积分和微分作用，它只反映了 k、$k-1$、$k-2$ 时刻偏差对控制作用的影响。

根据增量式 PID 算法也可推得第 k 步执行机构的位置信号。由式（6-6）推出的位置信号为

$$u(k) = \Delta u(k) + u(k-1)$$

$$\Delta u(k) = u(k) - u(k-1) = K_p \left\{ \Delta e(k) + \frac{T}{T_i} e(k) + \frac{T_d}{T} \Delta^2 e(k) \right\} \tag{6-9}$$

由式（6-8）推出的位置信号为

$$u(k) = u(k-1) + \Delta u(k)$$

$$\Delta u(k) = q_0 e(k) + q_1 e(k) + q_2 e(k-2)$$

3. 两种 PID 形式的比较

在自动控制系统中，如果执行机构采用伺服电动机，则控制量对应阀门的开度表征了执行机构的位置，此时控制器应采用数字 PID 位置式控制算法，如图 6-1（a）所示。如果执行机构采用步进电动机，则在每个采样周期，控制器输出的控制量，是相对于上次控制量的增加，此时控制器应采用数字 PID 增量式控制算法，如图 6-1（b）所示。

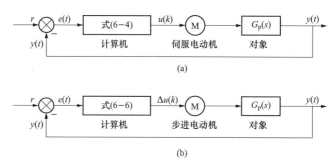

图 6-1   位置式和增量式 PID 控制算法原理
(a) 位置式；(b) 增量式

位置式 PID 控制算法要累计过去各时刻的偏差值，需要占用大量的内存空间，而增量式 PID 算法只需保持 k（当前时刻）、$k-1$、$k-2$ 三个时刻的误差即可。它与位置式 PID 相比，有下列优点：

（1）位置式 PID 算法每次输出与整个过去状态有关，计算式中要用到过去误差的累加值，因此，容易产生较大的累积计算误差。而增量式 PID 只需计算增量，计算误差或精度不足时对控制量的计算影响较小。

（2）控制从手动切换到自动时，位置式 PID 算法必须先将计算机的输出值置为原始阀门开度，才能保证无冲击切换。若采用增量算法，与原始值无关，易于实现手动到自动的无冲击切换。

（3）采用增量式算法时所用的执行器本身都具有保持作用，所以即使计算机发生故障，执行器仍能保持在原位，不会对生产造成恶劣影响。

增量式算法因其特有的优点已得到了广泛的应用。但是，这种控制方法也有不足之处：①积分截断效应大，有静态误差；②溢出的影响大。

因此，应该根据被控对象的实际情况加以选择。当控制系统中的执行机构为步进电动机、多圈电位器等具有保持历史位置功能的这类装置时，一般均采用增量式 PID 控制算法。当控制系统中的执行机构为伺服电动机等装置时，或对控制精度要求较高的系统中，应当采

用位置式 PID 控制算法。

二、PID 算法程序设计

1. PID 程序设计流程

图 6-2 和图 6-3 分别给出了位置式 PID 和增量式 PID 的运算程序流程。

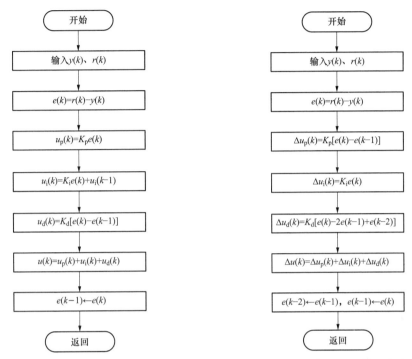

图 6-2 位置式 PID 运算程序流程图   图 6-3 增量式 PID 运算程序流程图

在许多控制系统中，执行机构需要的是控制变量的绝对值而不是其增量，这时仍可采用增量式计算，在图 6-3 中计算出 $\Delta u(k)$，然后通过算式 $u(k) = u(k-1) + \Delta u(k)$ 得到 $u(k)$。

2. PID 程序设计示例

数字 PID 控制在计算机控制系统中，实质上对应于一个 PID 控制模块程序。在应用中，基本上有三种实现方式来获得 PID 程序。

早期的 PID 程序采用汇编语言编写。用汇编语言开发麻烦，程序调试困难，开发时间较长，开发出来的程序通用性差。随着 C 语言在单片机上的广泛应用，智能仪表与微型计算机控制系统的 PID 也使用了 C 语言编写。

下面为某计算机控制系统的位置式 PID 的 C 语言程序，其中，NextPoint 为被控量的本次采样值。

```
//---------------------------------------------------------------------
//PID 子程序
//---------------------------------------------------------------------
//PID 结构体变量
typedef struct PID {                    //  位置 PID
        float   SetPoint;               //  设定目标
        float   Proportion;             //  比例系数
```

```
    float   Integral;                      //  积分时间常数
    float   Derivative;                    //  微分时间常数
    float   LastError;                     //  前一个采样周期偏差 e(k-1)
    float   PrevError;                     //  前两个采样周期偏差 e(k-2)
    float   SumError;                      //  偏差累积值
} PID;
//PID 的初始化函数
void Pid_Init()
{
    Temp_p = 10;Temp_I = 0.033;Temp_D = 0;
    Temp_PID. Proportion = Temp_p;         //  比例系数
    Temp_PID. Integral = Temp_I;           //  积分时间常数
    Temp_PID. Derivative = Temp__D;        //  微分时间常数
    Temp_PID. LastError = 0;               //  e(k-1)
    Temp_PID. PrevError = 0;               //  e(k-2)
    Temp_PID. SumError = 0;                //  偏差累计值
}
//位置式 PID 计算函数
float Pid_Calc(PID * pp,float NextPoint,float SetValue)
{
    float   dError,Error,Return_Pid;
    Error = SetValue - NextPoint;          // 偏差
    pp->SumError + = Error;                // 积分
    dError = pp->LastError - pp->PrevError; // 当前微分
    pp->PrevErro = pp->LastError;
    pp->LastError = Error;
    Return_Pid = (pp->Proportion * Error   // 比例项
        + pp->Integral * pp->SumError      // 积分项
        + pp->Derivative * dError          // 微分项
        );                                 // 控制输出值
        return Return_Pid;
}
```

在中型和大型的计算机控制系统中，可利用高级语言和工控组态软件实现 PID 算法。常用的高级语言有 C、C++、VC、Delphi 等。市面上的工控组态软件则非常多，工控组态软件都包含 PID 模块，用户只需要直接调用，然后再定义相应的参数即可实现该算法。

第二节 PID 算 法 的 改 进

一、考虑约束条件的 PID 算法

实际生产过程控制中，控制量总是受到执行元件机械和物理性能的约束而限制在一定范围内，其变化率通常也限制在一定范围内，即

$$u_{min} \leqslant u \leqslant u_{max}$$

$$|\dot{u}| \leqslant \dot{u}_{\max}$$

CPU 根据控制算法计算的结果给出相应的控制量。当控制量满足上述约束条件时，那么控制将按预期的结果进行。当控制量超出上述约束范围时，如超出最大阀门开度，或进入执行元件的饱和区，那么实际执行的控制量就是约束极限值而不是计算值，这就使系统的动态特性偏离期望的状态，造成不良后果。这种情况在给定值发生突变时特别容易发生，因为这时候控制量通常有最大值。

控制量受约束的效应在 PID 位置算法中通常反映在积分饱和上，而在 PID 增量算法中则反映在比例和微分的饱和上。

（一）积分饱和作用下算法的改进

当给定值从 0 突变到 r，而且按位置式算法算出的控制量 $u(k)$ 超出限制范围时，控制量将取极限值 $u_{\max}$ 或 $u_{\min}$［图 6-4（a）所示曲线 b］，而不是计算值 $u(k)$［图 6-4（a）中曲线 a］。这时系统输出由于控制量受到限制，其增长速度将变慢，因而偏差将比正常情况下持续更长的时间保持在正值，从而使位置算式中的积分项有较大的累积值。

当超出给定值后，开始出现负偏差，由于位置算法中的积分累积值很大，还要经过相当一段时间后，控制量才有可能脱离饱和区，这样就使系统输出产生较大超调量，见图 6-4（b）中曲线 b。很明显，在位置型 PID 算式中，饱和现象主要是由积分项引起的，所以称之为积分饱和。这种现象引起大幅度的超调，使系统不稳定。

为了消除积分饱和现象，人们研究了很多方法，如积分分离法、变速积分算法、遇限削弱积分算法等。

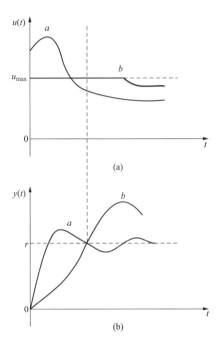

图 6-4　PID 算法的积分饱和现象
（a）控制量曲线；（b）系统响应曲线
（曲线 a 为理想情况的控制，
曲线 b 为有限制时的控制）

1. 积分分离的 PID 控制

采用 PID 控制，其中的积分作用可以消除系统的稳态误差，提高控制的稳态精度，但是积分作用因为产生负相移，会使控制系统的稳定裕度下降，系统动态性能变差。当有较大的扰动或大幅度改变给定值时，存在较大的偏差，以致系统有惯性和滞后，在积分项的作用下，系统输出往往产生较大的超调和长时间的波动。对于变化较慢的系统，比如温度和成分等控制系统，这一现象尤为严重。

积分分离 PID 控制，就是在偏差较大时，不投入积分控制，以比例控制为主（可以根据实际情况决定是否采用微分控制），利用比例控制产生比较大的控制作用，迅速地将误差减小。当误差减少到一定程度后，再将积分控制投入，从而消除静差。

设给定值为 $r(k)$，经数字滤波后的测量值为 $y(k)$，积分分离限为 α，则积分分离 PID 算法如下：

当 $e(k) = |r(k) - y(k)| > \alpha$，则采用 PD 算法，即

$$u(k) = u(k-1) + K_{\mathrm{p}}\left[\Delta e(k) + \frac{T_{\mathrm{d}}}{T}\Delta^2 e(k)\right] \qquad (6\text{-}10)$$

当 $e(k) = |r(k) - y(k)| \leqslant \alpha$，则采用 PID 算法，即

$$u(k) = u(k-1) + K_{\mathrm{p}}\left[\Delta e(k) + \frac{T}{T_{\mathrm{i}}}e(k) + \frac{T_{\mathrm{d}}}{T}\Delta^2 e(k)\right] \qquad (6\text{-}11)$$

如图 6-5 所示的曲线 1 为采用一般 PID 的控制曲线，曲线 2 为采用积分分离手段后的控制曲线。比较曲线 1 和 2 可知，使用积分分离方法后，显著降低了被调量的超调量和过渡过程时间，使调节性能得到改善。

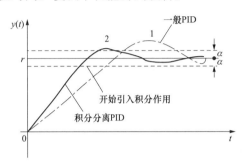

图 6-5　具有积分分离作用的控制过程曲线

积分分离限 α 不能取得太大，也不能取得太小。当 α 过大时，仍存在较大的积分饱和现象。当 α 过小时，偏差始终不能进入分离区域，积分作用投不上。

2. 变速积分的 PID 控制

在普通的 PID 调节算法中，由于积分系数 K_{i} 是常数，因此，在整个调节过程中，积分增益不变。但系统对积分项的要求是系统偏差大时积分作用减弱以至全无，而在小偏差时则应加强。否则，积分系数取大了会产生超调，甚至出现积分饱和，取小了又迟迟不能消除静差。采用变速积分 PID 可以很好地解决这一问题。

变速积分 PID 的基本思想是设法改变积分项的累加速度，使其与偏差的大小相对应：偏差越大，积分累加速度慢，积分作用弱；反之，偏差小时，使积分累加速度加快，积分作用增强。

为此，设置一系数 $f[e(k)]$，它是偏差 $e(k)$ 的函数，当 $|e(k)|$ 增大时，$f[e(k)]$ 减小，反之则增大。每次采样后，用 $f[e(k)]$ 乘以 $e(k)$，再进行累加，控制量中积分作用分量为

$$u_{\mathrm{i}}'(k) = K_{\mathrm{i}}\left\{\sum_{j=0}^{k-1} e'(j) + f[e(k)]e(k)\right\} \qquad (6\text{-}12)$$

$$e'(j) = f[e(j)]e(j)$$

式中　u_{i}'——变速积分项的输出值。

$f[e(k)]$ 与 $|e(k)|$ 的关系可以是线性的或高阶的，只要保证 $f[e(k)]$ 随 $|e(k)|$ 的减小而增加即可。如设为

$$f[e(k)] = \begin{cases} 1 & |e(k)| \leqslant B \\ \dfrac{A - |e(k)| + B}{B} & B < |e(k)| \leqslant A + B \\ 0 & |e(k)| > A + B \end{cases} \qquad (6\text{-}13)$$

$f[e(k)]$ 在 0～1 区间内变化，当偏差大于所给分离区间 $A + B$ 后，$f[e(k)] = 0$，不再进行累加；当 $|e(k)| \leqslant A + B$ 后，$f[e(k)]$ 随偏差的减小而增大，累加速度加快，直至偏差小于 B 后，累加速度达到最大值 1。

将 PID 算式中的积分作用分量 $u_{\mathrm{i}}(k)$ 用 $u_{\mathrm{i}}'(k)$ 代替，则得到变速积分 PID 算式

$$u(k) = K_p e(k) + K_i \left\{ \sum_{j=0}^{k-1} e'(j) + f[e(k)]e(k) \right\} + K_d[e(k) - e(k-1)] \quad (6\text{-}14)$$

变速积分 PID 与普通 PID 相比，具有如下一些优点：

（1）实现了用比例作用消除大偏差、用积分作用消除小偏差的理想调节特性，从而完全消除了积分饱和现象。

（2）大大减小了超调量，可以很容易地使系统稳定，改善调节品质。

（3）适应能力强，一些用常规 PID 控制不理想的过程可以采用此种算法。

（4）参数整定容易，各参数间的相互影响小，而且对 A、B 两参数的要求不精确，可做一次性确定。

变速积分与积分分离 PID 控制方法很类似，但调节方式不同。积分分离对积分项采用"开关"控制，而变速积分则根据偏差的大小改变积分项速度，属线性控制。因而，变速积分 PID 调节品质大为提高，是一种新型的 PID 控制。

3. 遇限削弱积分法

在实际控制中，控制量的大小总是受到执行机构的限制，而被限定在一定的范围内。因此遇限削弱积分法以此来决定是否引入积分控制和控制的方向。具体思路是，一旦控制量进入饱和区，则停止进行增大积分的运算。在计算 $u(k)$ 时，首先判断上一个采样时刻控制量 $u(k-1)$ 是否已超过限制范围，如果已超过，将根据偏差的符号，判断系统的输出是否进入超调区域，由此决定是否将相应偏差计入积分项，如图 6-6 所示。该程序流程如图 6-7 所示。

（二）比例微分饱和作用下算法的改进

增量式算法中不出现积分累积项，所以不会产生在位置算法中存在的积分饱和效应，但它却可能出现比例及微分饱和现象。这是因为当给定

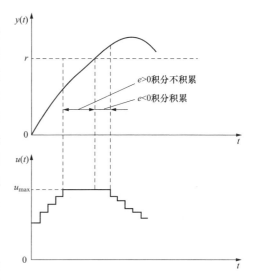

图 6-6 遇限削弱积分法克服积分饱和示意

值发生跃变时，由算法的比例部分和微分部分计算出的控制量可能比较大，如果该值超过了执行元件所允许的最大限值，那么实际上执行的控制增量将是受到限制的值。而计算值的多余信息并没有得到执行而消失了，这部分遗失的信息只能通过积分部分来补偿。同没有限制时相比较，系统的动态特性将变坏。

显然，比例和微分饱和对系统的影响不是超调，而是减慢动态过程。

对于比例微分饱和的抑制可采用积累补偿法实现。其基本思想是将那些因饱和而未能执行的增量信息积累起来，一旦有可能时再补充执行。这样，信息就不会丢失，动态过程也得到加速。

具体的实施方案是，当计算出来的控制量超出范围，则把多余的未执行的控制增量存储起来，一旦控制量脱离饱和区，存储起来的量将全部或部分地加到计算出来的控制量上，以补偿由于限制而未执行的控制。

但值得注意的是，该方式虽可以抑制比例和微分饱和，但由于引入的存储量具有积分作

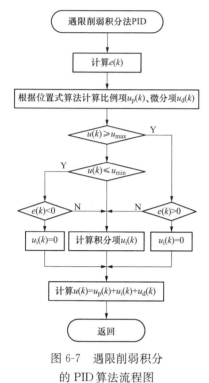

图 6-7　遇限削弱积分
的 PID 算法流程图

用，使得增量算法中也可能出现积分饱和现象。为了抑制这种现象，在每次计算积分项时，应判断其符号是否将继续增大存储量的积累。如果增大，则将积分项略去，这样可以使存储起来的数值积累不致过大，从而避免了积分饱和现象。

与位置式 PID 算法相比，由于比例微分饱和造成的现象并不严重，因此在增量式 PID 应用时，一般不采取措施。

二、考虑干扰和动态特性改善的 PID 算法

数字 PID（位置和增量）算法实质上是把连续 PID 算法用和式代替积分项，而用差分代替微分项。其中差分，特别是二阶差分对数据误差和噪声干扰特别敏感，一旦出现干扰，差分项的计算结果可能使控制量产生很大变化，而控制量的这种大幅度变化很可能引起系统振荡，从而使系统动态特性变坏。

1. 实际微分算法

由于实际的控制回路都存在高频干扰，因此几乎所有的数字控制回路都设有一级低通滤波器来限制高频干扰的影响。低通滤波器的传递函数为

$$G_f(s) = \frac{1}{T_f s + 1} \tag{6-15}$$

低通滤波器和理想微分 PID 算法相结合即形成实际微分算法。在计算机控制系统中，通常有两种实际微分 PID 控制算法，其结构框图如图 6-8 和图 6-9 所示。下面以图 6-9 所示的实际微分 PID 算法为例说明其工作原理。

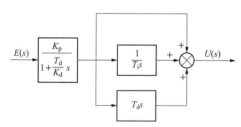

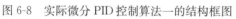

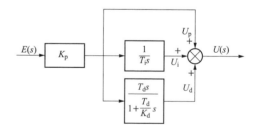

图 6-8　实际微分 PID 控制算法一的结构框图　　图 6-9　实际微分 PID 控制算法二的结构框图

该算法是微分环节上加一个惯性环节，也称为不完全微分 PID，其算法的传递函数为

$$G(s) = \frac{U(s)}{E(s)} = K_p \left(1 + \frac{1}{T_i s} + \frac{T_d s}{1 + \frac{T_d}{K_d} s} \right) \tag{6-16}$$

式中　K_p——比例系数；

　　　　T_i——积分时间常数；

　　　　T_d——微分时间常数；

　　　　K_d——微分增益。

将式（6-16）拆解为比例积分和微分两部分，则

$$U(s) = U_{pi}(s) + U_d(s)$$

$$U_{pi}(s) = K_p\left(1 + \frac{1}{T_i s}\right)E(s)$$

$$U_d(s) = \frac{K_p T_d s}{1 + \frac{T_d}{K_d}s}E(s)$$

$U_{pi}(s)$ 的差分算式为

$$U_{pi}(k) = K_p\left[e(k) + \frac{T}{T_i}\sum_{j=0}^{k}e(j)\right] \tag{6-17}$$

$U_d(s)$ 的差分算式较复杂，首先将其变化成微分算式，则

$$\left(1 + \frac{T_d}{K_d}s\right)U_d(s) = K_p T_d s E(s)$$

用微分代替算子可得

$$\frac{T_d}{K_d}\frac{du_d(t)}{dt} + u_d(t) = K_p T_d \frac{de(t)}{dt}$$

用增量代替微分项，设采样周期 $\Delta t = T$ 足够小，则在第 k 次采样时，有

$$\frac{T_d}{K_d}\frac{u_d(k) - u_d(k-1)}{T} + u_d(k) = K_p T_d \frac{e(k) - e(k-1)}{T}$$

化简上式可得

$$u_d(k) = \frac{K_p T_d}{\frac{T_d}{K_d} + T}[e(k) - e(k-1)] + \frac{\frac{T_d}{K_d}}{\frac{T_d}{K_d} + T}u_d(k-1) \tag{6-18}$$

令 $T_s = \frac{T_d}{K_d} + T$，$\beta = \frac{\frac{T_d}{K_d}}{T_s}$，并将式（6-17）和式（6-18）合并，则可得到不完全微分的 PID 算式，即

$$u(k) = K_p\left\{e(k) + \frac{T}{T_i}\sum_{j=0}^{k}e(j) + \frac{T_d}{T_s}[e(k) - e(k-1)]\right\} + \beta u_d(k-1) \tag{6-19}$$

它与理想的 PID 算式（6-3）相比，多一项第 $(k-1)$ 次采样的微分输出量 $\beta u_d(k-1)$。

在单位阶跃信号作用下，完全微分与不完全微分输出特性的差异如图 6-10 所示。由图 6-10 可见，完全微分项对于阶跃信号只是在采样的第一个周期产生很大的微分输出信号，不能按照偏差的变化趋势在整个调节过程中起作用，而是急剧下降为 0，因而很容易引起系统振荡。另外，完全微分在第一个采样周期里作用很强，容易产生溢出。而在不完全微分 PID 中，其微分作用是按指数规律衰减为零的，可以延续多个周期，因而使得系统变化比较缓慢，故不易引起振荡，可获得较好的控制效果。微分作用延续时间的长短与 K_p 的选取有关，K_p 越大延续的时间越短，K_p 越小延续的时间越长，一般取为 $10\sim30$。从改善系统动态特性的角度看，不完全微分的 PID 算式控制效果更好。

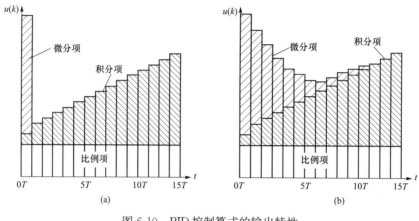

图 6-10　PID 控制算式的输出特性

（a）完全微分 PID；（b）不完全微分 PID

2. 四点中心差分算法

四点中心差分算法也称内插法，其主要思路是在计算微分之前先进行平滑处理，即在组成差分时，不直接利用实时偏差，而是利用过去和现在 4 个采样时刻的偏差平均值作为中心偏差。

$$\bar{e}(k) = \frac{e(k) + e(k-1) + e(k-2) + e(k-3)}{4} \tag{6-20}$$

由图 6-11 可得，将各次偏差对于中心偏差的差分取平均值，用来构成所需要的差分项。其算式为

$$\overline{\Delta e}(k) = \frac{\dfrac{e(k) - \bar{e}(k)}{1.5} + \dfrac{e(k-1) - \bar{e}(k)}{0.5} + \dfrac{\bar{e}(k) - e(k-2)}{0.5} + \dfrac{\bar{e}(k) - e(k-3)}{1.5}}{4}$$

$$\tag{6-21}$$

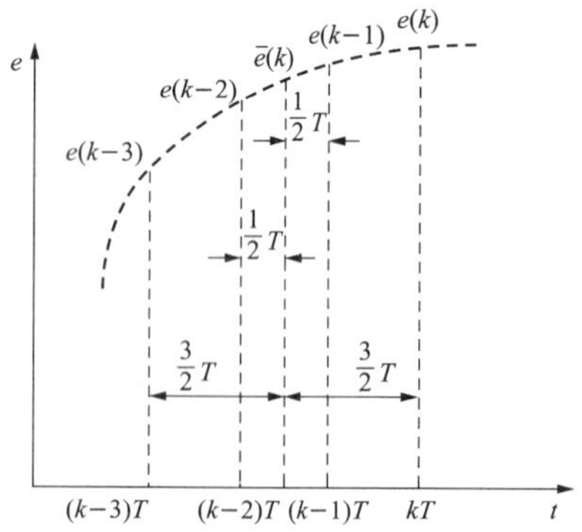

将式（6-21）整理后 $\bar{e}(k)$ 被消去，得到四点中心差分算法的差分项：

$$\overline{\Delta e}(k) = \frac{1}{6}\big[e(k) + 3e(k-1) - 3e(k-2) - e(k-3) \big]$$

$$\tag{6-22}$$

此外，比例项采用 $\bar{e}(k)$ 代替 $e(k)$ 以提高数据平滑度，积分项以梯形面积代替矩形面积，即 $T \sum\limits_{j=0}^{k} \dfrac{e(j) + e(j-1)}{2}$ 替代 $T \sum\limits_{j=0}^{k} e(j)$ 以提高计算精度，以 $\overline{\Delta e}(k)$ 替代 $\Delta e(k)$，可得到新的 PID 算式。

图 6-11　四点中心差分算法

这种改进算法虽然增加了计算机的内存和运算量，但在计算精度、平滑性及对干扰的抑制能力方面都得到改善。

3. 微分先行 PID 控制算法

当系统输入给定值作阶跃升降时，会引起偏差突变。由于微分控制对偏差的反应会使控制量大幅度变化，给控制系统带来冲击，如超调量大、调节阀动作剧烈，严重影响系统运行的平稳性。解决这个问题可采用如图 6-12 所示的微分先行 PID 控制方案。

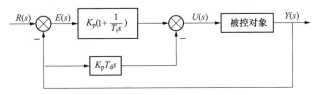

图 6-12　微分先行 PID 结构框图

微分先行 PID 控制和标准 PID 控制的不同之处在于：它只对被控量 $y(t)$ 微分，不对偏差 $e(t)$ 微分，对偏差 $e(t)$ 的处理只是比例和积分，这样 $r(t)$ 的改变不会出现因微分作用引起 $u(t)$ 的变化。

$$u(k) = K_p \left\{ e(k) + \frac{T}{T_i} \sum_{j=0}^{k} e(j) - \frac{T_d}{T} [y(k) - y(k-1)] \right\} \qquad (6\text{-}23)$$

从式（6-23）可以看出，微分项中不考虑给定值的变化，在 PID 增量算法中将二阶差分项 $e(k) - 2e(k-1) + e(k-2)$ 用 $-y(k) + 2y(k-1) - y(k-2)$ 代替，即

$$\Delta u(k) = K_p \{ \Delta e(k) + \frac{T}{T_i} e(k) + \frac{T_d}{T} [-y(k) + 2y(k-1) - y(k-2)] \} \qquad (6\text{-}24)$$

4. 比例微分先行 PID 算法

微分先行 PID 算法的采用，解决了改变设定值对微分冲击的影响，如果对比例动作也进行同样的修改，那么比例冲击也就可以消除，设定值的变更就可以更加大胆地进行，因而就构成了比例微分先行的 PID 控制器，其结构如图 6-13 所示。

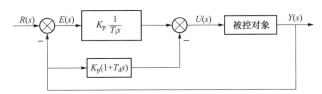

图 6-13　比例微分先行 PID 结构框图

显然，针对被控量 $y(t)$，为标准的 PID 运算；针对 $r(t)$，仅仅为积分运算。

对该算法的频域表达式进行整理，可得

$$U(s) = K_p \left\{ \left(1 + \frac{1}{T_i s} \right) \left[\frac{1}{1 + T_i s} R(s) - Y(s) \right] - T_d s Y(s) \right\} \qquad (6\text{-}25)$$

从式（6-25）可以看出比例微分先行 PID 算法相当于在微分先行 PID 算法的给定值前向通道上加了一个滤波器。

在计算机控制系统中，控制算法常常是随回路的工作方式而改变的。例如，对于恒值控制系统，由于给定值很少变化，主要要求工作平稳，所以一般采用比例先行的 PID 控制算法。但是，对于随动控制系统而言，由于给定值一直在变化，故主要要求输出能够快速跟随输入，因此常采用微分先行的 PID 控制算法。

三、Smith 预估器

常规的 PID 算法对于大纯滞后是很难适应的，而且往往会使控制过程超调严重，稳定性很差。通常采用 Smith 预估器对大纯滞后进行补偿，改善控制质量。

1. Smith 预估器控制理论

由控制原理知，当闭环回路存在纯滞后时，其开环频率特性曲线与负实轴的交点靠近（−1，j0）点，系统的动态性能变差。纯滞后时间越大，其开环频率特性曲线与负实轴的交点越靠近（−1，j0）点，甚至穿越或包围（−1，j0）点，系统的动态性能越差，甚至不稳定。但是当纯滞后在闭环回路之外时，它仅是将系统的动态曲线向后延时纯滞后时间，而对系统的动态性能没有任何影响。Smith 预估器的工作原理是将大纯滞后被控对象的纯滞后从闭环回路之内转移到闭环回路之外，以消除大纯滞后对系统的不良影响。

图 6-14 所示为单回路控制系统框图，控制器的传递函数为 $G_c(s)$，被控对象带有大纯滞后，其传递函数为 $G_p(s)e^{-\tau s}$，τ 为纯滞后时间，$G_p(s)$ 为不带纯滞后部分的被控对象传递函数。

图 6-14　单回路控制系统框图

在图 6-14 基础上，人为构造两个环节，它们的传递函数分别为 $G_p(s)$ 和 $e^{-\tau s}$，将两个环节串联，它们的输入与被控对象的输入相同，输出与被控对象的输出 $y(t)$ 相减，如图 6-15 所示。

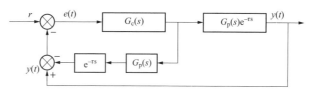

图 6-15　Smith 预估器原理图（一）

但是这样处理的结果使最终引入的反馈为零。因此，对图 6-15 再进行处理，将传递函数 $G_p(s)$ 的构建环节的输出引出，与被控对象的输出 $y(t)$ 和构造环节串联的输出进行比较，如图 6-16 所示。

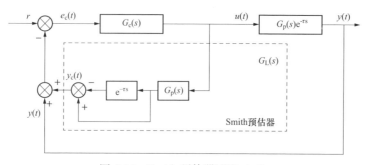

图 6-16　Smith 预估器原理（二）

这样，最终引入的反馈信号为 $G_p(s)U(s)$，其结果相当于把被控对象的纯滞后从闭环之内移到了闭环回路的外面，消除了纯滞后对系统动态性能的不良影响。图 6-16 中的虚线部分就是 Smith 预估器，其传递函数为

$$G_L(s) = G_p(s)(1 - e^{-\tau s}) \tag{6-26}$$

当被控对象的数学模型足够精确时，采用式（6-26）的 Smith 预估器则可以完全补偿对象的纯滞后。

2. 考虑纯滞后补偿的 PID 算法

以 $G_p(s) = \dfrac{K}{T_p s + 1}$ 为例，说明纯滞后补偿的 PID 算法的设计。

Smith 补偿函数为

$$G_L(s) = G_p(s)(1 - e^{-\tau s}) = \frac{K(1 - e^{-\tau s})}{T_p s + 1}$$

控制系统的框图如图 6-17 所示。

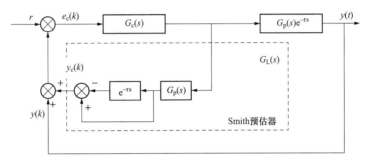

图 6-17 考虑 Smith 预估补偿的控制系统框图

$G_L(s)$ 写成相应的微分方程式为

$$T_p \frac{dy_c(t)}{dt} + y_c(t) = K[u(t) - u(t - \tau)] \tag{6-27}$$

利用后向差分代替微分，相应的差分方程为

$$y_c(kT) = a y_c(kT - T) + b[u(kT) - u(kT - \tau)] \tag{6-28}$$

$$a = \frac{T_P}{T_p + T}$$

$$b = K \frac{T}{T_p + T}$$

如果选择采样周期为 $T = \dfrac{\tau}{d}$，则式（6-28）可写成

$$y_c(k) = a y_c(k - 1) + b u(k) - b u(k - d) \tag{6-29}$$

经过补偿后的偏差为

$$e_c(k) = r - y(k) - y_c(k)$$

所以，采用 Smith 预估器对纯滞后进行补偿的 PID 增量算法为

$$\Delta u(k) = K_p \left\{ \Delta e_c(k) + \frac{T}{T_i} e_c(k) + \frac{T_d}{T} [\Delta e_c(k) - \Delta e_c(k - 1)] \right\} \tag{6-30}$$

四、带有死区的 PID 控制

在计算机控制系统中，为了避免控制动作过于频繁，清除由于频繁动作引起的振荡，可以采用带有死区的 PID 控制系统。所谓带死区的 PID 控制，就是在标准数字 PID 调节器前面增加一个非线性环节，其控制框图如图 6-18 所示。死区 e_0 是一个可调参数，其具体数值可根据实际控制对象由实验确定。若死区 e_0 过小，使调节过于频繁，达不到稳定被调对象的目的；死区 e_0 太大，则系统将产生很大的滞后；当死区 e_0 为零时，即为标准 PID 控制。

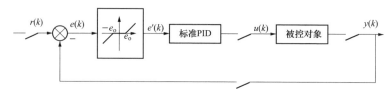

图 6-18　带死区的 PID 控制框图

带死区的 PID 控制规律如下

$$u(k) = K_p \left\{ e'(k) + \frac{T}{T_i} e'(k) + \frac{T_d}{T} [e'(k) - e'(k-1)] \right\} \tag{6-31}$$

$$e'(k) = \begin{cases} e(k), & |e(k)| \geqslant e_0 \\ 0, & |e(k)| < e_0 \end{cases} \tag{6-32}$$

五、可变增益 PID 控制算法

在实际的实时控制中，严格地讲被控对象都具有非线性，为了补偿被控对象的这一非线性，PID 的增益 K_p 可以随控制过程的变化而变化，即

$$u(k) = f[e(k)] \left\{ e(k) + \frac{T}{T_i} \sum_{j=0}^{k} e(j) + \frac{T_d}{T} [e(k) - e(k-1)] \right\} \tag{6-33}$$

式（6-33）中，$f[e(k)]$ 是与误差 $e(k)$ 有关的可变增益，它实质上是一个非线性环节，可由计算机实现对被控对象的非线性补偿。

第三节　数字 PID 的工程实现

数字 PID 在实际工程应用中，需要考虑很多问题，如给定值处理、被控量处理、偏差处理、控制量处理、PID 算法计算、正反作用问题、手自动无扰切换问题等。

一、程序框图

数字 PID 的程序框图如图 6-19 所示。

二、给定值处理

给定值除由给定值按键设置（内给定）外，为了能实现由外部逻辑进行给定，应能选择外给定状态，并能对外给定值设置比例系数和偏置量。

为了减少给定值突变对控制系统的扰动，防止比例和微分饱和，使控制平衡，常对给定值的变化率加以限制。变化率选用要合适，过小则响应变慢，过大则限制不起作用。

三、被控量处理

为了安全起见，必须对被控量进行上限、下限报警处理，允许设置报警上、下限及一定的报警死区，避免报警状态的频繁变化。

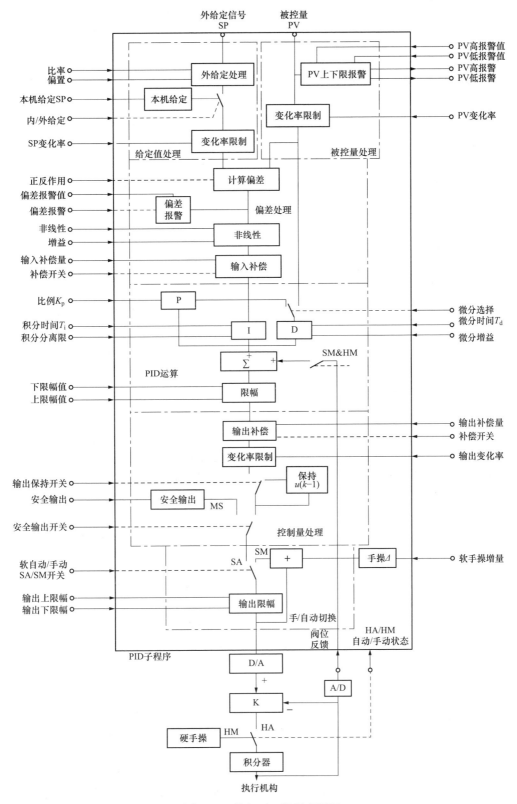

图 6-19 数字 PID 的程序框图

此外，为了实现平稳控制，允许对被控量的变化率加以限制，可根据系统要求设置适当数值。

四、偏差处理

偏差的处理涉及以下内容：

（1）偏差报警，即设置偏差报警限。当偏差绝对值超过报警限时予以报警。

（2）偏差的计算方式。偏差的计算与计算机控制系统的正反作用问题有关。下面介绍正反作用问题和解决方法。

根据 PID 控制器正/反作用方式计算偏差 e，分为以下两种。

（1）所谓 PID 控制器的正作用，是指被控量增加的结果，使控制量增加。针对偏差 $e=$ PV 值－SP 值，给定值 SP 为常数，当被控量 PV 增加时，偏差 e 增加，相应的控制量增加，此时 PID 控制器的特性为正。

（2）所谓 PID 控制器的反作用，是指被控量增加的结果，使控制量减小。针对偏差 $e=$ SP 值－PV 值，给定值 SP 为常数，当被控量 PV 增加时，偏差 e 减小，相应的控制量减小，此时 PID 控制器的特性为负。

由于 PID 控制器所在的闭环控制系统必须构成负反馈，系统才能稳定，因此必须正确选择 PID 控制器的正/反作用。在闭环系统中，执行器的特性有正/负，例如某电动调节阀，当输入信号为 4～20mA DC 时，对应行程 0～100％，则称为正作用调节阀或电开调节阀，其特性为正；反之，当输入信号 4～20mA DC 时，对应行程 100％～0，则称为反作用调节阀或电关调节阀，其特性为负。另外，被控对象特性也有正/负，例如，房间空调系统，冬天制热时，空调器（热气）增加，房间温度升高，被控对象特性为正；反之，夏天制冷时，空调气（冷气）增加，房间温度降低，被控对象特性为负。房间温度变送器特性为正。由于被控对象、变送器和执行器特性的正/负是客观存在而且无法改变的，只能通过改变 PID 控制器的正/反作用使闭环控制系统构成负反馈。例如，对于房间温度空调系统，选正作用调节阀，当冬天制热时，PID 控制器应选反作用；当夏天制冷时，PID 控制器应选正作用。

在计算机控制系统中，正反作用需要通过以下两种方法实现。

（1）改变偏差的计算公式。正作用时，采用 $e=$ PV 值－SP 值；反作用时，采用 $e=$ SP 值－PV 值。

（2）偏差计算公式不变，但是在计算反作用时，在完成 PID 运算后，先将结果求补，而后再送到 D/A 转换器进行转换，进而输出。

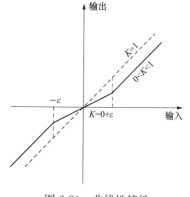

图 6-20　非线性特性

五、非线性处理及输入补偿

为了实现非线性 PID 或带死区的 PID 控制，允许设置非线性区 $\pm\varepsilon$ 及区内非线性增益 K，非线性特性如图 6-20 所示。

当 $K=0$ 时，为带死区的 PID 控制；当 $0<K<1$ 时，则为非线性 PID 控制；当 $K=1$ 时，就是正常的 PID 控制。

为了实现前馈控制及纯迟延（Smith）补偿，需在非线性处理环节后设置输入补偿环节，可根据补偿状态标志实现不补偿、加补偿及由外补偿输入三者的置换。

六、PID 计算

在自动状态下，按设置的比例系数 K_p、积分时间常数 T_i、微分时间常数 T_d 和采样周期 T 等参数运算，也可根据现场实际需要，选用上一节所介绍的任何一种改进的 PID 算法运算。图 6-19 所示 PID 为选择合适的积分分离限，按积分分离 PID 算法进行运算。

在实际使用时，根据被控对象、给定值的具体情况可选择前面介绍的各种改进算法，如死区 PID、微分先行 PID 等。

七、控制量处理

控制量的处理涉及输出限幅、输出补偿、输出变化率限制、输出保持和安全输出等处理和判断。

（1）输出限幅。控制量受执行机构机械和物理性能的限制，只能约束在一定范围内，因此，应对输出控制量 $u(k)$ 进行上、下限幅处理。此外，为了递推运算，PID 计算需要更新 $e(k-1)$、$e(k-2)$、$u(k-1)$ 等。

（2）输出补偿。为了组成前馈-反馈、前馈-串级及纯迟延补偿等控制系统，可通过软件开关决定是否对 $u(k)$ 进行补偿以及补偿方式，如输出补偿量与 $u(k)$ 相加的加补偿、$u(k)$ 减去输出补偿量的减补偿以及用输出补偿量置换 $u(k)$ 的置换补偿。

（3）输出变化率限制。为实现平稳操作，允许对控制量的变化率加以限制，可按照系统要求设置适当的输出变化率。

（4）输出保持。当系统有安全报警时，由软件开关切换至"输出保持"状态，使输出控制量保持不变，即 $u(k)=u(k-1)$，直到报警消失，恢复正常输出方式。

（5）安全输出。更高一级的系统安全报警，将通过软件开关使输出 $u(k)$ 等于预置的安全输出量，保证在事故状态下系统处于安全状态。

八、手动/自动无扰动切换

为了保证计算机控制系统安全可靠工作，特别是在计算机发生故障时，系统不至于影响生产，常需要设置手动操作器（简称手操器）作为计算机控制系统的后备操作。

在正常运行时，系统处于自动状态，由计算机输出数字 PID 运算后的控制作用；而当调试阶段或系统出现故障时，则处于手动状态，由运行人员通过手操器对执行机构进行操作。手操器有软手操器和硬手操器之分。软手操器的控制输出来自操作键盘或上位计算机，是通过编写程序实现的。而硬手操器是实际的物理装置。无论软手操器还是硬手操器都可进行手动/自动的切换，手动状态下控制输出的增加和减少，自动状态下给定值的修改。图 6-19 中的 SA 和 SM 分别为软自动和软手动，HA 和 HM 分别为硬自动和硬手动。

1. 手动/自动无扰切换及跟踪

为了安全和可靠，多数的 PID 调节器在手动和自动操作方式之间都能实现自由切换。但在手动/自动切换的过程中，若不做处理，则手动和自动的当前输出量会彼此影响，从而有可能使得在切换过程中造成生产的大幅波动，威胁到安全生产，因此在手动/自动切换过程中实现无扰动是必要的。

首先来分析自动和手动情况下数字 PID 和手操器的工作状态。

在自动情况下，对控制起作用的是数字 PID 算法的输出，手操器要跟踪 PID 的输出。

以便在切换到手动方式的瞬间，输出保持在 PID 最后时刻的输出值上。相当于一个跟随器始终保持与 PID 的输出一致。在自动到手动的切换过程中，手操器相当于保持器保持切换时的数值不变。一旦切换过程结束进入手动状态，手操器就是一个操作器，可以增加或减少控制量。

在手动情况下，对控制起作用的是手操器的输出，为了实现从手动到自动的无扰切换，必须保证切换到自动那一时刻数字 PID 算法的运算输出与切换时刻的手操器的输出相同。为此，在每个控制周期 T 应使给定值 SP 跟踪过程变量 PV，同时也要使 PID 差分算式中的历史数据 $e(k-1)$、$e(k-2)$ 等清零，并将手操器或执行机构输出的所谓阀位值赋给 $u(k-1)$。这样，从手动切向自动时，由于 SP＝PV，则偏差 $e(k)＝0$，由于 PID 差分算式中的历史数据 $e(k-1)$、$e(k-2)$ 也为 0，故 $\Delta u(k)＝0$，而 $u(k-1)$ 又等于切换瞬间的手操器或执行机构的位置反馈信号，这样就保证了切换瞬间输出控制量的连续性。需要说明的是手动到自动切换完成后须重新设定 SP。

因此，在计算机控制系统中为了保证手自动的无扰切换，必须能够实现自动跟踪，即在手动时，由 PID 程序设计完成 PID 的输出跟踪手动时的位置反馈信号，给定值跟踪过程变量的功能，以保证手动到自动系统的无扰切换。在自动时，手操器的设计保证其输出跟踪 PID 的输出，即自动时的位置反馈阀位信号。

2. 软手操器

软手操器是由程序实现，至少要提供下列功能：

（1）积分功能。该功能保证在自动方式时，手操器的输出值始终跟踪控制算法模块的输出值，从而实现自动到手动的无扰切换。

（2）操作功能。在手动方式下，改变控制量，使之增加或减少。

（3）给定值跟踪过程变量的功能。

（4）提供回路控制的给定值。

（5）提供手动、自动和就地控制、计算机控制等状态信号。

简单讲，软手操器应至少具备这样一些信号：控制输入 A、控制输出 CO、回路的状态信号 STATUS（手动或自动）、给定值 SP、控制输出和给定值的增 INC 和减 DEC 信号等。

图 6-21 给出了可实现手/自动无扰切换的回路控制示意。

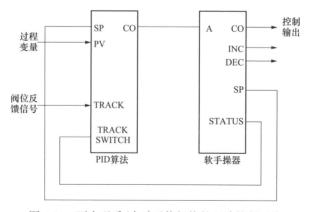

图 6-21　可实现手/自动无扰切换的回路控制示意

在自动方式（AUTO）时，PID 算法根据 SP 与 PV 的偏差进行控制算法的运算，经由软手操器模块输出控制现场设备，同时软手操器跟踪 PID 的输出，信号 STATUS 置为自动状态。当由自动切换为手动时，软手操器保持切换瞬间的数值，信号 STATUS 置为手动，一方面使手操器的输出按操作员的指令改变，另一方面，手动的状态信号 STATUS 触发 PID 算法模块的跟踪功能，其输出 CO 跟踪 TRACK 信号引入的阀位反馈信号，并保持一致。

3. 硬手动/自动无扰切换

硬手动、自动的无扰切换可采用图 6-19 所示的无扰动切换环节，可以在进行手动到自动或自动到手动的切换之前，无需由人工进行手动输出控制信号与自动输出控制信号之间的对位平衡操作，从而保证切换时不会对执行机构现有位置产生扰动。

图 6-19 中积分器由高输入阻抗运算放大器组成，自动状态时，由负反馈形成增益为 1 的近似比例环节；切换至手动时，可以保持自动时的输出控制信号。手操时通过增减按钮，在积分器上加 $+U_i$ 或 $-U_i$，即手动改变输出控制信号。

积分器输出模拟信号，一方面控制执行机构，另一方面经 A/D 转换后送入 PID 子程序，即为 PID 程序提供位置反馈信号保证手动到自动的无扰切换。

第四节　数字 PID 参数的整定

PID 参数的整定是按照工艺对控制性能的要求，决定参数 K_p、T_i 和 T_d 的过程，参数整定应满足系统稳定、响应快、超调量小和稳态误差小等指标。

生产过程（对象）通常有较大的惯性时间常数，数字 PID 的采样周期与对象的惯性时间常数相比要小得多，所以数字 PID 参数的整定可以仿照模拟 PID 调节器参数 K_p、T_i 和 T_d 的整定方法。此外，在数字 PID 调节器参数整定时，除了需要确定 K_p、T_i 和 T_d 外，还需要确定系统的采样周期 T。

本节介绍采样周期 T 的选择和数字 PID 调节器参数 K_p、T_i 和 T_d 的工程整定方法。

一、采样周期的选择

采样周期的选择方法有两种，一种是计算法，另一种是经验法。计算法比较复杂，特别是被控系统各环节时间常数难以确定，因此工程上用得很少。工程上应用最多的是经验法，即根据人们在工作实践中积累的经验以及被控对象的特点、参数，先粗选一个采样周期 T，送入计算机控制系统进行试验，而后根据对被控对象的实际控制效果，反复修改 T，直到满意为止。

采样周期的选择要考虑以下因素：

（1）采样周期的上限受奈奎斯特（Nyquist）采样定理和稳定性的限制，下限受计算机在一个采样周期内工作量的限制。

（2）从执行机构的特性要求来看，有时需要输出信号保持一定的宽度。采样周期必须大于这一时间。

（3）从被控对象的特性来看，对于变化缓慢的信号，采样周期大些；对于变化快速的信号，采样周期小些。

（4）从控制系统的随动和抗干扰的性能来看，要求采样周期短些。

（5）从微机的工作量和每个调节回路的计算来看，一般要求采样周期大些。

（6）从计算机的精度看，过短的采样周期是不合适的。

表 6-1 为几种常见对象选择采样周期的经验数据，这些数据仅供参考。由于生产过程千变万化，因此实际的采样周期需要经过现场调试后确定。

表 6-1　　　　　　　　　　几种常见对象选择采样周期的经验数据

被测参数	采样周期 T/s	备注	被测参数	采样周期 T/s	备注
流量	1~5	优先选用 1~2s	温度	15~20	取纯滞后时间常数
压力	3~10	优先选用 6~8s			
液位	6~8	优先选用 7s	成分	15~20	优先选用 18s

二、数字 PID 调节参数工程整定方法

1. 扩充阶跃响应曲线法

扩充响应曲线法是一种开环整定方法。如果可以得到被控对象的动态特性曲线，那么就可以与模拟调节系统的整定一样，采用扩充响应曲线法进行数字 PID 参数的整定。其步骤如下：

（1）断开数字控制器，使系统在手动状态下工作。将被控量调节到给定值附近，当达到平衡时，突然改变给定值，相当于给对象施加一个阶跃输入信号。

（2）记录被控量在此阶跃作用下的变化过程曲线（即广义对象的飞升特性曲线），如图 6-22 所示。

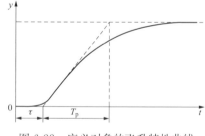

图 6-22　广义对象的飞升特性曲线

（3）根据飞升特性曲线，求得被控对象纯滞后时间 τ 和等效惯性时间常数 T_p，以及它们的比值 $\dfrac{T_p}{\tau}$。

（4）由求得的 τ 和 T_p 以及它们的比值 $\dfrac{T_p}{\tau}$，选择某一控制度，查表 6-2，即可求得数字 PID 参数的 T、K_p、T_i、T_d 的整定值。

其中，控制度就是以模拟调节器为基准，将 DDC 的控制效果与模拟调节器的控制效果相比较。控制效果的评价函数通常采用 $\min\displaystyle\int_0^\infty e^2(t)\mathrm{d}t$（最小的误差平方积分）表示。

1）控制度为 $\dfrac{\left[\min\displaystyle\int_0^\infty e^2(t)\mathrm{d}t\right]_D}{\left[\min\displaystyle\int_0^\infty e^2(t)\mathrm{d}t\right]_A}$，分子和分母分别为 DDC 和模拟调节器控制效果的评价函数。

2）实际应用中，控制度是仅表示控制效果的物理概念，并不需要计算出两个误差的平方积分。例如，当控制度为 1.05 时，就是指 DDC 控制与模拟控制效果基本相同；控制度为 2.0 时，是指 DDC 控制比模拟控制效果差。

表 6-2　　　　　　　　　　　　　　按扩充响应曲线法整定 T、K_p、T_i、T_d

控制度	控制规律	T	K_p	T_i	T_d
1.05	PI	0.1τ	$0.84\dfrac{T_p}{\tau}$	0.34τ	—
	PID	0.05τ	$1.15\dfrac{T_p}{\tau}$	2.0τ	0.45τ
1.2	PI	0.2τ	$0.78\dfrac{T_p}{\tau}$	3.6τ	—
	PID	0.16τ	$\dfrac{T_p}{\tau}$	1.9τ	0.55τ
1.5	PI	0.5τ	$0.68\dfrac{T_p}{\tau}$	3.9τ	—
	PID	0.34τ	$0.85\dfrac{T_p}{\tau}$	1.62τ	0.65τ
2.0	PI	0.8τ	$0.57\dfrac{T_p}{\tau}$	4.2τ	—
	PID	0.6τ	$0.6\dfrac{T_p}{\tau}$	1.5τ	0.82τ
模拟调节器	PI	—	$0.9\dfrac{T_p}{\tau}$	3.3τ	—
	PID	—	$1.2\dfrac{T_p}{\tau}$	2.0τ	0.4τ
Ziegler-Nichols 整定法	PI	—	$0.9\dfrac{T_p}{\tau}$	3.3τ	—
	PID	—	$1.2\dfrac{T_p}{\tau}$	3.0τ	0.5τ

（5）按求得的整定参数投入，在投运中观察控制效果，再适当调整参数，直到获得满意的控制效果。

2. 扩充临界比例带法

扩充临界比例带法是模拟调节器中使用的临界比例带法（也称稳定边界法）的扩充，是一种闭环整定的经验方法。按该方法整定 PID 参数的步骤如下：

（1）选择一个足够短的采样周期 $T_{\min}$。所谓足够短，具体地说就是采样周期选择为对象纯滞后时间的 $1/10$ 以下。

（2）将数字 PID 设定为纯比例控制，并逐步减小比例带 $\delta(\delta=1/K_p)$，使闭环系统产生临界振荡。此时的比例带和振荡周期称为临界比例带 δ_k 和临界振荡周期 T_k。

（3）选定控制度。

（4）根据选定的控制度查表 6-3，求得 T、K_p、T_i、T_d 的值。

表 6-3　　　　　　　　　　　　　　按扩充临界比例带整定参数

控制度	控制规律	T	K_p	T_i	T_d
1.05	PI	$0.03T_k$	$0.53\delta_k$	$0.88T_k$	—
	PID	$0.014T_k$	$0.63\delta_k$	$0.49T_k$	$0.1T_k$

续表

控制度	控制规律	T	K_p	T_i	T_d
1.2	PI	$0.05T_k$	$0.49\delta_k$	$0.91T_k$	—
	PID	$0.043T_k$	$0.47\delta_k$	$0.47T_k$	$0.16T_k$
1.5	PI	$0.14T_k$	$0.42\delta_k$	$0.99T_k$	—
	PID	$0.09T_k$	$0.34\delta_k$	$0.43T_k$	$0.20T_k$
2.0	PI	$0.22T_k$	$0.36\delta_k$	$1.05T_k$	—
	PID	$0.16T_k$	$0.27\delta_k$	$0.40T_k$	$0.22T_k$
模拟控制器	PI	—	$0.57\delta_k$	$0.83T_k$	—
	PID	—	$0.70\delta_k$	$0.50T_k$	$0.13T_k$
Ziegler-Nichols 整定法	PI	—	$0.45\delta_k$	$0.83T_k$	—
	PID	—	$0.60\delta_k$	$0.50T_k$	$0.125T_k$

（5）按求得的整定参数投入运行，在投运中观察控制效果，再适当调整参数，直到获得满意的控制效果。

3. 凑试法确定 PID 调节参数

由于实际系统错综复杂，参数千变万化，获得对象的动态特性并非容易，同时在不同的工况下参数可能也不一样，因此可以采用试凑法。在凑试时，通过分析 K_p、T_i 和 T_d 对控制过程的影响趋势，对参数进行先比例、后积分、再微分的整定步骤。其步骤如下：

（1）整定比例部分。由小到大改变比例系数 K_p，观察系统的响应，直到获得反应快、超调小的响应曲线。如果系统没有静差或静差已小到允许的范围内，且响应曲线已属满意，那么表明系统只需要比例调节即可。

（2）如果仅调节比例参数 K_p，系统的静差还达不到设计要求时，则需加入积分环节。同样选比较大的 T_i，然后逐渐减小，直到得到较满意的响应曲线。

（3）若使用比例积分调节能消除静差，但动态过程经反复调整后仍达不到要求，这时可加入微分环节。加大 T_d 以提高响应速度，减少超调；但对于对干扰较敏感的系统，则要谨慎，加大 T_d 可能反而加大系统的超调量。

表 6-4 为常见被调量 PID 参数经验选择范围。

表 6-4 　　　　　　　　　　　　常见被调量 PID 参数经验选择范围

被调量	特点	K_p	T_i	T_d
流量	时间常数小，并有噪声，故 K_p 较小，T_i 较小，不用微分	$1\sim2.5$	$0.1\sim1$	
温度	对象有较大滞后，常用微分	$1.6\sim5$	$3\sim10$	$0.5\sim3$
压力	对象的滞后不大，不用微分	$1.4\sim3.5$	$0.4\sim3$	—
液位	允许有静差时，不用积分和微分	$1.25\sim5$	—	—

4. 优选法

应用优选法对自动调节参数进行整定也是经验法的一种。其方法是根据经验，先把其他参数固定，然后用 0.618 法（黄金分割法）对其中某一个参数进行优选，待选出最佳参数后，再换另一个参数进行优选，直到把所有的参数优选完毕为止。最后根据 T、K_p、T_i、T_d 等参数优选的结果取一组最佳值即可。

5. 归一法整定 PID 参数

Roberts P. D. 在 1974 年提出了一种简化了的扩充临界比例带整定法。由于它只需要整定一个参数即可，因此称为归一法。

增量式 PID 控制计算公式为

$$\Delta u(k) = K_p \{ [e(k) - e(k-1)] + \frac{T}{T_i} e(k) + \frac{T_d}{T} [e(k) - 2e(k-1) + e(k-2)] \}$$

$$(6\text{-}34)$$

令 $T = 0.1T_k$，$T_i = 0.5T_k$，$T_d = 0.125T_k$，其中，T_k 为纯比例控制作用下的临界振荡周期，则由式（6-34）可得

$$\Delta u(k) = K_p [2.45e(k) - 3.5e(k-1) + 1.25e(k-2)] \qquad (6\text{-}35)$$

这样整个问题便简化为只要整定一个参数 K_p，改变 K_p 的值，观察控制效果，直到满意为止。其优点是只需整定一个参数，缺点是各参数比例需要根据工程经验确定。

思考题

1. 什么是模拟 PID 调节器的数字实现？它对采样周期有什么要求？

2. 请分别写出位置式 PID 算式和增量式 PID 算式，并说明各符号的含义。

3. 增量式 PID 和位置式 PID 各有什么特点？分别用于什么场合？

4. 位置式 PID 控制算式的积分饱和作用会产生什么现象？它是怎样引起的？通常采用什么方法克服积分饱和？请分别说明它们的思路。

5. 干扰对数字 PID 控制器有什么影响？为消除干扰的影响，在控制算法上可以采取什么措施？

6. Smith 预估器的作用是什么？请画图说明它的工作原理。

7. 在数字 PID 中，采样周期是如何确定的？它与哪些因素有关？采样周期的大小对调节品质有何影响？

8. 在自动控制系统中，正、反作用如何实现？在计算机控制系统中如何实现？

9. 为保证手动到自动的无扰动切换，应采取什么措施？

10. 数字 PID 中需要整定的参数有哪些？

11. 实际微分算法主要解决什么问题？请简要说明其思路。

12. 已知某连续控制系统的控制器的传递函数为 $G_c(s) = \dfrac{1 + 0.18s}{0.1s}$，用计算机数字实现时，采样周期设定为 $T = 1s$。请分别写出位置式 PID 和增量式 PID 算法的表达式。

13. 在采用数字 PID 控制器的系统中，应当根据什么原则选择采样周期？

14. PID 参数整定有哪些方法？简要说明它们的思路。

15*. 图 6-23 为机器人视觉系统的示意图，移动机器人利用摄像系统来观测环境信息。已知机器人系统为单位反馈系统，被控对象为机械臂，其传递函数 $G(s) = \dfrac{1}{(s+1)(0.5s+1)}$。为了

使系统阶跃响应的稳态误差为零，采用串联 PI 控制器 $G_c(s) = K_1 + \dfrac{K_2}{s}$，试设计合适的 K_1 与 K_2 值，使系统阶跃响应的超调量不大于 5%，调节时间小于 6s（$\Delta = 2\%$），静态速度误差系数 $K_v \geqslant 0.9$。请将其用计算机数字实现，采样周期设定为 10ms，写出增量式 PID 算法表达式。

图 6-23　机器人视觉系统示意

第七章　可靠性与抗干扰技术

计算机控制系统属于电子设备，内部电信号相当微弱，且大多用于工业现场。工业现场情况复杂，环境较恶劣，干扰源多且种类各异。抗干扰问题解决不好，计算机控制系统往往不能正常工作，甚至会引起严重的事故，造成很大损失。

本章将从干扰的来源、传播途径和硬件抗干扰、软件抗干扰等几个方面介绍计算机控制系统的抗干扰技术。

第一节　干扰的来源及传播途径

一、干扰源

干扰又称为噪声，是指有用信号之外的噪声或造成计算机控制系统不能正常工作的破坏因素。计算机控制系统运行环境的各种干扰主要表现在以下几个方面：

1. 供电系统干扰

由于工业现场运行的大功率设备众多，包括电动机、电焊机等大感性负载设备的启停、大功率开关的通断，都会造成电网的严重污染，使得电网电压大幅度涨落，或出现超出额定电压的尖峰脉冲干扰。这些都会严重影响计算机控制系统的正常工作。

2. 接地不良而引起的干扰

地线与所有的电气设备都有联系，良好的接地可以消除部分干扰。如果接地不良，会造成接地电位差，干扰进入地线后，就会传递给计算机控制系统，导致系统不能正常工作。

3. 过程通道干扰

在工业现场，为了达到数据采集或实时控制的目的，模拟量输入/输出和开关量输入/输出是必不可少的。这些信号线和控制线多至几百条甚至上千条，其长度往往达几百米甚至上千米，因此不可避免地把干扰引入计算机系统。当有大的电气设备漏电，接地系统不完善或者测量部件绝缘不好，都会使通道中直接窜入很高的共模或串模电压；各通道的线路如果在同一根电缆内或几条电缆捆绑在一起，各路间会通过电磁感应产生互相干扰，尤其是将 $0\sim15V$ 的信号线和 $220V$ 的电源线套在同一根管道中时，会在通道中产生共模或串模电压干扰，轻者会使测量信号发生误差，重者会完全淹没有用信号。有时干扰电压会达到几十伏，使计算机根本无法工作。多路信号通常通过多路开关和采样保持器等进行数据采集后输入计算机中，如果多路开关和采样保持器性能不好，当干扰信号幅度较高时，也会出现相邻通道信号间的串扰，这种串扰也会使有用信号失真。

4. 空间干扰

空间干扰包括计算机控制系统周围的电气设备（如电动机、变压器、晶闸管逆变电源、中频炉等）发出的电磁干扰，来自太阳和其他天体辐射的电磁波以及广播电视发射的电磁波干扰，雷电或地磁场的变化等气象条件引起的干扰，火花放电、弧光放电、辉光放电灯产生的电磁波干扰，这些都会干扰计算机的正常工作。

5．其他干扰

工业环境的温度、湿度、震动、灰尘、腐蚀性气体等，都会影响计算机控制系统的正常工作。在工业环境中运行的计算机控制系统，必须解决对环境的适应性问题。

以上干扰中来自供电系统的交流电源干扰和接地不良影响最大，其次是来自过程通道的干扰，来自空间的辐射干扰影响不大，一般只需加以适当的屏蔽和接地即可解决。

二、干扰的分类

（一）内部干扰和外部干扰

根据干扰的来源，可分为内部干扰、外部干扰。

1．内部干扰

内部干扰是指由于系统和设备内在因素产生的干扰。主要有元器件的固有噪声、分布电容和分布电感引起的耦合效应、长线传输中波的反射、多点接地引起的电位差、寄生振荡等引起的干扰和电源系统引入的干扰。

内部干扰主要与产品的内在特性、系统设计和安装有关。

2．外部干扰

外部干扰是指由于系统之外的因素造成的干扰。通常来自两方面：

（1）工作环境方面：如功率电气设备、输电线路发出的电磁场、无线电广播、通信发射的无线电波、火花放电、弧光放电和辉光放电产生的干扰。

（2）受自然方面的干扰：如空中雷电、天体辐射电磁波、气温、湿度等气象条件的变化等因素引起的干扰。

内部干扰与外部干扰往往又是相互关联的。如环境温度的变化使元器件的热噪声增加，外部电磁场的变化经内部耦合效应形成干扰信号。因此，干扰源包括内部干扰、外部干扰以及双方相互作用的过程而产生的干扰。

分析研究干扰源是抗干扰的前提，消除干扰源、避开干扰源、切断干扰传播的途径，是抗干扰技术中最为有效的方法。

（二）串模干扰和共模干扰

根据干扰信号对有用信号作用的方式，分为串模干扰和共模干扰两类。

1．串模干扰

串模干扰，也称为差模干扰、横向干扰、常模干扰、常态干扰，是指与有效输入信号串联叠加的干扰。串模干扰信号与有效输入信号直接叠加在一起，送到信号接收端，是一种直接的干扰。串模干扰示意如图 7-1 所示。形成串模干扰的原因有内部干扰和由电磁耦合引入的外部干扰。

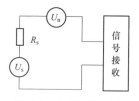

图 7-1　串模干扰示意

R_s—信号源内阻；U_s—信号源；
U_n—串模干扰信号

如图 7-2 所示，与信号线相平行的干扰线中有交变电流 i 流过，由于分布电容 C_1、C_2 的耦合，就会在输入信号回路中形成交流干扰信号，叠加在输入信号 U_s 中。

一般来说，有效信号 U_s 是缓变直流信号，串模干扰信号 U_n 多为变化较快的杂乱交变信号和工

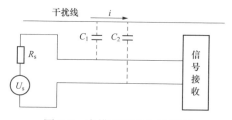

图 7-2　串模干扰产生的原因

频干扰，因此可通过滤波消除高频干扰信号。当干扰信号与有效输入信号频率相近时，常规滤波就很难起作用，需要靠消除干扰源或特定的滤波方法来抑制干扰。

衡量系统对串模干扰抑制能力的指标是串模抑制比 NMRR，定义为

$$\text{NMRR} = 20\lg \frac{u_n}{\Delta u_i} \quad (\text{dB}) \tag{7-1}$$

式中　u_n——串模干扰信号的幅值；

　　　Δu_i——u_n 引起的输出改变折合到输入端的偏移量。

抗干扰性能越好，Δu_i 越小，NMRR 值越大。

2. 共模干扰

共模干扰是指系统输入端 A、B 相对于参考点（地）共有的干扰电压信号，用 U_{cm} 表示。图 7-3 给出了共模干扰的示意图。

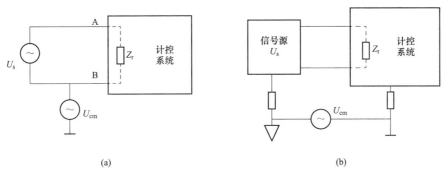

图 7-3　共模干扰

（a）表现形式；（b）产生原因

图 7-3 中，系统信号输入端 A 和 B 对系统地的电压分别为 $U_s + U_{cm}$、U_{cm}，所以 U_{cm} 是 A、B 对地共有的电压，是共模电压。U_{cm} 可以是直流，也可以是交流，取决于产生干扰的环境条件。

在工业计算机控制系统中，测点数量多、分布广、距离远，测点的信号地（对地阻抗可能很大）与信号接收端的地之间往往会形成几十伏以至上百伏的电位差，即 U_{cm}。

共模干扰并不直接与信号源 U_s 叠加，也就是说并不直接影响系统的输出。但是共模电压可能通过系统的输入回路转化为一定的串模干扰，与 U_s 叠加形成干扰。由此可见，只有转化为串模干扰后，共模干扰才能对输入形成干扰。因此防止共模干扰转化成串模干扰是抗共模干扰的关键。

衡量系统对共模干扰抑制能力的指标是共模抑制比 CMRR，其定义为

$$\text{CMRR} = 20\lg \frac{u_{cm}}{u_n} \quad (\text{dB}) \tag{7-2}$$

式中　u_{cm}——共模干扰信号的幅值；

　　　u_n——u_{cm} 转化成的串模干扰电压。

CMRR 值越大，系统的抗共模干扰能力越强。影响共模抑制比的因素很多，其中信号的输入方式十分关键。

三、干扰的传播途径

干扰源产生的干扰信号是通过"路"和"场"的途径进行传播的。以电路连接引入的干

扰称为"路"干扰，以电磁场感应形式引入的干扰称为"场"干扰。

1. 电路传播的干扰

路的干扰现象极为普遍。任何电路在传递与处理有效信号的同时，也会对进入电路中的干扰信号进行传递。

（1）漏电阻。理论上与干扰源断开的电路，由于漏电阻会形成回路，导致干扰的引入。漏电阻是由于绝缘不良造成的。元件的支架、接线柱、印制电路板、电容器介质等绝缘材料，在特定温度、湿度以及由于老化、积尘等原因，均会形成漏电阻。虽然有时阻值很大，但如果干扰源电压很高，也会对微弱电信号形成不可忽视的干扰。

（2）公共阻抗。当两个或多个回路共用一个阻抗时，可能会通过公共阻抗形成回路间的干扰。例如，多个电路共用电源时，电源内阻和汇流条便成为公共阻抗。印制电路板上的"地"实质上就是电源的公共回流线。回流线本身具有一定阻抗，如果设计不合理，便会形成干扰。

在数字、模拟混合电路中，如果模拟电路和数字电路不是分开接地（最终在一点接地），则数字电路产生的电压降会影响模拟电路，形成干扰。

（3）信号输入/输出回路。信号的输入/输出回路是计算机系统和外部连接的通路。在输入/输出有效信号的同时，也会把外部的干扰信号引入系统内部。

（4）电源回路。电源回路把计算机系统与外部电网连在一起，如果供电回路处理不好，就会引入严重的外部干扰。

2. 电磁场传播的干扰

（1）静电耦合。静电场干扰可通过电容耦合进入系统。两根平行导线之间存在电容，印制线路之间、变压器线匝之间、绕组之间都可能构成分布电容，分布电容的存在为交变干扰信号提供了电通道，使外部干扰窜入。

（2）电磁耦合。指通过电感引入的感应电动势。任何交变电流流过导体，会产生交变的电磁场。如果在交变电磁场中存在电感，则会产生感应电动势。

（3）辐射电磁场耦合。具有天线效应的电源线和长信号线会对空间电磁场产生接收作用，感应出干扰信号。高频用电设备、大功率强电设备、电视发射台、广播电台都能在空间产生电磁场和电磁波、形成无线电波干扰源。

综上所述，干扰的主要传播途径有漏电阻、公共阻抗（接地系统）、信号输入/输出回路、交流电源回路、静电耦合、电磁耦合和辐射电磁场耦合。在实际工作中，需要根据具体情况进行分析，或借助于试验测试，才能正确地判明干扰来源及干扰传播的途径，以便有针对性地采取有效的抗干扰措施。

四、抗干扰的基本原则

抗干扰是指把进入计算机控制系统的干扰消除或减少到一定的范围内，以保证系统能够正常工作。抗干扰有以下几个基本原则：

（1）消除或抑制干扰源。不论干扰源是内部干扰，还是外部干扰，消除和抑制干扰源是行之有效的抗干扰措施之一。如选择热噪声小的元器件、把产生干扰的大功率设备移开、避免信号电缆与电源电缆平行敷设，在各种强电触点开关上采取消弧措施等。但是，干扰源总是不能完全消除的，还必须采取其他措施。

（2）切断引入干扰的途径。

1）提高绝缘性能，消除或抑制漏电阻。

2）采取隔离技术，切断信号传输中电信号联系。

3）采取屏蔽、浮置技术，防止电磁场干扰。

4）采取滤波技术，阻止干扰信号进入系统。

（3）提高设备本身抗干扰的性能。设备本身对干扰的敏感性是不同的。提高设备自身的抗干扰性能涉及多个方面，元器件质量、线路板的设计、信号电平的高低、采用数字信号还是模拟信号都将影响到设备的抗干扰性能。

第二节　硬件抗干扰技术

干扰是客观存在的，为了减少干扰对计算机控制系统的影响，必须采取各种抗干扰措施来保证系统能正常工作。干扰的抑制方法分为硬件抗干扰和软件抗干扰两种。本节将从串模干扰抑制、共模干扰的抑制、接地技术、电源及供电技术和长线传输技术等五个方面分析计算机控制系统的硬件抗干扰技术。

一、串模干扰的抑制

串模干扰与有效信号叠加在一起，去除这种干扰信号比较困难。抑制串模干扰主要从干扰信号与工作信号的不同特性入手，针对不同情况采取相应的措施。

1. 在输入回路中接入模拟滤波器

在输入回路中接入硬件滤波器抑制串模干扰是一种常用的方法。根据串模干扰频率与被测信号频率的分布特性，可以选用低通、高通、带通等滤波器。如果干扰频率比被测信号频率高，则选用低通滤波器；如果干扰频率比被测信号频率低，则选用高通滤波器；如果干扰频率落在被测信号频率的两侧时，则需用带通滤波器。一般情况下，串模干扰比被测信号变化快，故常用电阻 R、电容 C、电感 L 等无源元件构成输入滤波器。

滤波电路如图 7-4 所示。

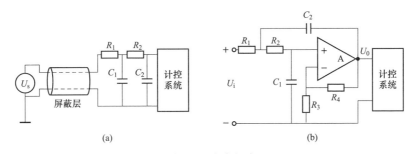

图 7-4　滤波电路

（a）无源阻容滤波器；（b）有源滤波器

图 7-4（a）所示为在模拟量输入通道中引入的无源二级阻容低通滤波器，它的缺点是对有用信号也会有较大的衰减。为了把增益与频率特性结合起来，对于小信号可以采取图 7-4（b）所示的以反馈放大器为基础的有源滤波器，它不仅可以达到滤波效果，而且能够提高有用信号的增益。

2. 选用合适的信号传输线

如果串模干扰和被测信号的频率相当，就很难用滤波的方法消除。此时，必须采用其他措施消除干扰源。通常可在信号源到计算机之间选用带屏蔽层的双绞线、同轴电缆或光纤，并确保接地正确可靠。

（1）双绞线。采用双绞线作信号线，外界电磁场会在双绞线相邻的小环路上形成相反方向的感应电动势，从而互相抵消，减弱干扰作用。双绞线相邻的扭绞处之间为双绞线的节距，节距不同，会对串模干扰起到不同的抑制效果。表 7-1 列举了不同节距的双绞线对串模干扰的抑制效果。

表 7-1   **不同节距双绞线对串模干扰的抑制效果**

节距/mm	干扰抑制比	屏蔽效果/dB	节距/mm	干扰抑制比	屏蔽效果/dB
100	14 : 1	23	25	141 : 1	43
75	71 : 1	37	并行线	1 : 1	0
50	121 : 1	41			

（2）屏蔽信号线。在干扰严重、精度要求高的场合，应当采用屏蔽信号线。屏蔽信号线的屏蔽层可以防止外部干扰窜入。

（3）光纤。光纤是利用光传送信号，可以不受任何形式的电磁干扰影响，传输损耗极小。因此在周围电磁干扰大、传输距离较远的场合，可以使用光纤传输。

对信号线的选择，一般应从抗干扰、经济和实用方面考虑，而抗干扰应放在首位。不同的使用现场，干扰情况不同，应选择不同的信号线。双绞线之间的串模干扰小，价格低廉，是计算机控制系统常用的传输介质。

此外，还应特别注意信号线的敷设问题，如模拟信号线与数字信号线不能合用同一根电缆；屏蔽信号线的屏蔽层要一端接地，同时要避免多点接地；信号电缆与电源电缆必须分开，并尽量避免平行敷设；屏蔽信号线的屏蔽层要尽量远离干扰源等。

3. 用电流信号传送

当传感器信号距离主机很远时很容易引入干扰。如果在传感器出口处将被测信号由电压转换为电流，以电流方式传送信号，将大大提高信噪比，从而提高传输过程中的抗干扰能力。工业现场广泛采用 4～20mA 的电流信号。

4. 利用器件特性克服干扰

当尖峰型串模干扰为主要干扰时，可使用双积分式 A/D 转换器，或在软件上采用判断滤波的方法加以消除。双积分式 A/D 转换器是对输入信号的平均值而不是瞬时值进行转换，所以对尖峰干扰具有抑制能力。如果取积分周期等于主要干扰的周期或为主要串模干扰周期的整数倍，则通过积分比较变换后，对串模干扰有更好的抑制效果。

二、共模干扰的抑制

共模干扰产生的原因是现场信号源的地和计算机的地之间存在的电位差，抑制共模干扰电压的关键是防止共模干扰通过系统的输入回路转换成串模干扰，具体的措施有采用被测信号双端差动输入、变压器隔离、光电隔离、浮地屏蔽、采用仪表放大器等方式有效隔离两个地之间电联系的方式。

1. 差动输入

单端输入方式对每个通道来说只有一根信号线，与一根共同的地线构成回路；差动或差分输入方式的每个通道可以连接两根信号线，来测量这两根信号线之间的电压差。

由于差动输入的两根差分走线之间的耦合很好，当外界存在噪声干扰时，几乎是同时被耦合到两条线上，而接收端关心的只是两信号的差值，所以外界的共模干扰可以被完全抵消。而且由于两根信号的极性相反，它们对外辐射的电磁场可以相互抵消。耦合得越紧密，泄放到外界的电磁能量越少。

为了抑制干扰，一般可采用专用电路或芯片把单端传输信号变为双端差动信号进行长距离传输，接收端再把双端差动信号变为单端信号。

2. 变压器隔离

利用变压器把现场信号源的地与计算机的地隔离开来，也就是把"模拟地"与"数字地"断开。如图 7-5 所示，被测信号通过变压器耦合获得通路，而共模干扰电压由于形不成回路而得到有效的抑制。由于隔离的两边分别采用了两组独立的电源，切断了两部分的地线联系，使地线长度缩短了，地线传输中不会形成地环流。

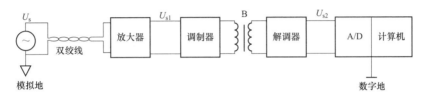

图 7-5 变压器隔离

3. 光电隔离

光电隔离是利用光电隔离器完成信号的传送，实现电路的隔离。根据所用的器件及电路不同，通过光电隔离器既可以实现模拟信号的隔离，又可以实现数字量的隔离。

对于脉冲信号、数字信号和开关量信号的光电隔离，是利用光电隔离器的开关特性进行的，可参考前面章节中所介绍的光电隔离技术的相关内容。

对于模拟信号的光电隔离，有两种方案可供选择。

（1）利用数字信号通道进行隔离，即在 A/D 转换器与 CPU 或 CPU 与 D/A 转换器的数字信号之间插入光电隔离器，以进行数据信号和控制信号的耦合传送。在 A/D 转换器与 CPU 之间的每根数据线必须各自插接一个光电隔离器，这样不仅可以无误地传送数字信号，而且实现了 A/D 转换器及其模拟量输入通道与计算机的完全电隔离。同样，在 CPU 与 D/A 转换器之间的每根数据线也必须各自插接一个光电隔离器，同样无误地传送数字信号，而且实现了计算机与 D/A 转换器及其模拟量输出通道的完全电隔离。

（2）利用光电隔离器的线性放大区传送模拟信号而隔离电磁干扰，即在模拟信号通道中进行隔离。如图 7-6 所示，在模拟量输入通道的现场传感器与 A/D 转换器之间，光电隔离器一方面把放大器输出的模拟信号线性地光耦（或放大）到 A/D 转换器的输入端，另一方面又切断了现场模拟地与计算机数字地之间的联系，起到了很好的抗共模干扰的作用。在模拟量输出通道的 D/A 转换器与执行器之间，光电隔离器一方面把放大器输出的模拟信号线性地光耦（或放大）输出到现场执行器，另一方面又切断了计算机数字地与现场模拟地之间的联系，同样起到了很好的抗共模干扰作用。

光电隔离器的这两种隔离方法各有优缺点。前者的优点是调试简单，不影响系统的精

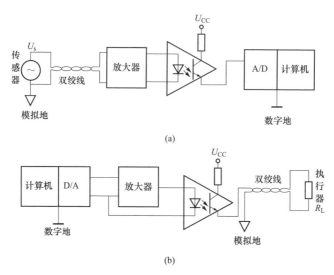

图 7-6　光电隔离器的模拟信号隔离

（a）在传感器与 A/D 转换器之间；（b）在 D/A 转换器与执行器之间

度；缺点是使用较多的器件，成本较高。后者的优点是使用少量的光电隔离器，成本低；缺点是调试困难，如果光电隔离器挑选得不合适，会影响系统的精度。随着光电隔离器价格越来越低廉，目前在实际工程中主要使用光电隔离器的数字信号隔离方法。

　　4. 浮地屏蔽

　　浮地屏蔽是利用屏蔽层使输入信号的"模拟地"浮空，使共模输入阻抗大为提高，共模电压在输入回路中引起的共模电流大为减少，从而抑制了共模干扰的来源，使共模干扰降至很低，图 7-7 给出了一种浮地输入双层屏蔽放大电路。

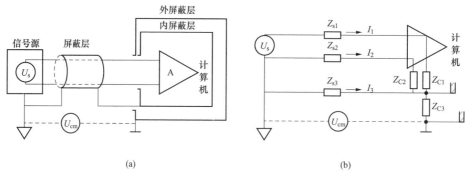

图 7-7　浮地输入双层屏蔽放大电路

（a）原理框图；（b）等效电路

　　图 7-7 中，计算机部分采用内外两层屏蔽，且内屏蔽层对外屏蔽层（机壳地）是浮地的，内屏蔽层、信号源及信号线屏蔽层在信号源端单点接地，被测信号到计算机控制系统的放大器采用双端差动输入方式。

　　图 7-7 中，Z_{s1} 和 Z_{s2} 为信号源内阻及信号引线电阻，Z_{s3} 为信号线的屏蔽电阻，它们至多只有十几欧姆；Z_{c1} 和 Z_{c2} 为放大器输入端对内屏蔽层的绝缘阻抗，Z_{c3} 为内屏蔽层与外屏

蔽层之间的绝缘阻抗，它们的阻抗值很大，可达数十兆欧姆以上。从其等效电路看，在 U_{cm}、Z_{s3} 和 Z_{c3} 构成的回路中，$Z_{c3} \gg Z_{s3}$，因此干扰电流 I_3 在 Z_{s3} 上的分压 U_{s3} 就小得多；U_{s3} 分别在 Z_{s2} 与 Z_{s1} 上的分压 U_{s2} 与 U_{s1} 又被衰减很多，而且是同时加到运算放大器的差动输入端，也即被二次衰减到很小的干扰信号再次相减，余下的进入到计算机系统内的共模电压，在理论上几乎为零。因此，这种浮地屏蔽系统对抑制共模干扰是很有效的。

5. 采用具有高共模抑制比的仪表放大器作为输入放大器

仪表放大器具有共模抑制能力强、输入阻抗高、漂移低及增益可调等优点，是一种专门用来分离共模干扰与有用信号的器件。图 7-8 所示即为采用仪表放大器抑制共模干扰电路。

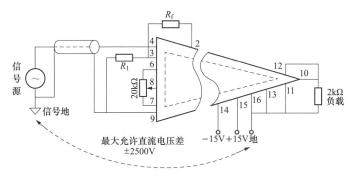

图 7-8　采用仪表放大器抑制共模干扰电路

仪表放大器完成对测量信号的放大以及模拟信号与传输通道隔离的任务。I/O 接口和通道还应采取下述几种措施：尽量缩短信号线的长度；不用的输入端子不能悬空，必须通过负载电阻接到电源线上；为防止电磁感应，信号线应采用屏蔽线。

三、接地技术

接地的目的有两个：①保证控制系统稳定可靠地运行，防止地环路引起的干扰，常称为工作接地；②避免操作人员因设备的绝缘损坏或下降遭受触电危险和保证设备的安全，常称为保护接地。

广义的接地包含两方面的意思，即接实地和接虚地。接实地指的是与大地连接；接虚地指的是与电位基准点连接，当这个基准点与大地电气绝缘时，则称为浮地连接。系统接地方式有浮地方式、直接接地方式和电容接地方式三种。

1. 计算机控制系统接地的种类及作用

在计算机控制系统中，有模拟地、数字地、信号地、系统地、交流地和保护地几种地线。

（1）模拟地作为传感器、变送器、放大器、A/D 和 D/A 转换器中模拟电路的零电位。模拟信号有精度要求，它的信号比较小，而且与生产现场连接。有时为区别远距离传感器的弱信号地与主机的模拟地，把传感器的地又称信号地。

（2）数字地，也称逻辑地，是计算机各种 TTL 和 CMOS 芯片及其他数字电路的零电位。数字地应该与模拟地分开，避免模拟信号受数字脉冲的干扰。

（3）系统地是数字地、模拟地等的最终回流点，直接与大地相连作为基准零电位。

（4）交流地是交流电源的地线。交流地电位很不稳定，任意两点之间也往往存在电位差，并容易引进干扰，因此，交流地绝对不可以与其他地线相连接。

（5）保护地，也称安全地、机壳地，目的是使设备机壳与大地等电位，以避免机壳带电影响人身及设备安全。

（6）屏蔽地，它是为了防止静电感应和磁场感应而设置的，多数情况下也是机壳地。

（7）功率地，它是指功率放大器和执行部件的地。

以上这些地线如何处理，是接地还是浮地，是一点接地还是多点接地，这些是实时控制系统设计、安装和调试中的重要问题。

2. 常用的接地方法

（1）一点接地和多点接地。一般来说，当频率低于1MHz时，采用单点接地方式，这主要是避免形成产生干扰的地环路；当频率高于10MHz时，采用多点接地方式；而在1～10MHz之间，如果采用单点接地，其地线长度不得超过波长的1/20，否则应采用多点接地方式。在工业控制系统中，信号频率大多小于1MHz，所以通常采用图7-9所示的单点接地方式。

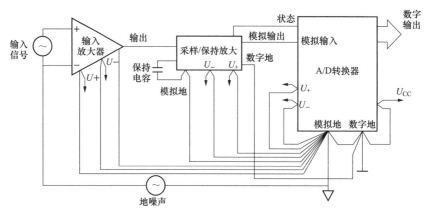

图7-9 单点接地方式

（2）分别回流法单点接地。在计算机控制系统中，各种地一般应采用分别回流法单点接地的方法。模拟地、数字地、安全地的分别回流法如图7-10所示。汇流条由多层铜导体构成，截面呈矩形，各层之间有绝缘层。采用多层汇流条以减少自感，可减少干扰的窜入途

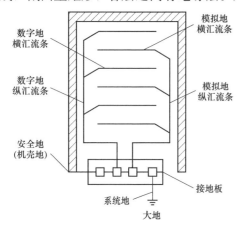

图7-10 分别回流法单点接地

径。在稍考究的系统中，分别使用横汇流条及纵汇流条，机柜内各层机架之间分别设置汇流条，以最大限度减小公共阻抗的影响。在空间将数字地汇流条与模拟地汇流条间隔开，以避免通过汇流条间电容产生耦合。安全地（机壳地）始终与模拟地和数字地隔离开。这些地之间只是在最后才汇聚一点，而且常常通过铜接地板交汇，然后用截面积不小于$30mm^2$的多股软铜线焊接在接地板上深埋地下。

（3）输入系统的接地。在输入系统中，传感器、变送器和放大器通常采用屏蔽罩，而信号的传送往往使用屏蔽线。对于屏蔽层的接地也应遵

守单点接地原则，输入信号源有接地和浮地两种情况，因此输入系统的接地电路也有两种情况。在图7-11（a）中，信号源端接地，而接收端放大器浮地，则屏蔽层应在信号源端接地（A点）。而图7-11（b）却相反，信号源浮地，接收端接地，则屏蔽层应在接收端接地（B点）。图7-11所示的单点接地是为了避免在屏蔽层与地之间的回路电流，从而通过屏蔽层与信号线间的电容产生对信号线的干扰。一般输入信号比较小，而模拟信号又容易受到干扰。因此，对输入系统的接地和屏蔽应格外重视。

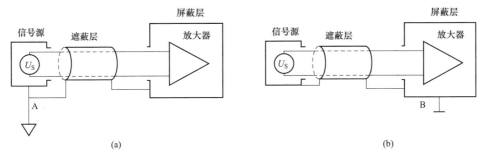

图 7-11　输入系统接地方式

（a）信号源端接地；（b）接收端接地

高增益放大器常常用金属罩屏蔽起来，但屏蔽罩的接地也要合理，否则将引起干扰。解决的办法就是将屏蔽罩接到放大器的公共端。

（4）印制线路板的地线分布。设计印制线路板应遵守下列原则，以免系统内部地线产生干扰：

1）TTL、CMOS器件的地线要呈辐射状，不能形成环形。

2）印制线路板上的地线要根据通过的电流大小决定其宽度，不要小于3mm，在可能的情况下，地线越宽越好。

3）旁路电容的地线不能长，应尽量缩短。

4）大电流的零电位地线应尽量宽，而且必须和小信号的地分开。

（5）主机系统的接地。计算机控制系统主机的接地，同样是为了防止干扰，提高可靠性。主机接地方式如下：

1）全机一点接地。计算机控制系统的主机架内采用图7-10所示的分别回流法接地方式，主机地与外部设备地的连接采用一点接地，如图7-12所示。为了避免多点接地，各机柜用绝缘板垫起来。这种接地方式安全可靠，有一定的抗干扰能力。接地电阻越小越好，一般选为 $4\sim10\Omega$。

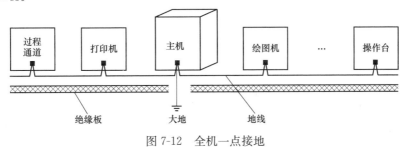

图 7-12　全机一点接地

2）主机外壳接地，机芯浮空。为了提高计算机系统的抗干扰能力，将主机外壳作为屏蔽罩接地，而把机内器件架与外壳绝缘，绝缘电阻大于 50MΩ，即机内信号地浮空，如图 7-13 所示。这种方法安全可靠，抗干扰能力强，但制造工艺复杂，一旦绝缘电阻降低就会引入干扰。

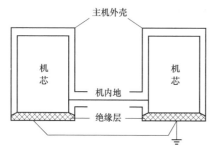

图 7-13　外壳接地机芯浮空

3）多机系统的接地。在计算机网络系统中，多台计算机之间相互通信，资源共享。如果接地不合理，将使整个网络系统无法正常工作。近距离的几台计算机安装在同一机房内，可采用类似图 7-12 所示的一点接地方法。对于远距离的计算机网络，多台计算机之间的数据通信通过隔离的办法与地分开。例如，采用变压器隔离技术、光电隔离技术或无线通信技术。

四、电源及供电技术

计算机控制系统一般是由交流电网供电，电网电压与频率的波动将直接影响到控制系统的可靠性与稳定性。实践表明，电源的干扰是计算机控制系统的一个主要干扰，抑制这种干扰的主要措施有以下两个方面。

1. 交流电源系统的抗干扰

理想的交流电应该是 50Hz 的正弦波。但事实上，由于负载的波动，如电动机、电焊机、鼓风机等电气设备的启停，甚至日光灯的开关都可能造成电源电压的波动，严重时会使电源正弦波上出现尖峰脉冲，如图 7-14 所示。

这种尖峰脉冲，幅值可达几十甚至几千伏，持续时间也可达几毫秒之久，容易造成计算机的"死

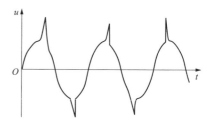

图 7-14　交流电源正弦波上的尖峰脉冲

机"，甚至会损坏硬件，对系统威胁极大。在硬件上可以用以下方法加以解决：

（1）选用供电比较稳定的进线电源。计算机控制系统的电源进线要尽量选用比较稳定的交流电源线，至少不要将控制系统接到负载变化大、晶闸管设备多或者有高频设备的电源上。

（2）利用干扰抑制器消除尖峰干扰。干扰抑制器是一种无源四端网络，直接加在电源输入端。

（3）采用交流稳压器稳定电网电压。为了防止电源干扰，计算机控制系统的供电系统一

图 7-15　一般交流供电系统

般采用图 7-15 所示的结构形式。图中，交流稳压器能把输出波形畸变控制在 5% 以内，有效地抑制电网电压的波动，且对负载短路起限流保护作用。低通滤波器是为了滤除电网中混杂的高频干扰信号，保证 50Hz 基波通过。最后由直流稳压电源向计算机控制系统供电。

（4）交流电源变压器的屏蔽。把高压交流变成低压直流的简单方法是用交流电源变压器。对电源变压器设置合理的静电屏蔽和电磁屏蔽，就是一种十分有效的抗干扰措施。通常将电源变压器的一、二次绕组分别加以屏蔽，一次绕组屏蔽层与铁芯同时接地，如图 7-16（a）所示。在要求更高的场合，可采用层间也加屏蔽的结构，如图 7-16（b）所示。

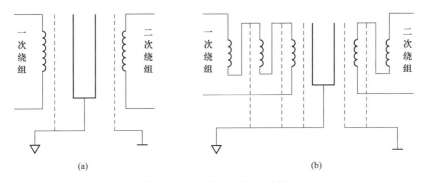

图 7-16 电源变压器的屏蔽

(a) 屏蔽层与铁芯同时接地；(b) 层间加屏蔽结构

（5）利用 UPS 保证不中断供电。电网瞬间断电或电压突然下降等掉电事件会使计算机系统陷入混乱状态，是可能产生严重事故的恶性干扰。对于要求更高的计算机控制系统，可以采用不间断电源即 UPS 向系统供电。UPS 由两部组成：一部分是将交流电变为直流电的整流/浮充装置；另一部分是把蓄电池上的直流变成交流的逆变器（逆变器能把电池直流电压逆变到正常频率和幅度的交流电压，具有稳压和稳频的双重功能，可有效提高供电质量）。不间断电源 UPS 供电系统如图 7-17 所示。

正常情况下由交流电网通过交流稳压器、切换开关、直流稳压器供电至计算机系统，同时交流电网也给电池组充电。如果交流供电中断，UPS 中的断电传感器检测到断电后就会将供电通路在极短的时间内（3ms）切换到电池组，经逆变器输出交流代替电网交流的供电，保证供电的不中断。

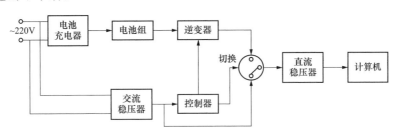

图 7-17 不间断电源 UPS 供电系统

2. 直流电源系统的抗干扰

在计算机控制系统中，无论是模拟电路还是数字电路，都需要低压直流供电。为了进一步抑制来自电源方面的干扰，一般在直流电源侧也要采用相应的抗干扰措施。

（1）采用直流开关电源。直流开关电源是一种脉宽调制型电源，由于脉冲频率高达 20kHz，因此甩掉了传统的工频变压器，具有体积小、质量轻、效率高（＞70%）、电网电压范围大[（−20%～10%）×220V]、电网电压变化时不会输出过电压或欠电压、输出电压保持时间长等优点。开关电源一、二次之间具有较好的隔离，对于交流电网上的高频脉冲干扰有较强的隔离能力。

现在已有许多直流开关电源产品，一般都有几个独立的电源，如±5、±12、±24V 等。

（2）采用 DC-DC 变换器。如果系统供电电网波动较大，或者对直流电源的精度要求较高，就可采用 DC-DC 变换器。DC-DC 变换器可以将一种电压的直流电源变换成另一种电压的直流电源，有升压型、降压型或升压/降压型。它具有体积小、性能价格比高、输入电压范围大、输出电压稳定（有的还可调）、环境温度范围广等一系列优点。

采用 DC-DC 变换器可以方便地实现电池供电，从而制造便携式或手持式计算机测控装置。

（3）每块电路板的直流电源。当一台计算机控制系统有几块功能电路板时，为了防止板与板之间的相互干扰，可以对每块板的直流电源采取分散独立供电环境。在每块板上装一块或几块三端稳压集成块（7805、7905、7812、7912 等）组成稳压电源，每个功能板单独对电压过载进行保护，不会因为某个稳压块出现故障而使整个系统遭到破坏，而且也减少了公共阻抗的相互耦合，大大提高供电的可靠性，也有利于电源散热。

（4）集成电路块的工作电源加旁路电容。集成电路的开关高速动作时会产生噪声，因此无论电源装置提供的电压多么稳定，工作电源和地端也会产生噪声。为了降低集成电路的开关噪声，在印制线路板上的每一块 IC 上都接入高频特性好的旁路电容，将开关电流经过的线路局限在板内一个极小的范围内。旁路电容可用 $0.01\sim0.1\mu F$ 的陶瓷电容器，旁路电容器的引线要短而且紧靠需要旁路的集成器件的工作电源或地端，否则会毫无意义。

（5）掉电保护电路。对于没有使用 UPS 的计算机控制系统，为了防止掉电后 RAM 中的信息丢失，可以采用镍电池对 RAM 数据进行掉电保护。图 7-18 所示是一种计算机系统 64KB 存储板所使用的掉电保护电路。系统电源正常工作时，由外部电源 +5V 供电，A 点电平高于备用电池（3.6V）电压，VD2 截止，存储器由主电源（+5V）供电。系统掉电时，A 点电位低于备用电池电压，VD1 截止，VD2 导通，由备用电池向 RAM 供电。当系统恢复供电时，VD1 重新导通，VD2 截止，又恢复主电源供电。

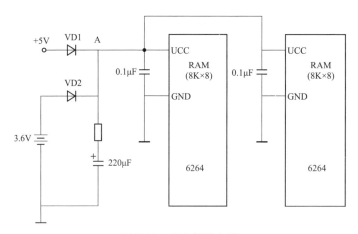

图 7-18　掉电保护电路

对于没有采用镍电池进行掉电保护的一些控制系统，至少应设置电源监控电路，即硬件掉电检测电路。在掉电电压下降到 CPU 最低工作电压之前应能提出中断申请（提前时间为几百微秒到数毫秒），使系统能及时对掉电做出保护反应——在掉电中断子程序中，首先进行现场保护，把当时的重要参数、中间结果以及输入/输出状态做出妥善处理，并在片内 RAM 中设置掉电标志。当电源恢复正常时，CPU 重新复位，复位后应首先检查是否有掉电

标记。如果没有，按一般开机程序执行，即首先系统初
始化；如果有掉电标记，则说明本次复位是掉电保护之
后的复位，不应将系统初始化，而应按掉电中断子程序
相反的方式恢复现场，以一种合理的安全方式使系统继
续工作。

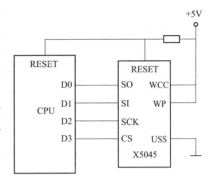

图 7-19　X5045 与 CPU 的接口电路

其中一种简便实用的应用电路——X5045 与 CPU
的接口电路如图 7-19 所示。上电时，电压超过 4.5V
后，经过约 200ms 的稳定时间后 RESET 信号由高电平
变为低电平；掉电时，当电源电压低于 4.5V 时，
RESET 信号立即变为高电平，使 CPU 响应中断申请并
转入掉电中断子程序，进行现场保护。

五、长线传输技术

1. 长线的概念

对于采用高速集成电路的计算机来说，长线的"长"是一个相对的概念，是否"长线"
取决于集成电路的运算速度。对于纳秒级的数字电路来说，1m 左右的连线就应当作长线来
看待；而对于 10μs 级的电路，几米长的连线才需要当作长线来处理。在计算机控制系统中，
由于数字信号的频率很高，很多情况下传输线要按长线对待。实际上由生产现场到计算机的
连线往往长达几十米，甚至数百米。即使在中央控制室内，各种连线也有几米到十几米。

2. 长线传输的抗干扰措施

长线传输的干扰主要是空间电磁耦合干扰和传输线上的波反射干扰，抑制措施主要有：

（1）采用同轴电缆或双绞线作为传输线。采用双绞线或同轴电缆作为传输线可以减弱空
间电磁耦合干扰。由于双绞线间的分布电容较大，对于电场几乎没有抑制能力。且当绞距小
于 5mm 时，对于磁场抑制的效果不显著。因此在电场干扰较强时可采用屏蔽双绞线。

在使用双绞线时，有非平衡式传输电路和平衡式传输电路两种方式。非平衡式传输线路
是将双绞线的一根接地进行信号传输，平衡式传输电路是双绞线的两根线不接地传输信号。
非平衡式传输线路对干扰的抑制能力较平衡式传输线路要差，但较单根线传输要强。平衡式
传输电路具有较强的抗串模干扰能力，外部干扰在双绞线中产生对称的感应电动势，相互抵
消。同时，可以抑制来自地线的干扰信号。因此，尽可能采用平衡式传输电路。

（2）阻抗匹配抑制波反射干扰。当信号在长线中传输时，由于传输线的分布电容和分布
电感的影响，信号会在传输线内部产生正向前进的电压波和电流波，称为入射波。如果传输
线的终端阻抗与传输线的阻抗不匹配，入射波到达终端时会引起反射；同样，反射波到达传
输线始端时，如果始端阻抗不匹配，又会引起新的反射。如此多次反射，使信号波形严重地
畸变。显然，采用终端阻抗匹配或始端阻抗匹配的措施，可以消除或削弱长线传输中波反射
造成的信号失真。

计算机中的信号线常常采用双绞线和同轴电缆，双绞线的波阻抗一般在 $100 \sim 200\Omega$，绞
花越密，波阻抗越低。同轴电缆的波阻抗为 $50 \sim 100\Omega$。进行阻抗匹配，首先需要通过测试
或由已知的技术数据掌握传输线的波阻抗 R_p 的大小。

1）波阻抗 R_p 的求解。波阻抗的测量电路如图 7-20 所示。图中的信号传输线为双绞线，
在传输线始端通过与非门加入标准信号，用示波器观察门 A 的输出波形，调节传输线终端

的可变电阻 R，当门 A 输出的波形不畸变时，即是传输线的波阻抗与终端阻抗完全匹配，反射波完全消失，这时的 R 值就是该传输线的波阻抗，即 $R_p = R$。

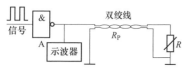

图 7-20　波阻抗的测量电路

2）终端阻抗匹配。最简单的终端匹配方法如图 7-21（a）所示。如果传输线的波阻抗为 R_p，那么当 $R = R_p$ 时，便实现了终端匹配，消除了波反射。此时终端波形和始端波形的形状相一致，只是时间上滞后。由于终端电阻变小，则加大负载，使波形的高电平下降，从而降低了高电平的抗干扰能力，但对波形的低电平没有影响。为了克服上述匹配方法的缺点，可采用图7-21（b）所示的终端匹配方法。

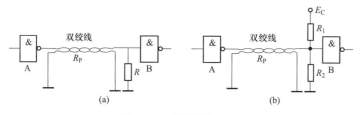

图 7-21　终端阻抗匹配

（a）简单的并联终端匹配；（b）戴维南并联终端匹配

3）始端阻抗匹配。在传输线始端串入电阻 R，如图 7-22 所示，也能基本上消除波反射，达到改善波形的目的。一般选择始端匹配电阻 $R = R_p - R_{sc}$。其中，R_{sc} 为门 A 输出低电平时的输出阻抗。

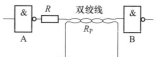

图 7-22　始端阻抗匹配

这种匹配方法的优点是波形的高电平不变，缺点是波形低电平会抬高。其原因是终端门 B 的输入电流在始端匹配电阻 R 上的压降造成的。显然，终端所带负载门个数越多，则低电平抬高得越显著。

第三节　软件抗干扰技术

窜入计算机控制系统的干扰，其频谱往往很宽，且具有随机性。采用硬件抗干扰措施时，只能抑制某个频率段的干扰，仍有一些干扰会侵入系统。因此，除了采取硬件抗干扰措施外，还要采取软件抗干扰措施。

软件抗干扰技术是当系统受干扰后使系统恢复正常运行或输入信号受干扰后去伪求真的一种辅助方法。因此软件抗干扰是被动措施，而硬件抗干扰是主动措施。但由于软件设计灵活，节省硬件资源，所以软件抗干扰技术已得到较为广泛的应用。

本节从信号输入/输出软件抗干扰技术、指令冗余技术、软件陷阱和程序运行监视系统等方面介绍软件方面的抗干扰措施。

一、输入/输出软件抗干扰技术

如果干扰只作用在系统的输入/输出通道上，且 CPU 工作正常，则对于模拟量多采取数字滤波技术，而对开关量可用下列方法减少或消除其干扰。

1. 开关量（数字量）信号输入软件抗干扰措施

对于数字信号来说，干扰信号多呈毛刺状，作用时间短。针对这一特点，在采集某一开关量信号时，可多次重复采集，直到连续两次或多次采集结果完全一致时才可视为有效。若相邻的检测内容不一致，或多次检测结果不一致，则是伪输入信号，可停止采集并给出报警信号。由于这些数字信号主要是来自各类开关型传感器，对这些信号采集不能用多次平均的方法，必须绝对一致才行。开关量信号采集典型的程序流程如图 7-23 所示。

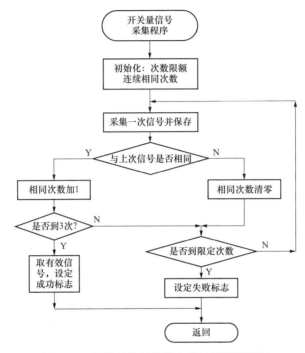

图 7-23　开关量信号采集典型的程序流程图

在满足实时性要求的前提下，如果在各次采集开关量信号之间增加一段延时，效果会更好，可以对抗较宽的干扰。延时时间在 $10\sim100\mu s$。对于每次采集的最高次数限制和连续相同次数均可按实际情况适当调整，如电站工程中的汽包水位等重要的开关量信号采取三取二操作。

2. 开关量（数字量）信号输出软件抗干扰措施

当计算机输出开关量控制闸门料斗等执行机构动作时，需要防止这些执行机构由于外界干扰而误动作，如已关的闸门料斗可能中途打开，已开的闸门料斗可能中途突然关闭。对这类信号的抗干扰输出方法是重复输出同一数据，只要有可能，其重复周期尽可能短些。执行机构接收到一个被干扰的错误信号后，还来不及做出有效的反应，一个正确的输出命令又到来，就可以及时消除由于扰动而引起的误动作（开或关）。

二、指令冗余技术

当计算机系统受到外界干扰，破坏了 CPU 正常的工作时序时，可能造成程序计数器 PC 的值发生改变，跳转到随机的程序存储区。当程序跑飞到某一单字节指令上，程序能够自动纳入正轨；当程序跑飞到某一双字节指令上，有可能落到其操作数上，则 CPU 会误将操作数当操作码执行；当程序跑飞到三字节指令上，因它有两个操作数，出错的概率会更大。

为了解决这一问题，可采用在程序中人为地插入一些空操作指令（NOP）或将有效的单字节指令重复书写，即指令冗余技术。由于空操作指令为单字节指令，且对计算机的工作状态无任何影响，这样就会使失控的程序在遇到该指令后，能够调整其 PC 值至正确的轨道，使后续的指令得以正确地执行。

但不能在程序中加入太多的冗余指令，以免降低程序正常运行的效率。一般是在对程序流向起决定作用的指令之前以及影响系统工作状态的重要指令之前插入两三条 NOP 指令，还可以每隔一定数目的指令插入 NOP 指令，以保证跑飞的程序迅速纳入正确轨道。

指令冗余技术可以减少程序出现错误跳转的次数，但不能保证在失控期间不干坏事，更不能保证程序纳入正常轨道后就太平无事了。解决这个问题还必须采用软件容错技术，使系统的误动作减少，并消灭重大误动作。

三、软件陷阱技术

指令冗余使跑飞的程序安定下来是有条件的，首先跑飞的程序必须落到程序区，其次必须执行到冗余指令。当跑飞的程序落到非程序区时，应采取的措施就是设立软件陷阱。

软件陷阱，就是在非程序区设置拦截措施，使程序进入陷阱，即通过一条引导指令，强行将跑飞的程序引向一个指定的地址，在那里有一段专门对程序出错进行处理的程序。如果把这段程序的入口标号称为 ERROR 的话，软件陷阱即为一条 JMP ERROR 指令。为加强其捕捉效果，一般还在它前面加上两条 NOP 指令，因此真正的软件陷阱由 3 条指令构成：

NOP

NOP

JMP ERROR

软件陷阱安排在以下四种地方：①未使用的中断向量区；②未使用的大片 ROM 空间；③程序中的数据表格区；④程序区中一些指令串中间的断裂点处。

由于软件陷阱都安排在正常程序执行不到的地方，故不影响程序的执行效率，在当前 EPROM 容量不成问题的条件下，应多安插软件陷阱指令。

四、程序运行监视系统

程序运行监视系统，也称为看门狗定时器（watchdog timer），可以使陷入"死机"的系统产生复位，重新启动程序运行。这是监视程序运行是否正常的最有效的方法之一，得到了广泛的应用。

1. watchdog timer 的工作原理

为了保证程序运行监视系统的可靠性，监视系统中必须包括一定的硬件部分，且应完全独立于 CPU 之外，但又要与 CPU 保持时刻的联系。因此，程序运行监视系统是硬件电路和软件程序的巧妙结合。图 7-24 给出了 watchdog timer 的工作原理。

CPU 可设计成由程序确定的定时器 1，看门狗被设计成另一个定时器 2，它的计时启动将因 CPU 的定时访问脉冲 P1 的到来而重新开始，定时器 2 的定时到脉冲 P2 连到 CPU 的复位端。设定器 1 的定时周期为 T_1，也是 CPU 定时访问定时器 2 的周期，定时器 2 的定时周期为 T_2，两个定时周期必须是 $T_1 < T_2$。

在正常情况下，CPU 每隔 T_1 时间便会定时访问定时器 2，从而使定时器 2 重新开始计时而不会产生溢出脉冲 P2；而一旦 CPU 受到干扰陷入死循环，便不能及时访问定时器 2，定时器 2 会在 T_2 时间到达时产生定时溢出脉冲 P2，从而引起 CPU 的复位，自动恢复系统

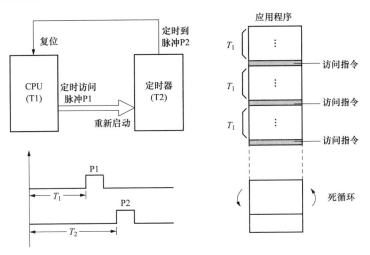

图 7-24　watchdog timer 工作原理示意

的正常运行程序。

2. watchdog timer 的实现方法

以前的 watchdog timer 硬件部分是用单稳电路或自带脉冲源的计数器构成，电路比较复杂，而且可靠性也有问题。美国 Xicor 公司生产的 X5045 芯片，集看门狗功能、电源监测、EEPROM 和上电复位 4 种功能为一体，使用该器件可大大简化系统的结构并提高系统的性能。

X5045 有以下 8 根引脚：

SCK：串行时钟。

SO：串行输出，时钟 SCK 的下降沿同步输出数据。

SI：串行输入，时钟 SCK 的上升沿锁存数据。

$\overline{CS}$：片选信号，低电平时 X5045 工作，变为高电平时将使看门狗定时器重新开始计时。

$\overline{WP}$：写保护，低电平时写操作被禁止，高电平时所有功能正常。

RESET：复位，高电平有效。用于电源检测和看门狗超时输出。

X5045 与 CPU 的接口电路如图 7-25 所示。图中，X5045 的信号线 SO、SI、SCK、$\overline{CS}$ 与 CPU 的数据线 D0～D3 相连，用软件控制引脚的读（SO）、写（SI）及选通（$\overline{CS}$）。X5045 的引脚 RESET 与 CPU 的复位端 RESET 相连，利用访问程序造成 $\overline{CS}$ 引脚上的信号变化，就算访问了一次 X5045。

在 CPU 正常工作时，每隔一定时间（小于 X5045 的定时时间）运行一次这个访问程序，X5045 就不会产生溢出脉冲。一旦 CPU 陷入死循环，不再执行该程序，即不对 X5045 进行访问，则 X5045 就会在 RESET 端输出宽度 100～400ms 的正脉冲，足以使 CPU 复位。

X5045 中的看门狗对 CPU 提供了完全独立的保护系统，它提供三种定时时间：200ms、600ms 和 1.4s，可用编程选择。

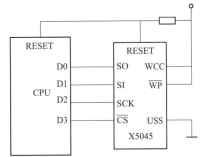

图 7-25　X5045 与 CPU 的接口电路

第四节   计算机控制系统的可靠性技术

可靠性是计算机控制系统的一项重要的技术指标。对于现代工业过程计算机控制系统，应能够长期连续无故障运行，一旦发生故障，应当能实现故障自动检测与安全保护，并尽可能在短时间内修复。

一个系统的可靠性不仅涉及系统中元器件、部件的可靠性，也与系统的设计以及工作条件、运行维护水平有关。因此，无论是从事计算机控制系统的研究设计还是运行操作，都应具备一定的可靠性方面的知识。

一、系统可靠性指标

计算机控制系统的可靠性可定义为在规定的工作条件下和规定的时间内，系统正确完成规定功能的能力。衡量可靠性常用的量化指标主要有可靠度、平均故障时间、平均故障间隔时间、平均修复时间和有效率等。

（1）可靠度。系统在规定的条件和规定的时间内，完成规定功能的概率，用 $R(t)$ 表示。可靠度是一个无量纲量，其取值范围为 $0 \leqslant R(t) \leqslant 1$。同时，这是一个统计值，与传统的实验设计无关。

（2）平均故障时间（mean time to failure，MTTF）。指系统平均能够正常运行多长时间，才发生故障。MTTF 值越大，表示系统的可靠性越高，平均无故障时间越长。

（3）平均故障间隔时间（mean time between failure，MTBF）。又称平均无故障时间，系统相邻两次故障期间的正常工作时间的平均值。它是一个统计值，而不是一个确切的无故障时间或寿命。MTBF 越长，表示可靠性越高，正确工作能力越强。

（4）平均修复时间（mean time to repair，MTTR）。也是一个统计值，定义为系统发生故障后，排除故障并投入运行所需要时间的统计平均值。MTTR 越短，表示易恢复性越好。它包括故障时间以及检测和维护设备的时间。

MTTF、MTTR 和 MTBF 之间的关系如图 7-26 所示，很显然，MTBF＝MTTF＋MT-TR。因为 MTTR 远小于 MTTF 时，所以 MTBF 近似等于 MTTF。

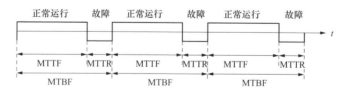

图 7-26   MTTF、MTTR 和 MTBF 的关系

（5）有效率 A（availability）。系统在规定时间内维持其性能的概率，由式（7-3）定义：

$$A = \frac{\text{MTBF}}{\text{MTBF} + \text{MTTR}} \tag{7-3}$$

有效率是衡量系统可靠度和维修度的综合尺寸。

二、提高系统可靠性的技术

为保证计算机控制系统的可靠性，可采取以下技术措施。

1. 元器件级可靠性措施

（1）元器件的选用。采用低额定值的原则，即将功率额定值与使用温度的额定值分别控制在其标定额定值的 50％ 和 75％ 以内。另外，尽量选用 CMOS 电路与专用集成电路 ASIC，能显著降低功耗与减少片外引线，大大提高可靠性。MTBF 时间长的元件尽量采用 LSI。

（2）元器件筛选。除进行一般静态与动态技术指标的测试之外，需进行高温老化与高低温冲击试验，以剔除早期失效的器件。

2. 模件级可靠性措施

（1）接插件和各种开关选用双触点结构，并对其表面进行镍打底镀金处理。

（2）安装工艺。当前的发展趋势是采用多层印制电路板高密度表面安装技术，以减少外引线数目和长度，减少印制电路板面积和提高抗干扰性能。

（3）对各种模件级产品必须百分之百地进行高温老化与高低温冲击试验，用以发现印制电路板与焊装中的缺陷。目前，各种模件的 MTBF 已达到数十万小时。

3. 系统级可靠性措施

以分散控制系统为代表的计算机控制系统的特点之一是高可靠性，广泛应用于过程控制。它的高可靠性是通过多种措施保证的。

（1）危险分散的原则。任何系统都不能认为是绝对可靠的。采用结构分散的系统设计原则意味着把复杂的大系统分解为相对独立的局部系统进行控制，即使某个局部发生故障，也不影响整个系统。结构上的分散意味着控制分散、供电分散、负荷分散、干扰分散，从根本上分散了影响系统正常运行的外部因素，保证系统达到很高的可靠性。

（2）冗余技术。冗余技术的理论基础是并联系统，即备份。所谓冗余是使系统中一个单元工作，另一备用单元处于一种待机状态，一旦工作单元发生故障，通过故障检测控制机制，及时地将处于待机状态的单元投入运行。冗余设计相当于把单元的故障修复时间 MTTR 降至零，其结果使可用率 A 达到 100％。

冗余结构设计可以保证系统运行时不受故障的影响。按冗余部件、装置或系统的工作状态，可分为工作冗余（热后备）和后备冗余（冷后备）两类。按冗余度的不同，可分为双重冗余（1：1）和多重化（n：1）冗余。

设计冗余结构的范围应与系统的可靠性要求、自动化水平以及经济性一起考虑。为了便于多级操作，实现分散控制、集中管理的目标，在计算机控制系统应用时，越是处于下层的部件、装置或系统，越需要冗余，而且冗余度也越高。

计算机控制系统的供电系统、通信系统、控制器、I/O 通道都可以组成冗余结构。冗余设计是以投入相同的装置、部件为代价来提高系统可靠性的。在设计选型时，应该根据工艺过程特点、自动化水平、系统可靠性要求提出合理的冗余要求，要进行经济性分析。应该指出，对于一个高可靠性的系统，采用冗余结构后，系统可靠性虽然提高，但相对值可能不大。而对于可靠性较低的系统，采用冗余结构，可以大大提高可靠性指标。

冗余设计会增加系统的投资，如何在系统中设置冗余，是系统设计的重要内容。冗余设计的原则是保证重点部位，减少不必要的冗余，权衡系统可靠性与经济实用性，实现最佳设计。

（3）故障检测技术。系统一旦出现故障应做出及时的处理，包括冗余切换、切入手动、将故障部位与系统解列等措施。为此，需要有高精度的故障检测措施。在系统正常运行中，在线对系统进行定期诊断，一旦发现异常，及时采取必要的措施，并指出故障类型以及故障部位，通知运行人员，发出故障报警。

（4）抗干扰技术。系统故障的产生主要来自设备本身和外部原因两个问题，其中外部干扰是引起系统故障的主要因素之一。因此，全面地考虑整个系统的抗干扰问题，采取一系列有效的抗干扰措施，也是提高系统可靠性的重要方面。

（5）故障修复技术。出现故障之后应能在尽可能短的时间内进行修复。为此，应努力提高设备的可修复性。从系统设计方面出发，应使故障修复尽可能容易，如在线更换插件。从运行和管理方面出发，应建立高效合理的维修机构和科学的备品备件库。同时，还应提高维护人员的水平，做到及时、准确地消除故障，恢复系统至完好状态。

三、可靠性的软件技术

计算机控制系统的故障中很多属于软件故障，因而系统的可靠性包括软件可靠性的内容。软件的可靠性设计主要是指系统设计阶段以及投运初期应当注意的问题和应当采取的措施。

1. 合理选择系统软件

计算机控制系统一般采用实时多任务操作系统。应根据使用的角度和应用场合选择适合自己的实时多任务操作系统。此外，还应重视其他工具软件及专用软件的选择。好的工具软件会大大减轻应用软件开发的负担，减少应用软件开发过程中可能产生的错误，设计出高质量的软件产品。

2. 应用软件的开发

应用软件开发主要包括任务功能设计与编程设计两个部分。首先应当明确地规定软件应实现的功能。除了完成控制功能以外，应十分重视软件诊断、软件保护、软件抗干扰以及故障恢复等功能。分散控制系统都设计了这方面的功能软件，可对系统软件和硬件进行自诊断和测试，具有多种保护功能，如失电保护、软件出错保护等。有的系统还具有自恢复功能，一旦出现异常，重新开始程序的运行，这样可以有效地避免外部随机干扰造成的系统故障。许多软件还具有容错和纠错功能，如数据通信系统中通过编码和校验技术，可查出通信中发生的误码，并自动纠正。

软件编程设计工作量大、逻辑复杂，比较容易产生错误。通行的做法是采用模块化设计方法。功能模块的定义应清晰明确，接口方便合理，并易于调试和测试。模块化设计建立在功能模块基础之上，可通过组态的形式构成所需的软件。

在许多计算机控制系统中，制造厂家已充分考虑了用户编程的方便性，提供了丰富的功能软件，包括各种功能形式的模块，使应用软件的生成变得十分方便。

3. 容错设计技术

在软件设计中的容错技术是指在软件设计时，对误操作不予响应的技术。这里的不予响应是指对于操作人员的误操作，如不按设计顺序，则软件不会输出操作指令，或者输出有关提示操作出错的信息。

目前软件容错有两种基本方法：恢复块方法和 N 文本方法。前者对应于硬件动态冗余，后者对应于硬件静态冗余。

实现软件容错的基本活动有 4 个：故障检测、损坏估计、故障恢复和缺陷处理。

（1）故障检测：就是检查软件是否处于故障状态。这其中有两个问题需要考虑：①检测点安排的问题；②判定软件故障的准则。软件故障检测可以从两个方面进行：一方面检查系统操作是否满意，如果不满意，则表明系统处于故障状态；另一方面是检查某些特定的（可预见的）故障是否出现。

（2）损坏估计：从故障显露到故障检测需要一定的时间（潜伏期）。这期间故障被传播，系统的一个或多个变量被改变，因此需进行损坏估计，以便进行故障恢复。

（3）故障恢复：是指软件从故障状态转移到非故障状态。

（4）缺陷处理：是指确定有缺陷的软件部件（导致软件故障的部件），并采用一定的方法将其排除，使软件继续正常运行。排除软件可以有两种方法：替换和重构。

程序的执行过程可以看成由一系列操作构成，这些操作又可由更小的操作构成。恢复块设计就是选择一组操作作为容错设计单元，从而把普通的程序块变成恢复块。一个恢复块包含有若干个功能相同、设计差异的程序块文本，每一时刻有一个文本处于运行状态。一旦该文本出现故障，则以备件文本加以替换，从而构成"动态冗余"。软件容错的恢复块方法就是使软件包含有一系列恢复块，其流程如图 7-27 所示。

N 文本方法就是要求设计 N 个功能相同、但内部差异的文本程序，文本功能即为软件功能。N 个文本分别运行，以"静态冗余"方式实现软件容错。每个文本程序中设置一个或多个交叉监测点，每当文本执行到一个交叉监测点时，便产生一个比较向量，并将比较向量交给驱动程序，自己则进入等待状态，等待来自驱动程序的命令。驱动程序任务就是管理 N 个文本的运行。

如果一个软件在某种激励下出现故障，那么其复制软件在这种激励下必然会出现故障。因此故障的复制不能作为软件备件。软件备件只能是功能相同、而内部含有差异的软件模块，因此软件容错必须以"差异设计"为基

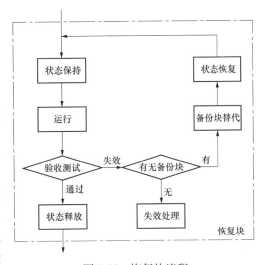

图 7-27　恢复块流程

础。所谓差异设计就是对一个软件部件，采用不同的算法，由不同的程序员，甚至用不同的程序设计语言，设计出功能相同而内部结构尽可能不同的多个文本，使这些文本出现相同设计缺陷的概率尽可能地小，从而达到相互冗余的目的。一般工程上也称为非相似余度系统。

另外，一个软件部件虽然在某一特定的输入条件下出现故障，但在绝大多数其他输入条件下仍能正常工作，因此与替换故障硬件不同，对软件部件的替换是暂时性的，即故障处理后，被替换的软件部件仍可再次被投入使用。

1. 计算机控制系统的干扰主要有哪些方面？各有何特点？

2. 根据干扰的作用形式，干扰可分为哪两类？表现形式是什么？如何来抑制这些干扰？

3. 抗干扰的基本原则是什么？

4. 电源系统的抗干扰措施有哪些?

5. 过程通道的抗干扰措施有哪些?

6. 长线传输有哪些干扰? 如何抑制?

7. 计算机控制系统一般有哪几种地线? 请画出回流法接地和一点接地示意图。

8. 软件抗干扰有哪些方法? 说明各种抗干扰方法的作用。

9. 说明 watchdog timer 监控原理。

10. 提高可靠性的技术措施有哪几个方面? 其中系统级的可靠性措施主要有哪几种?

11. 软件设计应注意哪些问题?

12*. 电磁兼容不仅关系到电子产品本身的工作可靠性和使用安全性，而且还可能影响到其他设备和系统的正常工作。PCB 设计是实现电子产品功能的关键，应采取哪些措施提升电磁兼容性能，保证系统的正常运行。

第八章　计算机控制系统的设计与实践

第八章
数字资源

计算机控制系统是一个复杂的信息处理系统。控制系统的设计、开发是一项复杂的系统工程，它既是一个理论问题，又是一个工程问题。设计人员必须把各个部分结合在一起形成一个有机的整体，才能发挥其最大效力，整体才能大于部分之和。这就要求工程设计人员有条不紊，按照一定的步骤，综合考虑各个设计环节。

本章简要叙述计算机控制系统设计的基本要求、方法以及设计步骤，分析应用系统开发的一般过程，通过实例，使读者掌握如何设计一个可以满足使用要求的计算机控制系统。

第一节　计算机控制系统设计的基本要求和特点

尽管计算机控制的生产过程多种多样，实现方法和指标要求千变万化，工业环境也不尽相同，但是计算机控制系统设计的基本要求是一致的，系统具有某些相同的特点。

一、系统设计的基本要求

1. 可靠性高

计算机控制系统的应用环境比较恶劣，周围存在各种干扰源，它们直接影响着控制系统的运行。一旦系统出现故障，就会影响系统的控制质量，威胁到整个生产过程，严重时会出现事故，造成人员伤亡和财产损失。因此可靠性是计算机控制系统设计的第一要素，是最重要的一个基本要求。系统的可靠性主要是指系统具备高质量、高抗干扰能力，并且有较长的平均无故障时间。

工业生产常常是连续生产，这就要求计算机控制系统具有高度可靠性，不能中途停机，不能发生故障。CPU 的性能决定了计算机控制系统的性能，为了保证系统有较高的可靠性，首先必须选择高性能的工业控制计算机，保证系统在恶劣的工业环境下，仍能正常工作。选择计算机时，通常要求计算机每年出现故障的时间不超过 4h，目前的工控计算机都能做到几千小时不出一次故障。一旦出现故障也能在几分钟之内修复。同时为了防止外界干扰，除了供电系统采用隔离变压器以外，在生产过程与过程通道之间也采取继电器、变压器、光电管等隔离方法，使计算机系统与外界的过程控制器和检查仪表之间没有公共地线，成为一个浮空系统，保证危险不会扩散。

其次在设计过程中，应考虑各种安全保护措施，如报警、事故预测、事故处理、实时监控、不间断电源等，以降低系统出现故障的概率，提高其可靠性。

另外为了保证计算机控制系统的可靠性，还常常设计后备装置、采用双机系统或者分布式控制系统等方法。当一台计算机出现故障，后备装置或其他计算机会维持生产过程的正常运行。

2. 实时性强

实时性是计算机控制系统中一个非常重要的指标，要求系统可以及时响应并处理各种事件，并且不丢失任何信息，不延误任何操作。计算机系统的实时性并不是指系统的速度越快越好，而应根据实际要求，从毫秒到分进行采样控制，能实时监控现场的各种工艺参数并进行在线修正，对紧急事故进行及时处理。

设计时应充分考虑被控对象以及执行机构的响应速度，选择合适的计算机、A/D 转换器、D/A 转换器、检测仪表等，保证信号的输入、计算、输出都能在一定的时间间隔内完成，计算机输出的信息以足够快的速度进行处理并在一定的时间内做出反应或进行控制。实时性必须结合实际生产过程，变化缓慢的生产过程，时间间隔可以长一点；变化速度快的受控对象，时间间隔可以短一些。

3. 通用性好、可扩充性强

计算机控制系统的研制开发需要一定的周期，控制设备需要更新，控制对象需要增减。设计时应该考虑能适应不同设备和各种不同的受控对象，采用模块化结构，按照控制要求灵活构建系统。对系统稍加改动，就可满足新的使用要求，以降低系统研发的成本，缩短开发周期，这就要求系统的通用性好，可扩充性强。

为了达到这个目的，应该做到设计标准化，硬件上采用通用的标准总线结构，增强硬件配置的装配性和可扩充性，功能扩充时只需增加功能模板就能实现，接口部件最好采用通用的 LSI 接口芯片。软件上采用标准模块结构，不需要进行二次开发，只需按照要求选择各个功能模块，实现控制任务。

另外设计时考虑的设计指标应留有余地，比如电源功率、存储器容量、输入/输出通道的数目等，以备系统扩充时使用。

4. 操作性好，维修容易

硬件和软件设计时，要考虑操作性和系统维修的问题。操作性好是指操作简单，不需要操作人员掌握专门的计算机知识，降低对操作人员的专业知识的要求，同时兼顾操作人员的习惯，方便用户使用。应用软件应采用模块化结构，对程序加以注释，增强其可读性。程序应尽可能短小精悍，让人一目了然。

系统发生故障时，应该容易维修。硬件上应该选择便于维修的零部件，并在模板上设置监测点和指示灯，便于测试和维修；软件上要配置查错程序和故障诊断程序，可以查找故障发生的大概位置，缩短查找故障的时间。

5. 性价比高

设计时元件的选择、CPU 的选型、执行机构以及检测装置、传感器的选择等，都应考虑性价比。计算机控制系统一般应用于生产线、大型设备的自动化控制或大批量生产的产品中，经济效益是必须考虑的。这就要求设计人员要有市场竞争意识，选择器件时要充分考虑性价比，在满足性能指标的前提下尽可能降低成本，提高其经济效益。另外在设计实现方案时，应该多次论证，详细考察，尽量简化硬件电路，用软件实现其功能，降低硬件成本。

以上是计算机控制系统设计的基本要求，其他指标要求如精度、速度、体积、调节时间、安装、监控参数及监视手段等，对不同的被控对象和生产过程是有所不同的，应该根据实际需要，量化指标要求，设计中应予以重视，满足使用要求。

二、系统设计的特点

计算机控制技术涉及自动控制理论、计算机技术、计算方法、模拟电子技术、数字电子技术、计算机组成原理以及自动检测技术，是一个多学科的应用，综合性、实践性都比较强，因此对设计人员的要求比较高。

工程设计人员首先必须具备一定的硬件基础知识，可以设计接口电路、驱动装置、检测电路等，对外围设备的数据进行采集并实施控制；其次应具备一定的软件设计能力，可根据系统的需要，进行 A/D 转换、D/A 转换、报警、数据处理等。在实时监控系统中，还可利用组态软件对系统进行实时监控，另外还必须用软件实现数字控制器。最后还应该具备一定的理论基础，可以根据受控过程建立系统的数学模型，从理论上探讨各种控制算法的优劣，推导出控制算式。计算机控制系统的设计包含了硬件、软件、理论、试验等各方面的内容，非一人之力可以完成，因此需要设计人员团结合作，综合运用各种知识，才能设计出计算机控制系统。

计算机控制系统必须结合实际的受控对象和生产过程，设计人员必须掌握生产过程的工艺性能及被测参数的测量方法，了解被控对象的特性，才能确定控制方案。在现场调试过程中，还涉及系统的安装、试验方法、精度的测量等。此外系统的设计还应考虑先进性、操作的合理性、开发的周期以及人力、物力的节约等。

综上所述，计算机控制系统的设计具有以下特点：

（1）综合性、实践性比较强，对设计人员提出了很高的要求。

（2）项目组成员需团结合作，取长补短，才能完成设计任务。

（3）设计中合理分配硬件和软件功能。某些功能，既可用硬件实现，其实时性强，但增加了成本，结构比较复杂；也可通过软件实现，降低成本，结构简单，但实时性较差。通常在满足系统的实时性要求的基础上，尽可能减少硬件开销，做到软硬兼施。

（4）尽可能采用已有的成熟的控制策略和控制方法，缩短开发周期，节约人力和物力。

（5）应该具有前瞻性，保证计算机系统在一定时间段内的先进性，使其不会在很短的时间内就被淘汰，能发挥更大的作用，创造更好的经济效益。

（6）坚持以人为本的理念，人机界面友好，操作简单方便。

第二节　计算机控制系统的设计方法及步骤

计算机控制系统的设计虽然随被控对象、生产过程、控制方式、系统规模、设计人员的不同而有所差异，但是其设计过程和设计步骤大致相同。

一、计算机控制系统的设计步骤

1. 调研阶段

调研是整个开发过程中的关键一环，主要包括市场调查、查阅资料、可行性分析、初步确定实现方案等步骤。

市场调查的主要目的是判断所要开发的产品是否存在经济效益，市场上是否有类似的产品。如果存在类似的产品，其性能如何，包含哪些功能。通过调研可以确定系统开发的必要性，把设计任务明确化，提出具体的设计指标要求。

明确了设计任务后，设计人员可以查阅大量的资料，利用书本、论文期刊、网络等资源，借鉴他人的成功经验，做到心中有数，对所设计的系统有初步的了解。

可行性分析就是经过调研，从经济效益、技术的先进性、客观条件、存在的问题以及工程实现等各个方面，充分论证项目研发的必要性和可实现性。结合自身的经济条件，技术储备，经过项目组充分论证，如果认为可行，就可投入人力、物力，开始研发。

经过以上步骤，查阅了大量资料，就可以制订初步的开发方案，选择微处理器的类型，根据当前的人力、物力等客观条件，以书面形式写出计划报告。一般应包括：课题研究的内容、目的、背景和必要性；国内外的研究现状、发展趋势；要求的功能指标和性能指标；初步的实现方案；技术力量及分工；开发时间表以及预期的研发效果等。

2. 确定控制方案，签订合同书

计划报告必须经过双方协商和讨论，对实施方案进一步细化，对方案进行详细论证。为避免专业和行业不同所带来的局限性，应该邀请各方面有经验的人员参加。经过确认，控制方案确实可行，就可签订合同书。在合同书中应明确系统设计的技术性能指标以及系统实现的功能、双方合作的方式、双方的分工以及责任、进度时间表、付款方式、验收方式及条件、成果归属等内容。合同签订后，双方应遵守合同，认真负责，确保任务的完成。

3. 工程设计及实现阶段

工程设计及实现是系统研发的重要过程，直接影响着设计质量，主要包括组建研发小组、硬件和软件协调分工、论证每部分的设计方案、收集软件和硬件资料并细化设计方案、购置硬件、系统设计、系统调试等。

签订合同后，进入系统的研制设计阶段。对于大型系统，往往要成立攻关小组，确定项目组成员。其中应包含硬件技术人员、软件技术人员以及其他技术人员，应明确分工和相互的协调关系。

计算机控制系统中的某些功能，既可用软件实现，又可用硬件实现，应该结合具体的体积、成本、速度等各个指标要求，对功能进行协调分配。然后按照分工，查阅资料，细化设计方案，详细论证、讨论每一部分的设计过程，确定最后的实现方案，并列出器件清单和软件流程图。

硬件购置是必不可少的重要一环。设计人员需要查阅大量资料，根据设计的指标要求，结合性价比，多方比较后才能确定选择的器件。为确保进度，可安排专人负责硬件的购置，也可通过各种方式购置硬件。购置硬件时，一定要仔细核实，询问相关技术人员有关器件的性能，确保能够满足设计的要求。在研发过程中，绝对不能忽视硬件的购置，如果出现问题，不仅造成财产损失，而且影响进度。

系统设计包括硬件设计和软件设计。硬件设计应画出硬件原理图和 PCB 图，对不清楚的地方，应该通过实验，确保原理和参数的正确性；软件设计应画出程序流程图，然后再选择编程语言及开发环境，编写源程序，并进行编译，确保没有语法错误和明显的逻辑错误。

各部分设计完成后，应该进行调试。把硬件和软件结合起来，看看所要求的功能是否实现，指标是否满足要求。如果没有达到设计要求，就要进行硬件检查和软件诊断，改变控制参数。

4. 系统试运行阶段

实验室调试完成后，可以把系统与生产过程连接在一起，进行现场在线调试和运行。在实际运行中可能出现问题，因此必须考虑各种情况，实际测试，认真分析问题的根源并加以解决。

5. 总结验收阶段

系统试运行一段时间，没有问题之后即可组织验收。验收是项目最终完成的标志。项目组要对项目的研制进行总结，包括软件流程、程序清单、硬件原理图和 PCB 图、操作过程、使用说明、系统功能以及技术指标、试验数据等。验收结果要双方签字，形成验收文件。

　　以上是系统设计的基本步骤，设计时可根据实际情况，认真考虑。如果步骤不清楚，就有可能导致研发过程出现混乱，甚至造成返工。

二、系统的设计及实现过程

　　前面介绍了系统设计的基本步骤，下面主要讨论系统工程设计及实现过程中所遇到的问题及解决方法，对实际工作有重要的借鉴意义。

1. 选择微处理器

　　设计计算机控制系统之前，必须选择合适的微处理器。微处理器是整个控制系统的核心，其性能的好坏直接决定了系统的性能。微处理器种类繁多，应该根据任务要求、投资规模以及现场条件进行选择。

　　现在常用的处理器有单片机、工控机 IPC、可编程逻辑控制器（PLC）、数字处理芯片（DSP）等，每种处理器又有不同的厂家，因此种类非常多。如果设计的任务比较大，需要对现场的控制过程进行监控，就可以选择 IPC，实现远程监控；如果限制系统的体积，可以选择单片机或 DSP，同时需要设计键盘和显示电路，实现人机交互；如果时间比较紧，可靠性要求较高，可选择 PLC，连接各个模块，组建硬件系统，具有开发周期短、抗干扰能力强、可靠稳定的优点。

　　此外，还应根据数据格式、处理器的速度、输入/输出点数、中断处理能力、指令种类和数量等性能指标来具体选择微处理器。

2. 扩展输入/输出通道

　　确定过程输入/输出通道是设计中的重要内容，通常应根据被控对象参数的数量来确定。估算和选择通道时，应考虑以下一些问题：

　　（1）统计数据流向，确定输入/输出通道的个数。

　　（2）数据的格式及传输速率。

　　（3）数据的分辨率。

　　（4）多通道的选择控制。

　　模拟量输入通道的核心器件是 A/D 转换器，可以根据分辨率、转换时间、通道数目、转换精度等进行选择。模拟量输入通道经常采用两种结构形式：一种是多个通道共用一个 A/D 转换器和采样/保持器；另一种是每个通道用一个采样/保持器，共用一个 A/D 转换器。选用哪种结构形式采集数据，是模拟量输入通道设计时首先考虑的问题。第一种形式中，被测参数经过多路转换开关依次切换到采样/保持器和 A/D 转换器，转换速度比较慢，但是节省硬件开销。第二种形式中，每个模拟量输入通道增加一个采样/保持器，可以实现多个参数的同步采集。

　　模拟量输出通道的核心器件是 D/A 转换器，同样可以根据分辨率、精度、速度、输出形式等进行选择。模拟量输出通道采用两种保持方案：一种是数字量保持方案，另一种是模拟量保持方案，也对应两种结构形式，每个通道各用一个 D/A 转换器和多个通道共享一个 D/A 转换器。第一种形式可靠性高、速度快，但是使用的 D/A 转换器较多。第二种形式中，各通道必须分时进行 D/A 转换，每个通道增加一个采样/保持器。虽然节省了 D/A 转换器，但是实时性及可靠性都比较差。

　　开关量输入/输出通道中经常采用光电隔离把处理器与外部设备隔开，以提高系统的抗干扰能力。

3. 选择检测元件

常用的检测元件有温度传感器、压力传感器、液位传感器、水平度传感器、流量传感器、测速发电机、光电码盘等，它们可以把被测模拟参数转化成电信号，其输出可以是 0～5V 电压，也可以是 0～10mA 或 4～20mA 的电流。传感器的输出与被测模拟量之间有一定的对应关系，通过数据采集，把输出信号送到处理器，进行数据处理后可以显示和打印。

检测元件直接影响控制系统的精度，系统设计人员可根据被测参数的种类、量程、被测对象的介质类型和环境来选择合适的传感器。

4. 选择执行机构

执行机构是计算机控制系统的重要组成部件，其作用是接收计算机发出的控制信号，并产生动作，使生产过程按照预先规定的要求正常运行。执行机构的选择一方面要与控制算法匹配，另一方面要根据被控对象的实际情况来确定。

常用的执行机构有电动、气动、液动以及步进电动机四种类型。电动执行机构具有响应速度快、体积小、种类多、与计算机接口容易、使用方便等特点，成为计算机控制系统的主要执行机构；气动执行机构的特点是结构简单、操作方便、可靠性好、容易维护、价格低、防火防爆等，广泛应用于石油、冶金、电力系统中；液压执行机构推力大、精度高，可进行无级调速，控制简单；步进电动机速度快，精度高，可精确定位。

5. 硬件设计应注意的问题

选择好处理器、执行机构和检测元件，就可进行硬件设计。硬件设计主要包括接口电路设计和驱动装置的设计。接口电路主要包含地址译码电路、可编程的接口芯片、控制方式的选择等；驱动装置主要包括功率放大器、光电隔离器、继电器等。

硬件设计时应注意以下问题：

（1）地址分配问题。接口电路中要通过地址译码电路给可编程接口芯片分配地址。

（2）速度匹配问题。CPU 的速度是很快的，外围设备的速度却有快慢之分，为了保证 CPU 的工作效率并适应各种外围设备的速度匹配要求，应该在 CPU 和外围设备之间进行协调。

I/O 接口电路中通常包含数据锁存器、缓冲器、状态寄存器以及中断控制电路等，CPU 可以采用查询方式和中断方式给外围设备提供服务，保证 CPU 和外围设备之间异步而协调地工作。

（3）负载匹配问题。总线的负载能力是有限的，把过多的信号直接挂到 CPU 的总线上，必然会超过 CPU 总线的负载能力，造成 CPU 工作不可靠，降低系统的抗干扰能力，有时甚至会损坏器件。采用接口电路可以分担 CPU 总线的负载，使 CPU 不致超负载运行。

计算机系统中经常用到 TTL 器件和 MOS 器件，必须注意总线负载的问题。TTL 器件输出的高电平大于 3V，输出的低电平小于 0.3V；对输入信号的要求是高电平必须大于 1.8V，低电平必须小于 0.8V。如果输入的电平不满足这个要求，输出就会出现错误。一个 TTL 器件能驱动 10 个左右的 TTL 器件，或者 10 个以上的 MOS 器件。而 MOS 器件的输入电流比较小，驱动能力比较差。一个 MOS 器件一般只能驱动 1 个标准的 74 系列器件或 4 个 74LS 系列的器件，但是它可同时驱动 10 个左右的 MOS 器件。

如果总线上的负载超过允许范围，为了保证系统可靠工作，必须加总线驱动器。常用的总线驱动器包括 Intel 系列总线收发器 8286 和双向收发器 74LS245。另外单向驱动器 74LS07、六反相器 74LS04、单向三态门 74LS244 和三态输出锁存器 74LS373 也可以提高总线的驱动能力。

如果逻辑电路接口之间出现负载不匹配问题，就需要增加中间接口。当 TTL 器件驱动 MOS 电路时，如果超过负载，可以增加 TTL OC 门或采用电平转换电路；当 MOS 器件驱动 TTL 电路时，如超过负载，可以增加缓冲器/电平转换器作为中间接口。

6. 确定控制算法

控制算法通过程序主要实现控制规律的计算，产生控制量。算法的优劣决定了控制效果的好坏。同样的硬件，同一个被控对象，不同的控制算法其结果是不同的。如在自动调平系统中，调平算法决定了调平效果，必须结合实际情况进行选择。实际实现时，可选择一种或几种控制算法，完成控制任务。

计算机控制系统中，最常用的控制算法是 PID 控制，纯滞后的被控对象经常采用 Smith 预估器的补偿算法和大林算法。此外还有最少拍控制算法、模糊控制算法、最优控制算法、自适应控制算法等。

7. 编写应用程序

硬件、软件功能分配后，就可编写应用程序。首先必须选择编程环境和编程工具，然后画出程序流程图，最后根据流程图编写应用程序。

常用的应用程序包括数据采集、数据处理、数字滤波、按键处理和显示程序、通信程序以及硬件的控制程序等。在远程监控系统中，还有监控程序、报警程序等。应用程序编写完成，应该进行编译，判断是否存在语法错误。

8. 系统调试

硬件和软件设计完成后，进入调试阶段。调试分为离线仿真与调试阶段和在线调试与运行阶段。离线仿真与调试阶段一般在实验室进行，如果没有被控对象，可以自行设计一套模拟装置，模拟现场的各种情况。在线调试与运行阶段在工业现场进行，对系统进行实际考验和检查。调试过程是非常复杂的，会遇到各种意想不到的问题，应该理论联系实际。

第三节 计算机控制系统的应用示例

微型计算机控制系统设计包括两个内容：

（1）微型计算机控制系统的设计。

（2）智能化仪器仪表的设计。

本节介绍的机器人控制系统、自动装箱控制系统属于前者，智能温度变送器属于后者。

一、机器人控制系统

机器人已经有广阔的应用范畴和市场，但真正成功的机器人设计是许多不同知识体系的集成，这也使得机器人学成为一个交叉学科领域。为解决运动问题，机器人专家必须了解机械结构、运动学、动力学和控制理论，其中机器人控制是机器人有效作业的大脑，而机器人计算机控制系统是机器人大脑的核心和载体。

以图 8-1 所示的智能轮式仿人机器人实验台为例，该机器人由移动小车、三并联机构、仿人双臂、头部双目、语音和听觉、操作手和仿人五指手等组成。该机器人由 32 个关节组

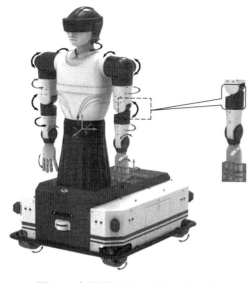

图 8-1　智能轮式仿人机器人实验台

成，协同完成类人作业任务，若机器人中的一个或多个关节存在稳态误差、不稳定、甚至发散，这种关节不稳定，将导致机器人手会出现抖动（也就是机器人患了帕金森疾病）。

因此，需要对机器人进行监测和控制。采用单片机对机器人关节进行控制不仅具有控制方便、简单和灵活性强等特点，而且可以大幅度提高被控关节的技术指标，从而能够大大提高机器人的性能和质量。因此，智能化机器人关节控制技术正被广泛地采用。对机器人关节控制，可以采用适用于工业控制的 8051 单片机组成的控制系统。该系统的被测参数是机器人关节的角度，由单片机 PID 运算得出的控制量去控制机器人关节电机，以便调整电机功率，从而控制关节的位移、速度、加速度等参数快速、准确稳定在设定值上。

1. 系统组成及工作原理

如图 8-2 所示为一个机器人关节（如肘关节为例）控制系统原理图，其他关节类似。图中主要包括 8051 单片机、关节角度检测元件和变送器、A/D 转换器、键盘与显示电路、电机驱动器、关节限位检测电路等几个部分。其工作过程为，关节角度检测元件可将检测的角度信号转变成电压信号，经变送器调理、放大后，送入 A/D 转换器，转换成数字量送入计算机，与设定值进行比较，经 PID 运算后，通过 P1.4、P1.5、P1.6 调制出 PWM 脉冲波来输出驱动信号给电机驱动器，控制电机，从而达到调节关节角度的目的。若检测的实际值超过关节限位，则产生报警信号。

（1）角度检测元件和变送器。角度检测元件和变送器的类型选择与被控角度及精度等级有关。其输出可能不满足 A/D 输入信号要求，故需要变送器将其变换成 A/D 转换器所需的电压范围。变送器由滤波、放大等调理电路组成。

（2）A/D 转换电路。ADC0809 为角度测量电路的输入接口。ADC0809 的 IN0 和变送器输出端相连，故当 P0.2～P0.0＝000 时，就选中 IN0 通道。当 P2.1＝0 时，启动 A/D 转换器。EOC 引脚连接到 8051 单片机的 P1.3 引脚，正在转换时 EOC＝0，转换结束时 EOC＝1，通过查询方式，若 A/D 转换结束，P1.3 引脚由低电平变为高电平。

（3）键盘/显示电路的扩展。8051 单片机通过并行接口 8255 扩展键盘/显示电路，在 P2.7＝0 时，选中 8255 芯片，8255 的 PA 口、PB 口、PC 口和控制口的地址分别为 7FFCH、7FFDH、7FFEH 和 7FFFH。

（4）驱动器电路。利用 L298 电机驱动模块实现直流电机 PWM 调速，L298 是一种二相和四相电机 IDE 专用驱动器，即内含两个 H 桥的高电压大电流双全桥式驱动，接收标准 TTL 逻辑电平信号，可驱动 46V、4A 以下的电机。编写程序，使用单片机 IO 口线 P1.4、P1.5、P1.6，调制出 PWM 脉冲波来控制电机，如表 8-1 所示为 LN298 的逻辑功能表。

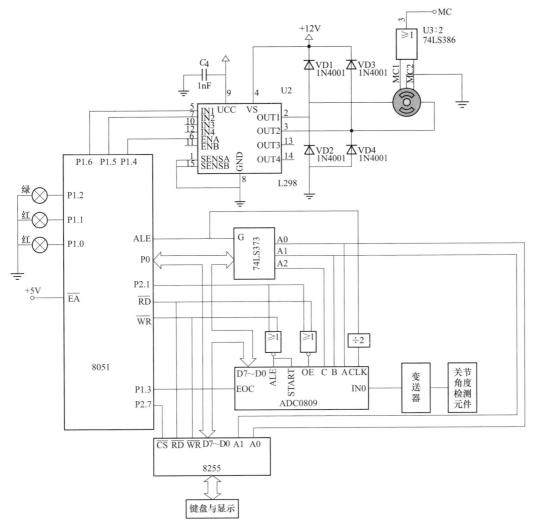

图 8-2　机器人关节控制系统原理

表 8-1　　　　　　　　　　　　　**LN298 的逻辑功能表**

P1.6	P1.5	P1.4	PWM
IN1	IN2	ENA	电机状态
x	x	0	停止
1	0	1	顺时针
0	1	1	逆时针

（5）关节角度控制执行电路。8051 单片机对关节角度的控制是通过驱动器 H 桥电路实现的，改变 IN1 和 IN2 的高、低电平状态可改变电机正、反转。在给定周期 T 内，8051 单片机只要改变 ENA 引脚的接通时间便可改变电机的转速，以达到调节关节角度的目的。该控制信号由 8051 单片机用软件在 P1.4 引脚输出，其时间长短由 PID 运算后对控制量取整完成。

（6）报警电路。8051 单片机的 P1.0～P1.2 引脚控制红、绿指示灯相连，用于关节角度的越限报警。

2. 机器人关节角度控制的算法和程序

（1）关节角度控制的算法。机器人关节角度控制采用 PID 算法，先通过人或机器视觉等渠道获得机器人末端执行器的目标位姿，然后通过机器人逆运动学求得各关节的目标角度，通过角度传感器检测到当前实际角度，求出实际角度与目标角度的偏差值，然后对偏差值进行 PID 运算，从而获得 PWM 波控制信号去调节机器人关节电机的输出角度，以实现对关节角度的控制。其算式如下：

$$\Delta u(k) = u(k) - u(k-1)$$
$$= K_p\left\{[e(k) - e(k-1)] + \frac{T}{T_i}e(k) + \frac{T_d}{T}\{[e(k) - e(k-1)] \\ -[e(k-1) - e(k-2)]\}\right\} \quad (8\text{-}1)$$

式中　$u(k)$——控制器第 k 次输出信号；

$u(k-1)$——控制器第 $(k-1)$ 次输出信号；

$e(k)$——第 k 次测量值与设定值的偏差；

$e(k-1)$——第 $(k-1)$ 次测量值与设定值的偏差；

$e(k-2)$——第 $(k-2)$ 次测量值与设定值的偏差；

K_p——控制器的比例系数；

T_i——控制器的积分时间常数；

T_d——控制器的微分时间常数；

T——采样周期。

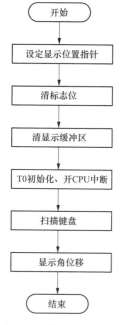

图 8-3　主程序流程图

（2）机器人关节角度控制程序。本机软件采用模块结构，分为如下几个部分。

1）主程序。主程序是本系统的监控程序，用户可以通过监控程序监控系统工作。主程序主要是完成有关标志、暂存单元和显示缓冲区清零、T0 初始化、开中断、关节角位移显示和键盘扫描等工作，其流程如图 8-3 所示。

2）T0 中断处理程序。T0 中断处理程序是机器人关节角度控制系统的主体程序，用于启动 A/D 转换、读入采样数据、数字滤波、越限报警和越限处理、PID 计算、输出到驱动器等。同时将 A/D 转换器转换的信号转换成显示值而放入显示缓冲区和调用角位移显示程序。8051 从 T0 中断服务程序返回后便可恢复现场和返回主程序，以等待下次 T0 中断。在 T0 中断处理程序中，还需要用到一系列子程序。例如：采样关节角度的子程序、数字滤波子程序、越限处理子程序、PID 计算子程序、标度变换子程序、键盘扫描子程序和关节角位移显示子程序等。T0 中断服务程序流程图如图 8-4 所示。为了使程序设计简单，每一个功能模块设计成一个模块形式。

本程序的基本思想是对 IN0 通道的信号采样 5 次，然后对信号进行数字滤波、越限报警、PID计算等一系列处理。程序中每个模块用一个子程序代替。因此，在中断服务程序中，只需按顺序调用各功能模块子程序即可。

3）角位移采集模块。角位移采集程序的主要任务是将机器人关节角位移参数采样5次，并将它们存放在采样数据缓冲区。本系统采用查询方式进行采样。程序流程图如图8-5所示。

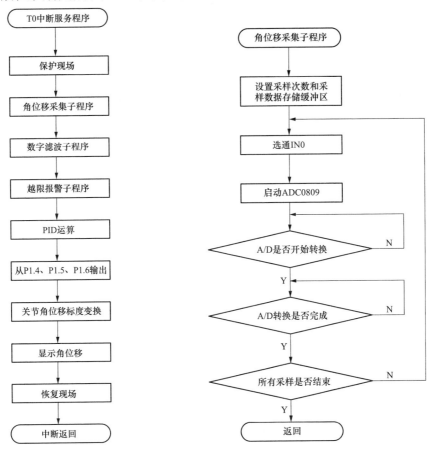

图8-4　T0中断服务流程图　　　　　　　图8-5　角位移采集程序流程图

4）越限报警模块。将数据缓冲区的采样数据经数字滤波后形成本次角位移采样值，与上限、下限进行比较后置位或复位报警标志。越限报警子程序流程图如图8-6所示。

5）PID控制模块。本系统采用式（8-1）所示的增量型PID控制算法，流程图可参见图6-3。

6）标度变换模块。采用标度变换子程序是要把实际采样的二进制值转换成BCD形成的关节角度值，然后存放到显示缓冲区。本系统选用输出与输入为线性关系的角度检测元件，因此可采用式（5-14）所示的线性参数标度变换公式。

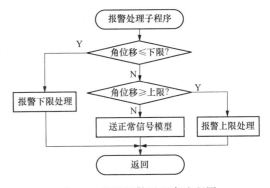

图8-6　越限报警子程序流程图

二、智能温度变送器

温度变送器广泛应用于现代工业测控系统中，可与热电阻和热电偶配合使用，其功能是将温度信号线性地变换成 4～20mA 直流标准信号，并显示被测温度。智能温度变送器以微处理器为核心，整个设计采用软硬件相结合的方式，利用软件实现智能化功能，在信号处理、测量精度、仪表维修和维护等方面与老式温度变送器相比，存在很大的优势，是今后温度变送器的主要发展方向。

1. 总体设计

智能温度变送器是自动化仪表变送单元中的主要产品，是以单片机作为控制电路的核心，再配合外围电路构成的全电子新型智能温度变送仪表，它与热电偶、热电阻配合使用，对工艺过程中的液体、气体、蒸汽等介质的温度进行检测，同时可对毫伏信号进行测量。温度变送器的测量信号以及上下限测量范围可由用户设定，检测的温度被转换成 4～20mA 电流信号输出。图 8-7 所示为两线制智能温度变送器的总体设计框图。

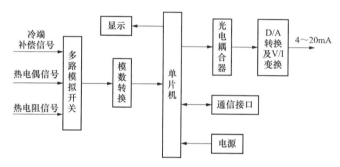

图 8-7　两线制智能温度变送器的总体设计框图

智能温度变送器采用热电偶或热电阻检测现场温度，采用集成温度传感器 AD590 检测热电偶冷端温度，通过单片机控制通道的通断，各信号被分时选通，再经 A/D 转换器进行模/数转换，单片机以查询方式采集 A/D 转换器输出信号，然后进行数据处理、热电偶冷端温度补偿或热电阻的导线补偿、线性化处理和故障自诊断等，并将输出数据通过光电隔离器送入 D/A 转换器 AD421，进行 D/A 转换及 V/I 变换，实现 4～20mA DC 电流信号的输出。

2. 硬件设计

由于智能温度变送器采用微处理器为核心，因此要求微处理器和外围器件必须采用低功耗器件，保证其整体功耗小于 4mA，以实现智能温度变送器的设计。下面介绍各部分工作原理及设计要点。

（1）单片机。智能温度变送器的电路采用了 3V 单电源设计，突出低功耗的特点。单片机选择 STC89C52RC，它是 STC 公司生产的一种低功耗、高性能 CMOS 8 位单片机，具有 8K 字节系统可编程 Flash 存储器。STC89C52 使用经典的 MCS-51 内核，但做了很多的改进使得芯片具有传统 51 单片机不具备的功能。具有以下标准功能：8kB Flash，512B RAM，32bit I/O 口线，看门狗定时器，内置 4kB EEPROM，MAX810 复位电路，3 个 16 位定时器/计数器，4 个外部中断，一个 7 向量 4 级中断结构（兼容传统 51 的 5 向量 2 级中断结构），全双工串行口。另外 STC89C52 可降至 0Hz 静态逻辑操作，支持两种软件可选择节电模式。空闲模式下，CPU 停止工作，允许 RAM、定时器/计数器、串口、中断继续工作。

掉电保护方式下，RAM 内容被保存，振荡器被冻结，单片机一切工作停止，直到下一个中断或硬件复位为止。最高工作频率 35MHz，6T/12T 可选。

（2）电源设计。由于普通的温度变送器采用模拟器件来实现，因此对电源的功耗要求较低，一般采用 78 系列稳压模块。其工作电流一般在 1～2mA，但对于智能温度变送器来说功耗相对较大，采用高电压低功耗线性变换器 MAX1616 和 MAX619 用于电压变换。

电源管理模块的设计方法如下，MAX1616 将输入的 24V 电压变换成 5V 电压，给外围器件供电。该器件具有如下的特点：4～28V 电压输入范围，最大 $80\mu A$ 的静态工作电流，3.3V/5V 电压可选输出，30mA 输出电流，$\pm 2\%$ 的电压输出精度。为进一步降低微处理器的功耗和提高数据处理精度，再把 5V 电压经过 MAX619 输出一个 3V 高精度的电压基准，给微处理器供电，并为 A/D 转换提供参考电压。

（3）信号采集与控制。智能温度变送器处理的热电偶和热电阻信号（采用 1mA 恒流源）的范围是 $37\mu V$～400mV，属于典型的小信号测量。对于这类小信号的采样，选用了一种内置程控放大器 Σ-Δ 的模数转换器 AD7715，它采用了过采样技术把更多的量化噪声压缩到基本频带外的高频区，然后经数字滤波器去除大部分量化噪声，这样既提高了分辨率又使总的信噪比提高。AD7715 是 16 位 Σ-Δ（电荷平衡式）A/D 转换器，能直接将来自传感器的不同范围内的信号放大到接近 A/D 转换器的满标度电压附近再进行 A/D 转换，实现 0.003% 非线性的 16 位无误码数据输出，因此非常适用于仪表测量和工业控制等领域。

多路模拟开关 CD4051 用于热电阻、热电偶的选通，CD4051 是单 8 通道数字控制模拟开关，有 3 个二进制控制输入端 A、B、C 和片选 INH 输入。由于 CD4051 是一个模拟集成电子开关，各输入通道间无隔离。从工业现场来的各路模拟量信号存在不同的电动势，CD4051 无法完全消除这些共模干扰，会造成各信号通道之间的串扰。为此，可以采取在 A/D 转换器与单片机之间增加光电隔离器、多路开关和 A/D 转换器之间增加隔离放大器、多路开关之前在信号输入的最前端为每个通道增加隔离放大器的措施进行电气隔离。

图 8-8 所示为热电阻、热电偶采样输入的部分原理图，电路只用了四路输入，因此 C 端接低电平，A、B 端由单片机输出 I/O 口控制。单片机输出不同控制选通信号（00、01、10、11）用于采集热电偶、热电阻信号进入 IN0、IN1、IN2 及 IN3 输入通道。

如图 8-8 所示，热电阻采用恒流源注入式的三线制接法，热电偶采用两线制接法，冷端补偿采用专用的温度传感器 AD590，冷端温度可以通过采集 R_2 的电压后算出，补偿信号由多路模拟开关 CD4051 的 IN4 端引入。R_3 是一个很大的电阻，可用来检测断偶故障。在正常情况下对于热电偶信号的采样影响可以不计，但热电偶开路时则会产生很大的电压，肯定超出测量范围，因此断偶故障很容易被检测出来。而对于热电阻的短路，则不必增加新硬件，因为常用的热电阻在其测量范围内电阻均不为零，因此热电阻短路也很容易测出。图中 VD1 和 VD2 均为 5.1V 左右的保护性稳压管，E_2 为 2.4576MHz 的晶振；R_1 和 C_7 组成 RC 滤波电路。

电阻测量属于典型的非电量测量过程，对于工业场合使用的热电阻，为剔除导线影响，一般都使用三线制。该设计采用两次测量加运算的方法，巧妙地使用三线制接法，可获得准确的实际热电阻阻值。恒流由热电阻 a 端注入，由 a、b 和 c 所在线端组成典型的三线制接法。

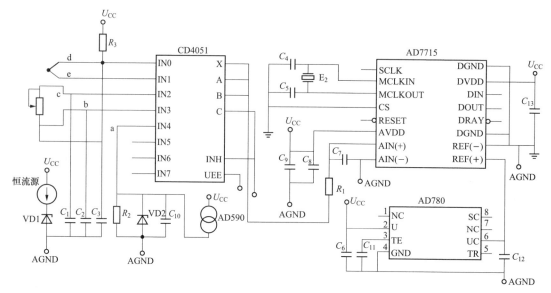

图 8-8　热电阻、热电偶采样输入部分原理图

　　热电偶采用两线制接法，d 端和 e 端分别为热电偶的正负端。对于热电偶信号的处理，是通过测量实际热电势再加上冷端补偿电动势的方法取得自由端为零摄氏度的热电偶输出，然后，采用公式法求得测量温度。它的校准也采用数字方式，方法极其简单。对于冷端测量，只需要输入当前室温进行线性校准；对于毫伏测量，只需要输入一个固定毫伏数，即可获得单位毫伏数对应的 A/D 转换码，存入单片机的 EEPROM 即可。

　　（4）输出电路。考虑到器件数量、成本、低功耗及温度测量缓慢性等因素，本系统采用 AD421 实现 D/A 转换及 V/I 变换。其中，AD421 是一种单片高性能数/模转换器，它由电流环路供电，16 位数字信号串行输入，4～20 mA 电流输出。它内部含有电压调整器，可提供＋5、＋3.3V 或＋3V 输出电压，可为其自身或其他电路选用。AD421 采用 $\Sigma-\Delta$ D/A 转换结构，保证 16 位的分辨率和单调性，其积分线性误差为 $\pm 0.001\%$，增益误差为 $\pm 0.2\%$。

　　AD421 与单片机 STC89C52RC 连接采用三线串行接口，图 8-9 所示为输出电路的部分原理图。在 COMP 与 DRIVE 之间接 0.01μF 的电容、DRIVE 与 COM 引脚之间接一电阻和电容组成的外部缓冲电路，以稳定内部调整器工作放大器和外部晶体管构成的反馈回路。调整电压输出 U_{CC} 为＋3V。由于外接调整管 2SK30A 提供的电流较小，所以使用 NPN 型三极管直接从供电回路获得 4～20 mA 电流。为满足信号传输过程中对噪声、安全性和距离等方面的要求，DATA、CLOCK 和 LATCH 通过光电隔离器与单片机的串行口相连。

　　DATA（7 脚）接单片机的 P2.2，线性化后的数据将通过该口装入 AD421 的移位寄存器。

　　AD421 的通信时钟 CLOCK（6 脚）接单片机的 P2.1，使用时通过软件操作使 P2.1 先为"0"，再为"1"，从而产生一个时钟上升沿，实现读取一位数据的目的。

　　锁存信号（5 脚）输入端 LATCH 接单片机的 P2.0，AD421 在工作时，应通过单片机控制使该脚先为"0"，再为"1"，产生一个上升沿，准备装入 16 位数字信号；当 16 位数字信号全部装入移位寄存器后，再产生一个上升沿，将移位寄存器的 16 位数字信号装入

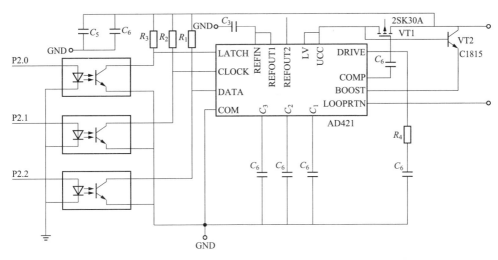

图 8-9　输出电路的部分原理

AD421 内部 D/A 转换器。

（5）通信接口设计。该系统设有一个 RS-232 转换接口电路，以便与上位计算机实现基于 RS-232 总线标准的串行通信，实时传送所测对象的实际温度值，便于上位计算机进行管理，组建测控系统。

3. 软件设计

本系统软件采用模块化结构，根据功能划分为 6 个模块。

（1）主程序模块。

（2）输出模块。

（3）热电偶信号采样及滤波处理模块。

（4）热电阻信号采样及滤波处理模块。

（5）热电偶冷端信号采样及滤波处理模块。

（6）报警模块。

下面介绍主要软件模块的设计思想。

（1）主程序模块。智能温度变送器的软件设计是配合硬件并按设计要求而编写的 C51 程序，总流程框图如图 8-10 所示。总体程序由主程序、T2 中断程序、T0 中断程序及串口中断程序几个模块组成。T2 为最高优先级，T0 及串口同为次级优先级。主程序完成系统初始化、采样、计算、设定、校准及协调任务；T2 中断完成 D/A 输出；T0 中断程序做数据流中断检测；辅助串口中断完成通信工作。软件通过查表方法对不同分度号热电偶、热电阻进行非线性校正。由于要处理两类信号，即热电偶信号和热电阻信号，因此将两种信号分别指定为 00H 和 01H 两种代码。单片机中的程序存储器（EPROM）和数据存储器（EEPROM）分别用于存储固定程序、分度号和设定参数，根据所设定参数来确定仪表测量范围的上、下限和工作状态。

（2）输出模块。设计通过 STC89C52 的 I/O 口写数据到 LATCH、CLOCK 和 DATA 端。在 CLOCK 信号的上升沿，数据按由高位到低位的顺序，装载到 AD421 内部的输入移位寄存器中。在 LATCH 信号的上升沿，输入移位寄存器中的数据传送到 D/A 转换器锁存

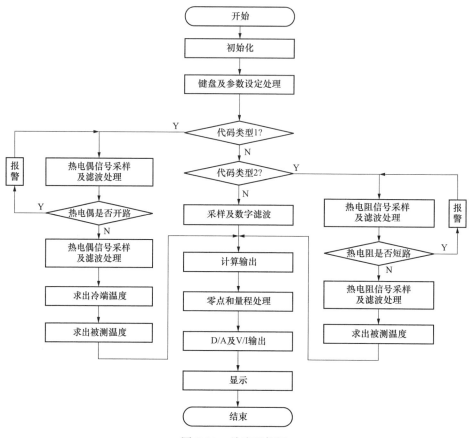

图 8-10　总流程框图

端，硬件自动完成 4～20mA 电流输出。

数据输出是由 AD421 完成的，有关 AD421 数据输出部分的软件设计如下：AD421 将来自微处理器的数字信号变为模拟信号，输出到电流环路中。

D/A 转换的具体实现如下，由于输入移位寄存器是由高到低排列的，首先用 8 个时钟的上升沿将数据的高 8 位装入输入移位寄存器中：

```
for(i = 0;i＜8;i + + )              //高 8 位数据输入
  {
  SCLK = 0;                        //时钟输入置 0
  if(ad_421data[0]&0x80)
  DIN = 1;
  else
  DIN = 0;
  SCLK = 1;                        //时钟置 1 时,DIN 装入到输入移位寄存器
  ad_421data[0]＜＜1;              //左移 1 位
  }
```

然后，再用 8 个时钟的上升沿将数据的低 8 位装入输入移位寄存器中：

```
for(i=0;i<8;i++)                        //低 8 位数据输入
  {
  SCLK=0;                               //时钟输入置 0
  if(ad_421data[1]&0x80)
  DIN=1;
  else
  DIN=0;
  SCLK=1;                               //时钟置 1 时,DIN 装入到输入移位寄存器
  ad_421data[1]<<1;                     //左移 1 位
  }
```

当 16 位数据都装载完成后，让 LATCH 锁存信号产生一个上升沿，输入移位寄存器中的数据传送到 D/A 转换器锁存端，自动完成 4～20mA 电流的输出。

三、自动装箱控制系统

在啤酒、饮料等连续包装生产线上，需要对产品进行计数、包装。如果用人工完成不但麻烦，而且效率低，劳动强度大。单片机的应用给该类系统的设计带来了极大的方便。下面介绍单片机在包装生产线上自动装箱系统的应用。

1. 自动装箱控制系统的原理

如图 8-11 所示，某产品自动装箱系统有两个传送带，即包装箱传送带 1 和产品传送带 2。包装箱传送带 1 用来传送产品包装箱，其功能是把已经装满的包装箱运走，并用一只空箱来代替。在包装箱传送带 1 的中间装光电检测器 1，用以检测包装箱是否到位，以使空箱恰好对准产品传送带 2 的末端，使传来的产品刚好落入

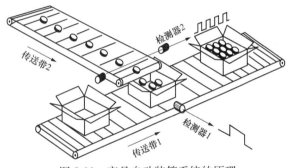

图 8-11　产品自动装箱系统的原理

箱中。产品传送带 2 将产品从生产车间传送到包装箱。当某一产品被送到传送带 2 的末端，会自动落入箱内，并由检测器 2 转换成计数脉冲。这里产品的计数用软件来完成。

系统工作步骤如下：

（1）用键盘设置每个包装箱所需存放的零件数量以及每批产品的箱数，并分别存放在PARTS 和 BOXES 单元中。

（2）接通电源，使传送带 1 的驱动电动机运转，带动包装箱前行。通过检测光电检测器1 的状态，判断传送带 1 上的包装箱是否到位。

（3）当包装箱运行到检测器 1 的光源和光传感器的中间时，关断电动机电源，使传送带1 停止运动，等待产品装箱。

（4）启动传送带 2 的驱动电动机，使产品沿传送带向前运动，并装入箱内。

（5）当产品一个一个地落下时，将产生一系列脉冲信号，检测器 2 的输出脉冲，由计算机进行计数，并不断地与存放在 PARTS 单元中的给定值进行比较。

（6）当零件数值未达到给定值时，控制传送带 2 继续运动，装入产品。直到零件个数与给定值相等时，停止传送带 2，不再装入零件。

（7）再次启动传送带 1，使装满零件的箱体继续向前运动，并把存放箱子数的内存单元

加1，然后再与给定的产品箱数进行比较。如果箱数不够，则带动下一个空箱到达指定位置，继续上述过程。直到产品箱数与给定值相等，停止装箱过程，等待新的操作命令。

　　只要传送带2上的零件和传送带1上的箱子足够多，这个过程可以连续不断地进行下去。这就是产品自动包装生产线的流程。必要时操作人员可以随时通过按停止（STOP）键停止传送带运动，并通过键盘重新设置给定值，然后再启动。

　　2. 控制系统硬件设计

　　针对上述任务，自动装箱控制系统的原理如图8-12所示。

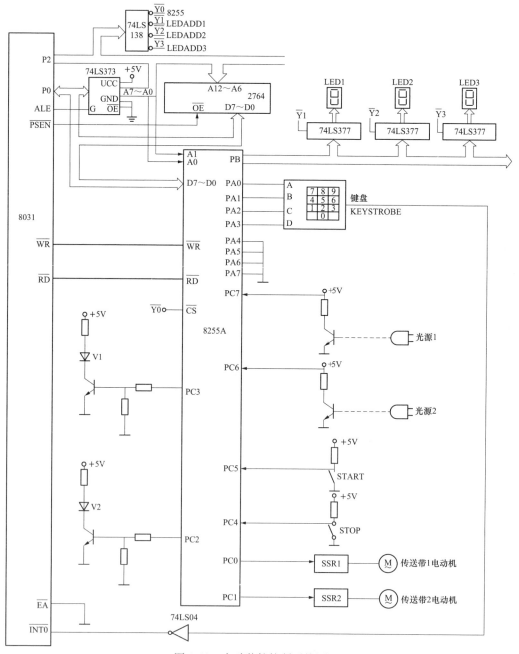

图 8-12　自动装箱控制系统原理

图 8-12 中，8031、74LS373、2764 组成 8031 单片机的最小应用系统，并扩展了程序存储器 EPROM2764 和可编程接口芯片 8255A。8031 通过 8255A 的 PB 口实现给定值或零件计数显示。PA 口读入键盘的给定值，PC 口高 4 位设为输入方式，用于检测光电检测器和 START、STOP 两个键的状态。PC 口低 4 位设为输出方式，其中 PC0 控制传送带 1 的动力电动机，PC1 控制传送带 2 的动力电动机。

此外，用 PC2、PC3 两条 I/O 线控制两个状态指示灯 V1 和 V2 以显示系统的运行状态。当系统出现问题时，如没有设置给定值，启动 START 键，则 V1 灯亮，提醒操作者注意，需重新设置参数后再启动；如果系统操作运行正常，则绿灯 V2 亮。

图 8-12 中，8031 单片机的最小应用系统、程序存储器和并行 I/O 口的扩展可参见 MCS51 系列单片机的相关内容，下面仅给出键盘和电动机控制电路。

（1）给定值电路。本系统的键盘设计由二极管矩阵组成的编码键盘，如图 8-13 所示。

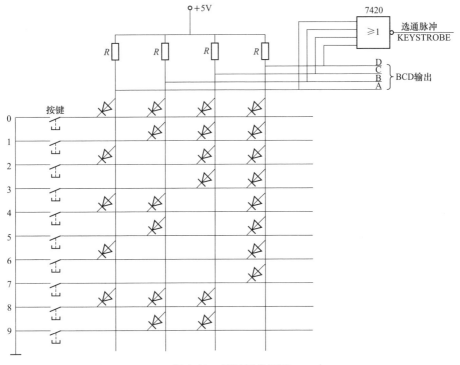

图 8-13　编码键盘原理

键盘输出信号 D、C、B、A（BCD 码）分别接到 8255A 的 A 口 PA3～PA0，键选通信号 KEYSTROBE（高电平有效），经反向器接到 8031 的 $\overline{\text{INT0}}$ 引脚。当某一个键按下时，KEYSTROBE 为高电平，经反相后的下降沿向 8031 申请中断。8031 响应后，读入 BCD 码值，作为给定值，并送显示。由于系统设计只有 3 位显示，所以最多只能给定 999。输入顺序为从最高位（百位数）开始。

当键未按下时，所有输出端均为高电平。当有键按下后该键的 BCD 码将出现在输出线上。例如，按下"6"键时，与键"6"相连的两个二极管导通，所以 D 线和 A 线上为低电平，B、C 仍为高电平，因此输出编码为 0110，其余依次类推。

当任何一个键按下时，四输入与非门 7420 产生一个高电平选通信号 KEYSTROBE，此信号经反相器后向 8031 申请中断。

（2）电动机控制电路。本系统的两个电动机均采用固态交流继电器 AC-SSR（SSR1 和 SSR2），其控制电路如图 8-14 所示。

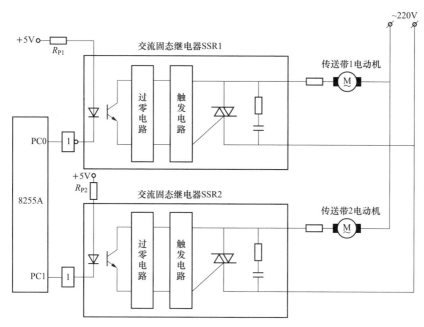

图 8-14   电动机控制电路

图 8-14 中，8255A 的 PC0 控制传送带 1 电动机，PC1 控制传送带 2 的电动机。当按下启动键（START）后，PC0 输出高电平，经反相后变为低电平，交流固态继电器（SSR1）发光二极管亮，因而使得 SSR1 导通，交流电动机通电，使传送带 1 带动包装箱一起运动。当包装箱行至光源与光电检测器 1 之间时，光被挡住，使光电检测器输出为高电平。当单片机检测到此高电平后，PC0 输出低电平，传送带 1 电动机停止，并同时使传送带 2 电动机通电（PC1 输出高电平），带动零件运动，使零件落入包装箱内。每当零件经过检测器 2 的光源与光电检测器之间时，光电检测器输出高电平。当单片机检测到此信号后在计数器中加 1，并送显示。然后再与给定的零件值进行比较。如果计数值小于给定值，则继续计数；一旦计数值等于给定值，则停止计数；此时关断传送带 2 的电源，并接通传送带 1 的电源，让装满零件的箱子移开，同时带动下一个空箱到位，并重复上述过程。

3. 控制系统软件设计

通过上述分析可知，本系统键盘的作用主要是输入给定值。当给定值设定后，在包装过程中就不再改动。因此为了提高实时性，系统通过中断方式（$\overline{\text{INT0}}$）做键盘处理。对包装箱是否到位及零件计数，则采用查询方法，其主程序框图如图 8-15 所示。

中断服务程序主要用来设定给定值，当给定键盘有键按下时，KEYSTROBE 输出高电平，经反相器后向 8031 申请中断。在中断服务程序中，读入该键盘给定值，一方面存入相应的给定单元（PORTS 或 BOXES），另一方面送去显示，以便操作者检查输入的给定值是否正确。

本程序输入的顺序是先输入包装箱数（3 位，最大值为 999，按百位、十位、个位顺序输入），然后再输入每箱装的零件数（3 位，最大值为 999，输入顺序同包装箱）。完成上述任务的中断服务程序流程如图 8-16 所示。

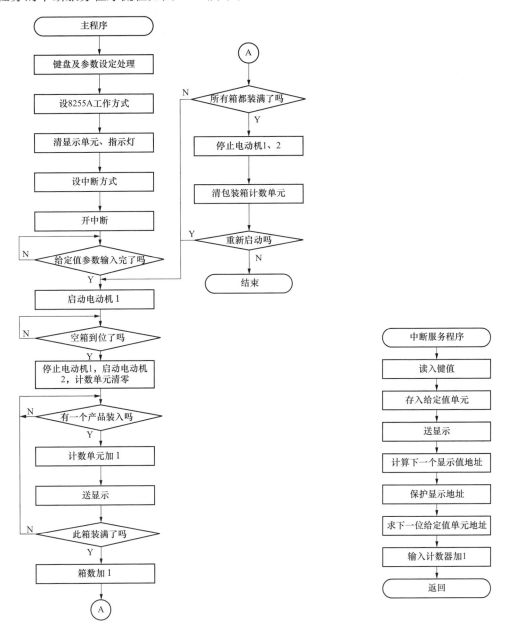

图 8-15　包装控制系统主程序框图　　　　　图 8-16　输入给定值中断服务程序

思考题

1*. 智能制造是制造业的未来发展方向之一，工业机器人是实现智能制造的核心。本章应用示例一介绍了通过 8051 单片机对机器人关节进行控制的设计和实现，然而，该系统存在运算速度慢、控制精度低的问题，无法满足复杂生产环境中对机器人动作控制实时性的要求。试以 STM32 或机器人专用控制器对控制系统进行改进，说明改进的思路和创新之处。

2*. 在智能制造背景下，智能变送器成为制造业生产过程中不可替代的一员。本章第三节应用示例二介绍了一种以 STC89C52RC 作为微处理器智能温度变送器。试通过带有网络接口的嵌入式芯片作为控制器对该智能温度变送器进行升级改进，使设备满足微型化和低功耗要求，实现温度就地显示、无线传输、手机 App 查询显示等功能。

3*. 党的二十大报告中提到，要加快发展物联网，建设高效顺畅的流通体系，降低物流成本。随着物流行业的快速发展，自动化装箱成为提高装箱效率和降低劳动成本的重要手段，同时企业根据客户订单的需求量和交货期来进行定制化生产安排可有效降低库存，减小企业资金压力。试以 PLC 为控制器，基于工业云平台对本章第三节示例三中以 8051 单片机为控制器的自动装箱系统进行改进，实现基于工业物联网的包装生产线的运行。

第九章　分散控制系统与现场总线控制系统

第九章
数字资源

分散控制系统（distributed control system，DCS）是以微型计算机为基础的大型综合控制系统，其核心思想是分散控制、集中管理，即控制与管理相分离，若干台下位机分散到现场实现分布式控制，上位机用于监视管理，上下位机之间用控制网络互联以实现相互之间的信息传递。因此，这种分布式的控制系统体系结构有力地克服了集中式数字控制系统中对控制器处理能力和可靠性要求高的缺陷。分散控制使得系统由于某个局部的不可靠而造成对整个系统的损害降到很低的程度，加之各种软硬件技术不断走向成熟，极大地提高了整个系统的可靠性，因而迅速成为工业自动控制系统的主流。

现场总线控制系统（fieldbus control system，FCS）是继分散控制系统之后出现的新一代控制系统，它代表的是一种数字化到现场、网络化到现场、控制功能到现场和设备管理到现场的发展方向。FCS 的出现，宣告了新一代控制系统体系结构的诞生，它的广泛应用可以大幅度地降低控制系统的投资，显著地提高控制质量，极大地丰富信息系统的内容，明显地改善系统的集成性、开放性、分散性和互操作性。因此，FCS 已经成为当今世界范围内的自动控制技术的热点。

第一节　分 散 控 制 系 统

一、分散控制系统概论

分散控制系统是纵向分层、横向分散的大型综合计算机控制系统。它以多层计算机网络为依托，将分布在全厂范围内的各种控制设备和数据处理设备连接在一起，实现各部分的信息共享和协调工作，共同完成各种控制、管理功能。

（一）分散控制系统的体系结构

分散控制系统的典型体系结构如图 9-1 所示。系统中的所有设备分别处于三个不同的层次，自下而上分别是现场级、控制级、监控级。对应着这三层结构，分别由现场网络Fnet(field network)、控制网络 Cnet(control network) 和监控网络 Snet(supervision network)把相应的设备连接在一起。

1. 现场级

现场级设备包括传统的 4～20mA（或者其他类型的模拟量信号）常规仪表、HART 仪表和现场总线仪表，一般位于被控生产过程的附近。典型的现场设备是各类传感器、变送器和执行器，它们将生产过程中的各种物理量转换为电信号，送往过程控制站，或者将过程控制站输出的控制量转换成机械位移，带动调节机构，实现对生产过程的控制。

2. 控制级

控制级主要由过程控制站和数据采集站构成。在电厂中一般安装在位于集控室后的电子设备室中。

过程控制站完成现场过程数据采集和过程控制。它接收由现场设备（如传感器、变送

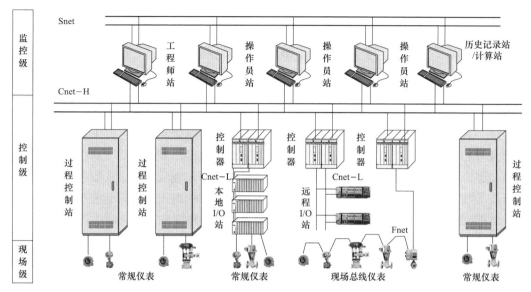

图 9-1　分散控制系统的典型体系结构

器）传来的信号，按照一定的控制策略计算出所需的控制量，并送回到现场的执行器中去。过程控制站可以同时完成模拟量连续控制、开关量顺序控制功能，也可能仅完成其中的一种控制功能。

如果过程控制站仅接收由现场设备送来的信号，而不直接完成控制功能，则称其为数据采集站。数据采集站接收由现场设备送来的信号，对其进行一些必要的转换和处理之后送到分散控制系统中的其他部分，主要是监控级设备。

3. 监控级

监控级的主要设备有操作员站、工程师站、历史记录站/计算站。其中操作员站安装在集控室，工程师站一般安装在电子设备室。

操作员站是运行人员与 DCS 相互交换信息的人机接口设备，运行人员通过操作员站监视和控制整个生产过程；工程师站是工程师用于系统配置、组态、调试、维护用的人机接口设备；历史记录站是用于数据存储的人机接口设备，主要供生产管理人员进行数据分析、统计和报表打印等。

（二）过程控制站

过程控制站是分散控制系统中实现过程控制的重要设备。来自现场的过程信息经过程控制站处理后，一方面通过网络传递到操作员站进行显示、报警、打印等，另一方面则反馈到现场，控制执行机构的动作，实现对生产过程的数据采集、模拟调节和顺序控制。不同厂家的 DCS 产品，其过程控制站的名称不同，如 EDPF NT＋的过程控制站称作 DPU，MACS-K 系统的过程控制站称作现场控制站，但其作用相同。

1. 过程控制站的硬件组成

过程控制站位于 DCS 的最底层，用于实现各种现场物理信号的输入和处理，实现各种实时控制运算和输出等功能，主要由 Cnet-H 通信接口、控制器、输入输出子系统、柜内总线系统等组成，此外还包括电源、机柜、接线端子板等。

过程控制站的硬件结构如图 9-2 所示。

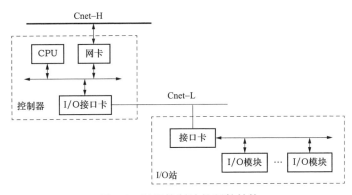

图 9-2　过程控制站的硬件结构

（1）控制器。过程控制站作为一个智能化的可独立运行的计算机控制系统，其核心是控制器。控制器是由 CPU、存储器、总线、输入/输出（I/O）接口等基本部分组成，其形式有 PLC、IPC、单板机等方式。

1）CPU（微处理器）是整个过程控制站的处理指挥中心，它按照预定的周期、程序和条件对相应的信号进行运算、处理，并对控制器和 I/O 模块执行操作控制和故障诊断。

2）存储器包括 RAM、ROM、NVRAM（BatRAM）等：RAM 用于实时数据的存储；ROM 用于软件功能模块库和操作系统的存储；NVRAM 用于存放用户组态方案（控制策略），以便于为用户提供在线修改组态的功能。

3）I/O 接口卡实现控制器与 I/O 子系统的连接，以及双机切换的功能。

4）总线是控制器内部各部件，如 CPU、I/O 接口等进行数据通信的信息通道，IPC 架构的控制器采用的是 ISA 或 PCI 总线。

控制器的结构完全按照工业过程控制要求的特性而设计，它有很多适用于过程控制的特点，如：汇集多种类型的控制方案，内置实时多任务的操作系统，具有在线组态的能力，采用冗余化的结构，实现上电自动工作，可以带电插拔等。

（2）输入/输出（I/O）子系统。

在过程控制站中，I/O 子系统实现控制器与生产过程之间接口的功能，用于过程量的直接输入与输出，由各种 I/O 模块组成。DCS 的 I/O 模块是机柜中种类最多、数量最大的一类模块，一般包括模拟量输入/输出（AI/AO）、开关量输入/输出通道（SI/SO）或数字量输入/输出（DI/DO）以及脉冲量输入（PI）等，电站 DCS 还提供了电液调节的特殊模块。

N 个 I/O 模块集中安装在一起形成一个 I/O 站，I/O 站挂接在柜内总线，通过柜内总线系统与控制器进行通信。

（3）柜内总线系统。柜内总线系统即 Cnet-L，是过程控制站的内部网络，用于实现控制器与 I/O 子系统之间的互联和信息传送。Cnet-L 通信总线多采取串行总线方式，多家 DCS 已开始采用 PROFIBUS DP 现场总线。

（4）Cnet-H 通信接口。过程控制站作为控制网络中的一个节点，其通信接口就是把过程控制站挂接在 Cnet-H 控制网络上，实现与其他节点之间的数据共享。以太网逐步成为事实上的工业标准，越来越多的 DCS 厂家直接采用以太网作为 Cnet-H，因此其通信接口采用以太网卡。

（5）接线端子板。接线端子板提供 I/O 模块与现场设备的信号连接，有的还提供信号调理及过电压、过电流等保护电路，端子板类型与 I/O 模块类型要一一对应，如模拟量输入模块须配套模拟量输入端子板，数字量输入模块须配套数字量输入端子板。

（6）电源。DCS 需要的电压等级有交流 220V、直流 ±5、±10、±12、±15V 以及 +24V 等。其中交流 220V 用于过程控制站机柜、操作员站、工程师站，以及与之相关的外围设备（如打印机、CRT 等）的供电；直流 ±5、±10、±12、±15V 用于提供控制器、I/O 模块等的供电，称为内电源或系统电源；+24V 用作二线制变送器的电源、4～20mA 输出的电源、无源触点的访问电源、驱动电磁阀的开关量输出电源、中间继电器的电源，称为外电源或现场电源。

DCS 需要一个效率高、稳定性好、无干扰的交流电源，因此通常采取以下几种措施：

1）每一个过程控制站均采用双电源供电，互为冗余。

2）如果过程控制站机柜附近有经常开关的大功率用电设备，应采用超级隔离变压器，将其一次、二次绕组间的屏蔽层可靠接地，以克服共模干扰的影响。

3）如果电网电压波动很严重，应采用交流电子调压器，快速稳定供电电压。

4）在石油、化工等对连续性控制要求特别高的场合，应配有不间断电源（UPS），以保证供电的连续性。

DCS 各等级的直流电源采取 1∶1 或 n∶1 的电源冗余配置方案。1∶1 电源冗余是对每一个电压等级的电源都提供一个附加电源，获得完全的供电冗余，n∶1 的电源冗余是对同一电压等级的 n 个供电电源只提供一个电源作为备用。

（7）机柜。过程控制站通常是一柜式设备，其所有的硬件组成和辅助设备都安装在机柜中。机柜中安装有风扇、控制器安装机架、I/O 子系统安装机架、端子板安装组件以及柜内总线系统。其中，风扇提供强制风冷以保证柜内电子设备的散热降温，同时为防止灰尘侵入，要采用正压送风，将柜外低温空气经过滤网后引入柜内；机架为安装控制器、I/O 模块、电源模块之用，不同设备的安装机架不一样；端子板安装组件提供 I/O 模块与现场信号的连接，它可与控制器机柜安装在一个机柜中，也可安装在专门的端子柜中；DCS 机柜内还设有各种总线系统，例如电源总线、I/O 总线、控制总线、接地总线等。这些总线可由机架背后的印制电路板、专用电缆或连接器实现。

为了给机柜内部的电子设备提供完善的电磁屏蔽，其外壳均采用钢板或铝材的金属材料，并且柜门与机柜主体这样的活动部分之间要保证有良好的电气连接。同时，机柜还要求可靠接地，接地电阻应小于 4Ω。

2. 过程控制站的软件系统

过程控制站作为一个独立运行的计算机监控系统，一般无人机接口，所以它应有较强的自治性，即软件的设计应保证避免死机的发生，并且具有较强的抗干扰能力和容错能力。

（1）过程控制站的软件结构。过程控制站均采用实时多任务操作系统，目前 DCS 厂家几乎全采用商业化的操作系统，如 Linux、Windows CE 操作系统。

软件系统一般分为执行代码部分和数据部分。执行代码部分一般固化在 EPROM 中；而数据部分则保留在 RAM 存储器中，在系统复位或开机时，这些数据的初始值从网络上装入。

过程控制站的执行代码一般分为两个部分，周期执行部分和随机执行部分。周期性执行部分一般由硬件时钟定时激活，完成周期性的数据采集、转换处理、越限检查、控制算法的运算、网络数据通信以及系统状态检测等。另外，过程控制站还具有一些实时功能，如系统故障信号处理（如电源掉电等）、事件顺序信号处理、实时网络数据的接收等。这类信号发生的时间不定，而一旦发生就要求及时处理。这类信号一般用硬件中断激活。

典型的过程控制站的周期性软件的执行过程如图 9-3 所示。

采集现场过程数据
接受网络过程数据
和HMI操控指令
进行控制运算
输出现场控制指令
向网络发布
现场过程数据

图 9-3　过程控制站的周期性软件的执行过程

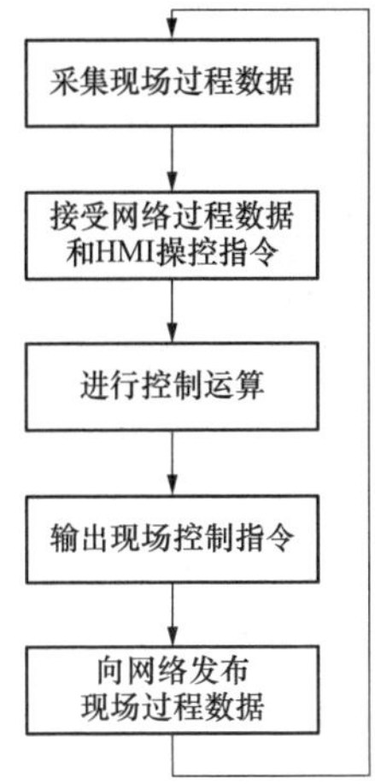

（2）过程控制站的软件功能模块。软件功能模块也称为标准算法模块、功能块、算法，是能够实现一定功能的软件子程序，是由 DCS 制造商提供的系统程序。用户组态时可根据要实现的功能灵活选择软件功能模块以构成具体控制系统。

1）输入输出算法功能模块。输入输出算法功能模块包括过程 I/O 功能模块、网络传输功能块、页间连接功能块等。

a）过程 I/O 功能模块是点记录与硬件模块之间的接口算法。这些算法管理相应的 I/O 硬件模块，完成实时数据的输入/输出，因此也称为硬件 I/O 功能模块。在一个工程项目中，它们的使用最多。

b）网络传输功能块用于将模拟量或开关量发布上网，或从网络取下模拟量或开关量。通过网络传输的数据要有唯一的全局标识号 ID。

c）页间连接功能块用于模拟量和开关量的页间连接。

2）模拟量算法。模拟量算法包括所有以模拟量为主要输入/输出参数的算法，包含加法器、乘法器、除法器、开方器、取绝对值等的运算模块，密度比容计算、焓值运算等热力性质计算模块，分段线性函数发生器、线性变换器等信号发生器类模块，高低选、高低限保护等信号选择模块，手工定值器、超前滞后、均衡器、PID 等控制算法模块和模拟软手操器算法模块等。这些模拟量算法的输出以模拟量为主，其中也有一些算法的输出是开关量。

3）开关量算法。开关量算法是以开关量为主要输入/输出参数的算法，包含与、或、非、异或简单逻辑运算，以及计数器、定时器、RS 触发器、电动机、电磁阀等算法模块。

此外，DCS 厂家还提供了自定义算法模块，便于用户自行开发。

（三）人机接口

1. HMI 系统结构

DCS 的 HMI 系统有两种典型结构，即分布式数据库结构和客户机/服务器结构（C/S）。

（1）分布式数据库结构。

分布式数据库结构 HMI 系统如图 9-4 所示。这种结构的显著特点是：HMI 系统所有站

监控网络(Snet)
工程师站
操作员站
操作员站
操作员站
历史记录站
控制网络(Cnet)

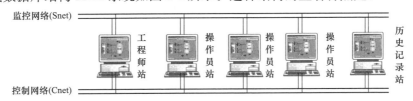

图 9-4　分布式数据库结构 HMI 系统

点均与控制网络冗余连接，各自根据自己所显示的画面内容收集控制网络中传递的实时数据并进行显示；操作员的操作指令由操作员站通过 DCS 控制网络直接以指令报文的形式发往相应的过程控制柜；系统所有的实时数据被分散在各个 HMI 站内，总体上看实时数据冗余度较大。

目前 ABB 的 Symphony、EMERSON 西屋的 Ovation、EDPF NT＋系统的 HMI 系统采用分布式数据库结构。

（2）客户机/服务器结构。

客户机/服务器结构 HMI 系统如图 9-5 所示。这种结构的显著特点是：操作员站、历史记录站不与控制网络直接连接，DCS 实时数据由冗余的过程服务器通过控制网络进行收集然后向系统操作员站、历史记录站（客户机）发布；操作员的操作指令需经过服务器通过DCS 控制网络发往相应的过程控制柜；系统所有的实时数据被集中在冗余服务器内，实时数据冗余度小。

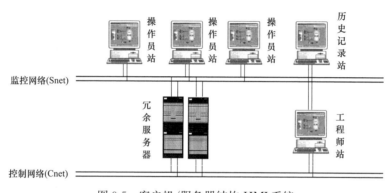

图 9-5　客户机/服务器结构 HMI 系统

采用这种结构，HMI 计算机硬件配置要求较低，而对服务器及网络性能要求较高，系统配置和管理简便。

2. 操作员站

操作员站由工业 PC 机或工作站、工业键盘、大屏幕图形显示器和操作控制台组成。这些设备除工业键盘外，其他均属于通用型设备。

操作员站的软件主要包括操作系统和用于监控的应用软件。操作系统通常是一个驻留内存的实时多任务操作系统，如 Windows XP；监控软件有画面及流程显示、控制调节、趋势显示、报警管理及显示、报表管理和打印、操作记录、运行状态显示等。

操作员站的基本功能为显示、操作、报警、系统维护和报告生成等几个方面。

（1）显示功能。DCS 能将系统信息集中地反映在屏幕上，并自动地对 DCS 信息进行分析、判断和综合。它以模拟方式、数字方式及趋势曲线实时显示每个控制回路的测量值PV、设定值 SP 及控制输出 CO。所有控制回路以标记形式显示于总貌画面中，而每个回路中的信息又可以详尽地显示于分组画面中。非控制变量的实时测量值以及经处理后的输出值也能以各种方式在屏幕上显示。

（2）操作功能。操作员站可对全系统每个控制回路进行操作，对设定值、控制输出值、控制算式中的常数值、顺控条件值和操作值进行调整，对控制回路中的各种操作方式（如手动、自动、串级、计算机、顺序手动等）进行切换；对报警限设定值、顺控定时器及计数器的设定值进行修改和再设定。为了保证生产的安全，还可以采取紧急操作措施。

（3）报警功能。操作员站以画面方式、色彩或闪光方式、模拟方式、数字方式及音响信号方式对各种变量的越限和设备状态异常进行各种类型的报警。

（4）系统维护功能。DCS 的各装置具有较强的自诊断功能，当系统中的某设备发生故障时，一方面立刻切换到备用设备，另一方面经通信网络传输报警信息，在操作站上显示故障信息，蜂鸣器等发出音响信号，督促工作人员及时处理故障。

（5）报告生成。根据生产管理需要，操作员站可以打印各种班报、日报、操作日记及历史记录，还可以复制流程图画面等。

操作员站的各种功能需要通过各种显示画面完成，其画面主要有：总貌画面、过程图画面、成组参数显示与光字牌等成组显示画面、单点显示画面、模拟手操器画面、数字手操器画面和功能组操作画面等设备操作器画面、报警列表及强制报警画面、系统状态显示画面、实时趋势和历史趋势显示画面及报表类画面。

3. 工程师站

工程师站是整个 DCS 组态和日常维护的工具。在系统初始组态时，工程师站可作为组态服务器，而临时将其他 HMI 站作为组态客户机使用以便组态工程师共享一个项目的资源，提高组态效率。DCS 投产后，一般只留一台工程师站用来保存项目组态文件和进行系统日常维护。

工程师站提供各种工程设计软件用于对 DCS 进行工程组态，一般包括数据库组态软件、过程控制策略组态软件、图形组态软件、报表组态和趋势组态等软件。

4. 历史记录站、报表站

历史记录站是 DCS 中重要组成部分，主要用于历史数据的收集和存储。通常历史记录站采用客户机/服务器架构，历史数据收集软件收集控制网上实时数据并存档形成历史数值，包括模拟量和开关量。

通常历史记录站同时被配置成报表服务器。报表站主要将历史记录站收集的实时数据和历史数据进行必要的计算，然后将数据以各类报表的形式再现。DCS 报表包括周期型报表、触发型报表、追忆数据型报表、SOE 型报表、事件型报表、自定义周期报表等。

二、典型分散控制系统

目前国产 DCS 产品蓬勃发展，如 EDPF NT＋、XDC800、SUPCONJX、MACS-K 和 OCS 等系统已经广泛应用于石油、化工、冶金、电力、纺织、建材、造纸、制药等行业。

下面简要介绍 EDPF NT＋、MACS-K 和 OCS 系统。

（一）EDPF NT＋系统

EDPF NT＋集计算机、网络、数据库和自动控制技术为一体，实现自动控制与信息管理一体化设计。

1. 系统结构

EDPF NT＋的系统结构如图 9-6 所示。其数据高速公路采用工业交换式以太网，主干网络采用具有容错自愈功能的快速生成树或超级冗余环网技术构造多点互联的网状树形或环形双冗余结构，网络通信速率为 100Mb/s，网络刷新能力为 32 万点/s。DPU、操作员站、历史记录站、工程师站等接入数据公路管理层（management and control net，MCN）

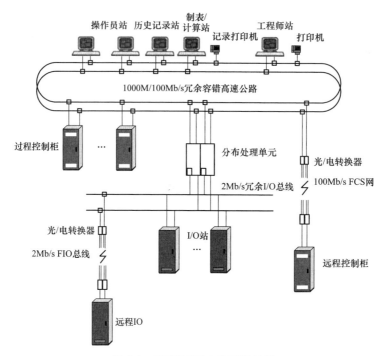

图 9-6　EDPF NT＋的系统结构

的控制域，SIS 和 SIM 等增值网也是 MCN 的域，通过可选的安全隔离装置进行安全隔离，DCS 和 SIS、SIM 之间通过 MCN 进行直接的数据信息交换，不存在系统间通信协议转换问题。

扩展输入/输出层（extended input/output，EIO）是过程控制柜内分布处理单元和 I/O 站之间信息交互网络，采用工业实时以太网网络和协议，该协议兼容 HSE、EPA 等工业以太网协议。纯数字的现场总线信息和传统 I/O 信号通过各自的协议转换模块转换为 EIO 信息。EIO 网络上可以接入一个或多个控制器组成一个分布式控制单元 DPU。当远程接入 I/O 模块时，协议转换模块可放到就地。传统卡件通过带有以太网接口的 IOBUS 卡，与现场总线等同接入 EIO。现场总线段，通过协议转换器接入 EIO。EIO 既可以运行在独立的物理网段上，又可以与 MCN 共用一个物理网络。现场输入/输出层（field input/output，FIO）接入远程 I/O，可选用 PROFIBUS DP、FIELDBUS、HART、MODBUS RTU 等。

2. 主要组成

（1）DPU 控制器。DPU 控制器采用 PCI 总线标准工业控制计算机，由 CPU 卡、闪存、以太网卡、I/O 总线接口卡和 PCI 总线等组成。它通过以太网卡与 EDPF NT＋的控制网络连接，通过 I/O 总线接口卡与分布式智能 I/O 模块通信，并实现双机切换。DPU 的内部结构如图 9-7 所示。

（2）过程 I/O 站。EDPF NT＋采用全分散智能 I/O 模块。每块 I/O 模块都设计有 CPU 处理器、通信处理器和冗余网络总线接口。

（3）操作员站。在 Windows XP 环境下的操作员站有三个默认用户，即 OPR 操作员站、ENG110 工程师站、HSR100 历史记录站。

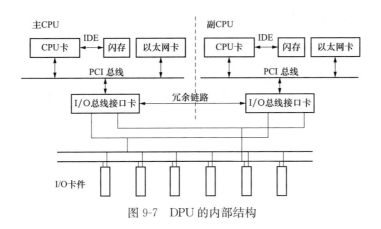

图 9-7　DPU 的内部结构

操作员站软件根据其特点，可分为人机界面程序和服务程序。人机界面程序的主要功能是以各种方式为用户提供各种信息和人机交互手段，接受用户的操作。这些软件可根据需要随时运行或关闭。服务程序的功能则是为其他程序提供各方面的支持，如数据收集、通信管理、文件传输等，这些软件必须时刻处于运行中。

某些程序如 DCS Commander 既是人机界面程序，又是其他程序的命令出口，所以与它有关联的程序运行时它也必须为运行状态。表 9-1 给出了 EDPF NT＋的操作员站软件清单。

表 9-1　　　　　　　　　　　　　　操 作 员 站 软 件 清 单

序号	程序	功能	启动	类别
1	DropStarter	站引导管理器	自动或桌面快捷方式	人机界面
2	AppBar	应用程序工具条	DropStarter	人机界面
3	dceM	DCS 通信环境	DropStarter	服务
4	dFTs	文件传输	DropStarter	服务
5	tc	实时趋势收集	DropStarter	服务
6	DCS Commander	DCS 命令中心	DropStarter	人机界面
7	AlarmMonitor	报警监视	DropStarter	人机界面
8	GD	画面显示	AppBar	人机界面
9	PntBrowser	点记录浏览器	AppBar	人机界面
10	AlgDisplay	算法浏览器	AppBar	人机界面
11	hsrt	历史趋势显示	AppBar	人机界面
12	td	实时趋势显示	AppBar	人机界面
13	programEvent	应用程序事件监视	AppBar	人机界面
14	Hsr_Retriever	报警历史显示	AppBar	人机界面

（4）工程师站。工程师站主要是进行工程组态，即创建和维护控制系统的各种数据文件和程序，如数据库、控制图、过程画面、安全策略、点组。

工程师站软件包括了一个集成开发环境工程管理器（PO），专门提供用于工程设计、组态、调试、运行、诊断和服务的统一用户接口。

3. EDPF NT＋系统的主要技术特点

（1）采用基于分布式计算环境（DCE）的多域网络结构，"域"间隔离技术解决了多套控制系统高性能隔离互联及集中监控难题。

（2）数据高速公路采用高速实时工业以太网协议，对等型网络结构，无网络或实时数据服务器，不会产生网络瓶颈和危险集中，实现了功能分散、危险分散。

（3）以站为基本单位的大容量分布式实时数据库采用了基于聚簇索引技术的数据库引擎核心，解决了 DCS 工程分布投运中易出现的相互干扰问题，提高了系统动态安全性。历史数据采用例外报告技术和二进制压缩格式收集生产过程参数或衍生数据。在采集 10 万点的历史数据时，仍然能快速响应多用户的并发查询。

（4）跨平台的系统软件。控制系统的过程控制站和人机交互设备软件都兼容 Windows 和 Linux 操作系统，以适应不同应用领域对软件环境的要求。

（5）借助跨平台软件移植技术，采用虚拟控制器技术，实现了控制系统高精度仿真，可以对控制策略进行全面仿真测试。

（6）便捷的全自由格式的 SAMA 图形化控制组态功能，非常直观，易学易用。设计图纸、组态调试图纸和竣工图纸完全相同，易于维护。

（二）MACS-K 分散控制系统

HOLLiAS MACS-K 系统基于国际标准和行业规范进行设计，是和利时公司面向过程自动化应用的大型分布式控制系统，采用基于工业以太网和 PROFIBUS DP 现场总线的架构，由 K 系列硬件和 MACS V6.5 软件组成。同时，系统集成火电、化工等各行业的先进控制算法平台，为工厂自动控制和企业管理提供深入全面的解决方案。

1. 硬件组成

MACS-K 系统结构如图 9-8 所示，通过工业通信网络，将分布在工业现场附近的工程师站、操作员站、历史站、现场控制站等连接起来，以完成对现场生产设备的分散控制与集中管理。

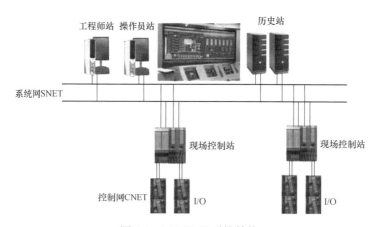

图 9-8　MACS-K 系统结构

（1）网络。MACS-K 系统网络包括系统网 SNET 和控制网 CNET 两层。

1）系统网（SNET）。由高速工业以太网络构成，用于工程师站、操作员站、现场控制站的连接，支持 P-TO-P、C/S、P-TO-P 和 C/S 混合三种结构。SNET 符合 IEEE802.3 及 IEEE802.3u 标准，基于 TCP/IP 通信协议，通信速率 100/1000Mb/s 自适应，传输介质为 5 类非屏蔽双绞线或光缆。

系统网采用冗余网络，标定为 SNETA 和 SNETB，使用 128、129 网段。工程师站、操作员站、历史站作为同类站标定地址，站号范围为 80～111，208～239；控制站主机 IP 地址为 128.0.0.n、129.0.0.n，备用机 IP 地址为 128.0.0.$(128+n)$、129.0.0.$(128+n)$，站号 n 范围为 10～73。

2）控制网（CNET）。控制网连接现场控制站中主控单元与 I/O 模块，负责主控单元与 I/O 模块之间的数据传输，支持星型网络和总线型网络。控制站采用 PROFIBUS DP 现场总线协议，主控单元为 DP 主站，智能 I/O 单元为 DP 从站，采用带屏蔽的双绞铜线连接；K 系列硬件系统的从站地址为 10～109。

（2）现场控制站。现场控制站包括主控制器单元、I/O 设备、通信设备、电源设备、预制电缆和机柜。

1）主控制器单元。主控制器单元接收现场数据，并根据控制方案输出相应的控制信号，实现对现场设备的控制；同时将数据提供给操作员站。主控制器与 IO 设备通过控制网络 CNET，即 IO-BUS 进行通信，实现现场数据的采集与控制数据的发送。通过以太网，主控制器与上位机进行通信，实现过程数据与诊断数据的上传。主控制器单元的通信结构如图 9-9 所示。

K 系列主控制器模块采用主流 DCS 和安全平台广泛使用的 PowerPC 架构 CPU，有 K-CU01、K-CU11、K-CU02 等三个型号，均配套 4 槽主控制器背板。K-CU01 和 K-CU11 支持 100、200、500、1000ms 的运算周期，在工程组态规模较大的现场应用场景，当使用 K-CU01 控制器数据区

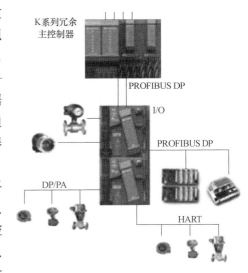

图 9-9　主控制器单元的通信结构

超限时，可选择 K-CU11 大容量主控制器；K-CU02 支持 50ms 的运算周期，建议在 DEH 系统使用。其特点是：①支持冗余配置；②支持系统网（SNET）冗余；③支持控制网（CNET）冗余；④支持无扰切换；⑤ECC 校验功能；⑥最大扩展 100 个 I/O 模块。

2）IO 设备。I/O 设备主要组成为 I/O 模块、I/O 底座和接线端子，如图 9-10 所示。其中，I/O 模块主要实现信号转换功能，可以分为模拟量 I/O 模块和数字量 I/O 模块；I/O 底座主要实现现场信号的接入与安全防护等功能；接线端子直接连接现场信号线缆，用于机柜内接线。I/O 模块应与相应的 I/O 底座配套。

3）通信设备。通信设备包括 IO-BUS 设备和网桥/网关设备。

以单机柜、星型拓扑为例，IO-BUS 设备支持 IO-BUS 总线，包括插在主控制器背板单槽 IO-BUS 背板模块 K-BUST01，星型 IO-BUS 模块 K-BUS02，星型 IO-BUS 终端匹配器 K-BUST02，如图 9-11 所示。

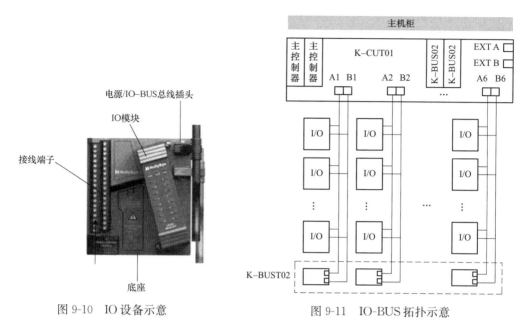

图 9-10 IO 设备示意   图 9-11 IO-BUS 拓扑示意

MACS-K 系统提供 DP/PA 网桥通信模块 K-PA02、DP/PA LINK 模块 K-PA01、DP Y-LINK 网桥通信模块 K-DP01、PROFIBUS-DP/Modbus 网桥/网关模块 K-MOD01/MOD03 与进行通信。这些模块安装在机柜中，分别配套 K-PAT01、K-MODT01 底座。

4）电源设备。MACS-K 电源设备包括交流电源分配板、直流电源分配板、辅助电源分配板等，实现 220V AC 到 24V DC 和 48V DC 的电源转换。典型供电示意如图 9-12 所示。

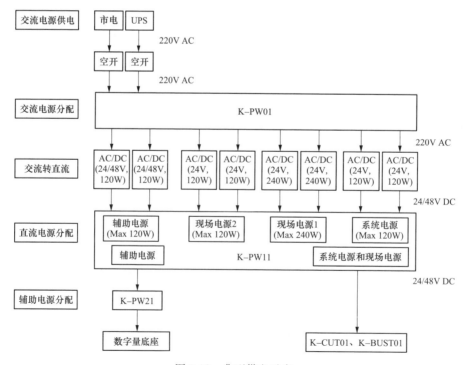

图 9-12 典型供电示意

（3）人机接口。人机接口系统采用分布式数据结构，包括操作员站、工程师站和历史站。其中，操作员站的数量可根据工艺装置大小及操作岗位设置。一个工程最多配置 64 台操作站（含工程师站和历史站）。工程师站还可运行操作员站软件，并可通过修改用户权限的方式兼做操作站。一个工程要求配置两台独立的历史站形成热备冗余，对于小型项目也可允许工程师站兼做一台历史站。

（4）设备管理站。用于对现场智能仪表的管理以及远程诊断、远程调试等，实现预测性维护。

2. 软件体系

（1）工程师站软件。工程师站主要是用来完成工程组态，组态过程会涉及以下软件：

1）工程总控软件，用来部署和管理整个综合自动化系统。工程总控软件集成了工程创建、工程管理、项目管理、操作站用户组态、区域设置、操作站组态、控制站组态、总貌组态、控制分组组态、参数成组组态、趋势组组态、流程图组态、专用键盘组态、数据库查找、数据库导入导出、报表组态、编译、下装、高级计算等功能。

2）图形编辑软件。可通过图形编辑软件生成在线操作的流程图和界面模板，还支持自定义符号库。

3）控制器算法组态软件 AutoThink。该软件集成了控制器算法的编辑、管理、仿真、在线调试以及硬件配置功能，支持 IEC61131-3 中规定的 ST、LD、SFC 三种语言和和利时 CFC 语言。

4）CCS 控制器算法组态软件 CCS-AutoThink。该软件集成了 CCS 控制器算法的编辑、管理、仿真、在线调试以及硬件配置功能，支持 IEC61131-3 中规定的 LD、FBD 两种语言。

5）ETM281 控制器算法组态软件 HIC-AutoThink。该软件集成了 ETM281 控制器算法的编辑、管理、仿真、在线调试以及硬件配置功能，支持 IEC61131-3 中规定的 LD、ST 两种语言和和利时 CFC 语言。

6）SIS（HiaGuard）控制器算法组态软件 Safe-AutoThink。该软件集成了 SIS（HiaGuard）控制器算法的编辑、管理、仿真、在线调试以及硬件配置功能，支持 IEC61131-3 中规定的 LD、FBD 两种语言。

以上几个软件都采用树状工程组织结构管理组态信息，界面清晰，简单易用。

（2）操作员软件。操作员站安装操作员在线软件，是操作员的监视和控制软件。通过该软件可以完成实时数据采集、动态数据显示、过程自动控制、顺序控制、高级控制、报警和日志的检测、监视、操作，可以对数据进行记录、统计、显示、打印等处理。

（3）现场控制站软件。现场控制站存储有各种算法功能块，以及由工程师站组态生成的控制器算法文件，以及操作系统。主控单元操作系统采用了自主开发 HEROS，极大提高了软硬件的兼容性。

MACS-K 系统的算法功能块有 I/O 处理、控制运算、高级运算、基本运算四类，每类下面又包括多种算法块。此外，根据火电行业的特色有自己独立的算法块库。

（4）其他组件及工具

1）OPC 客户端：完成与遵循 OPC 协议的第三方通信功能。

2）仿真启动管理：仿真模拟运行现场控制站、历史站和操作员在线。

3）离线查询：可按条件查询系统的趋势、报警、日志等历史数据，以帮助用户分析系统运行情况或事故原因。

4）操作员在线配置工具：可配置操作员在线的默认信息，包括域号、初始页面路由信息等。

5）版本查询工具：可查询当前系统软件所有文件的版本信息。

6）授权信息查看：提供分类查看授权信息、完成软件授权的功能。

7）HSRTS Tool：用来升级 MACS V6.5 系统控制器 RTS 程序。

8）HSRTS Tool（CCS）：用来升级 CCS 系统控制器和通信单元 RTS 程序。

9）HSRTS Tool（HiaGuard）：用来升级 SIS（HiaGuard）系统控制器和通信单元 RTS 程序。

10）语言选择：用来切换离线组态软件的语言。

（三）OCS 控制系统

OCS 是由和利时公司 2021 年推出的基于 HOLLIAS MACS@平台的工业光总线控制系统（industrial optical bus control system，OCS）。

OCS 的系统架构和 DCS 的类似，二者的明显区别在于控制器与 I/O 之间的网络传输介质，OCS 采用光纤，而 DCS 采用铜芯双绞线电缆。OCS 包含工业光总线智能 I/O 子系统和设备监控子系统。工业光总线智能 I/O 子系统由工业智能数据传输单元和工业光总线连接单元组成，设备监控子系统由工程师站、操作员站、历史站、设备管理站、控制站组成，控制站通过冗余的工业光总线 Onet 与工业智能数据传输单元，系统架构如图 9-13 所示。

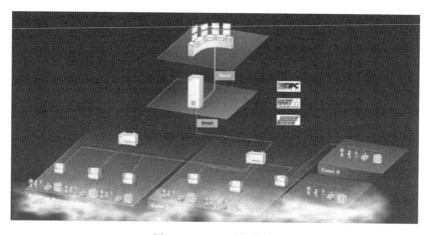

图 9-13　OCS 系统结构

这里仅重点介绍区别于 MACS 的 OCS 系统的硬件组成。

1. K 系列冗余控制站

控制站由机柜、电源、控制器、Onet、K-EPF01 光电收发器组成。其中，Onet 连接 I/O 卡件和控制器，遵循工业光总线协议；K-EPF01 为单模光电收发器，用于在控制器侧进行 IO-BUS 信号（RS-485）与光纤信号之间相互转换。实际应用时，K-EPF01 和 K-EPS01 配合工作，前者用在控制器侧，通过预制电缆连接到控制器背板的 IO-BUS 接口；后者用在现场侧。

2. 工业光总线智能数据传输单元

工业光总线智能数据传输单元（industrial intelligent data transmission unit，iDTU）用于连接现场设备（仪表、控制阀等），并通过 Onet 工业光总线与控制站进行通信。

iDTU 采用模块化设计，主要由智能 IO、光总线接口模块以及电源模块组成。其中，电源模块用于将外部提供的 220V AC 供电转换为稳定的 24V DC 控制电源，光总线接口模块用于 iDTU 与 RJU 进行光纤连接，智能 IO 用于现场信号的输入/输出。其中智能 IO 模块是指模块支持的 IO 类型不固定，可根据软件定义而变化。智能 IO 模块支持 AI、AO、DI、DO、PI、Namur（本质安全的数字量输入和频率量输入的标准信号，为无源 2 线制信号，标称 8V DC 供电）六种信号类型。对于本质安全设计的仪表系统而言，安全栅可以直接插在智能 IO 的底板上，而无需进行额外的接线。iDTU 还支持 Modbus 通信协议，可以作为 Modbus 从站将现场数据传输至与第三方系统。

图 9-14 为 16 通道隔离型 iDTU 单元，包括 16 通道多功能输入输出模块 K-VIO03、KB-VAT 02 隔离器底座、K-PTA 02 直通型信号隔离器、K-EPS02 光总线接口模块（光电收发器）。

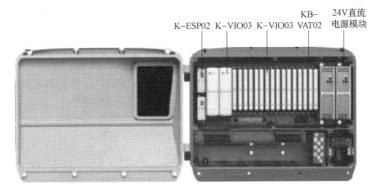

图 9-14　16 通道隔离型 iDTU 单元

K-VIO03 模块是 16 通道多功能输入输出模块，通过组态配置支持 AI、AO、DI、DO、PI、Namur 多种信号类型混合。作为 IO-BUS 从站通过光口或电口与控制器完成数据交换，并可作为 Modbus 从站与 Modbus 主站进行数据交换。

3. 工业光总线连接单元

控制站与 iDTU 通过工业光总线连接单元（industrial optical bus redundant junction unit，RJU）进行连接，一个 RJU 包含两个工业光总线连接模块。每个工业光总线模块提供 1 个上行端口用于连接控制器和 16 个下行端口用于连接 iDTU。Onet 通信示意如图 9-15 所示。

当控制器与 iDTU 一对一通信，即一个控制器仅连接一个 iDTU，这种情况下，可以采用衰减值为 10dB 光衰减器（具备 SC-SC 接口）代替工业光总线连接单元（K-RJU02），从而节省成本，简化系统结构。

4. OCS 工业光总线控制系统应用

图 9-16 给出了 OCS 的工业应用。iDTU 布置在现场侧安全区域（无需防爆认证），信号线由现场设备引到 iDTU 内，iDTU 将通信通过工业光总线引到控制器柜，控制器柜内全部采用工业光总线模块。

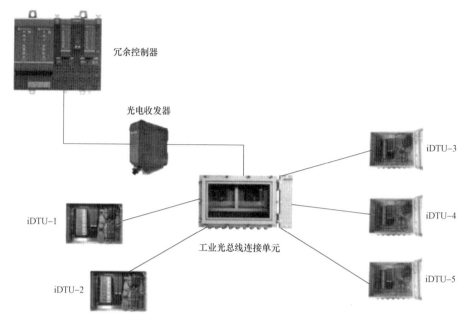

图 9-15　Onet 通信示意

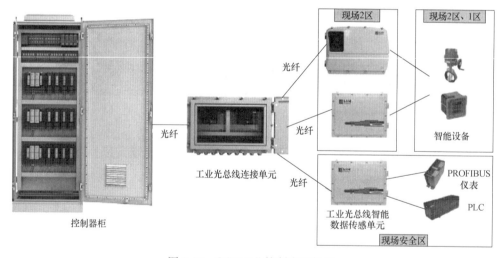

图 9-16　OCS 工业控制应用场景

iDTU 布置在现场危险 2 区（满足 CCC 和防爆认证），现场 0 区、1 区信号线由现场设备引到 iDTU 内，iDTU 将通信通过工业光总线引到控制器柜。

5. 主要技术特点

（1）OCS 系统支持全冗余配置，采用高可靠性、高速的无源光学器件技术，使用现场总线代替模拟信号，光纤代替同电缆传输，解决了现场电磁干扰、共模干扰等不良影响；为用户节约大量电缆料工费的同时，节约机柜间的大量机柜占地空间。

（2）iDTU 标准化、模块化的设计将传统控制系统定制化工程，转换成了大量的标准化工程；无须集线柜或交叉布线，电缆更少、工作量更少、潜在的故障点更少；大幅度提高了项目实施的速度和效率的同时，用户的操作风险更小。

（3）其灵活性为未来技术调整及改造提供了一个极简便、易操作的平台，为用户大大降低了未来技术提升和扩容的成本，有效减少备件、维护上的工作量及支出。

总而言之，OCS 工业光总线控制系统可以彻底简化从现场设备到控制器之间的工程设计，可实现标准化的工程交付，缩短项目建设周期，并明确降低项目成本；节省自动化系统的总成本 30% 以上，减少机柜间面积 70% 以上，缩短项目周期 50%，节省 IO 模块备品备件 30% 以上，并大幅降低项目建设过程中的施工量和控制系统的维护成本。

第二节　现场总线控制系统

现场总线技术是自动化领域发展起来的新技术分支，它的出现标志着工业控制开始了一个新的时代。现场总线控制系统是将现场总线技术应用于具体的生产过程，构成网络化、分散化的自动控制系统。

一、现场总线技术

1. 现场总线的基本概念

IEC（国际电工委员会）对现场总线的定义是：安装在制造和（或）过程领域的现场装置与控制室内的自动控制装置之间的数字式、串行、多点通信的数据总线。基于现场总线的控制系统被称为现场总线控制系统 FCS。

现场总线技术将专用微处理器置入传统的测量控制仪表，使它们各自具有了一定的数字计算和数字通信能力，成为能独立承担某些控制、通信任务的网络节点。它们分别通过普通双绞线、同轴电缆、光纤等多种途径进行信息传输，这样就形成了以多个测量控制仪表、计算机等作为节点连接成的网络系统。该网络系统按照公开、规范的通信协议，在位于生产现场的多个微机化自控设备之间，以及现场仪表与用作监控、管理的远程计算机之间，实现数据传输与信息共享，进一步构成了各种适应实际需要的自动控制系统。简言之，它把单个分散的测量控制设备变成网络节点，以现场总线为纽带，把它们连接成可以互相沟通的信息，并可共同完成自控任务的网络系统与控制系统。

2. 几种有影响的现场总线技术

自 20 世纪 80 年代中期以来，现场总线的发展日新月异。到目前为止，国际上已有 40 多种总线形式，它们大都已经逐渐形成影响，并在一些特定应用领域显示了自己的优势和较强的生命力。比较流行的有 FF、Lonworks、PROFIBUS、CAN、HART、DeviceNet、ControlNet 等。

（1）基金会现场总线 FF。基金会现场总线（foundation fieldbus，FF）于 1994 年由美国 Fisher-Rosemount 和 Honeywell 为首成立的。FF 以 ISO/OSI 开放系统互联模型为基础，取其物理层、数据链路层、应用层为 FF 通信模型的相应层次，并在应用层上增加了用户层。

基金会现场总线 FF 分低速 H1 总线和高速 HSE 总线两种。H1 为用于过程控制的低速总线，传输速率为 31.25kb/s，传输距离分别为 200、400、1200 和 1900m 四种，可挂接 2～32 个节点，可支持总线供电和本质安全防爆环境。并支持双绞线、同轴电缆和光缆，协议符合 IEC1158-2 标准。传输信号采用曼彻斯特编码，高速 HSE 总线的传输速率可为

100Mb/s 甚至更高，大量使用了以太网技术。

（2）LonWorks。局部操作网络 LonWorks(local operating network) 由美国 Echelon 公司于 1990 年正式推出。它采用 ISO/OSI 参考模型的全部七层通信协议和面向对象的设计方法，通过网络变量把网络通信设计简化为参数设置，其最大传输速率为 1.5Mb/s，传输距离为 2700m，传输介质可以是双绞线、同轴电缆、光缆、射频、红外线和电力线，可支持总线供电和本质安全，被誉为通用控制网络。采用 LonWorks 技术和神经元芯片的产品，被广泛应用在楼宇自动化、家庭自动化、保安系统、办公设备、交通运输、工业过程控制等行业。

（3）PROFIBUS。PROFIBUS 是符合德国标准（DIN19245）和欧洲标准（EN50170）的现场总线，包括分布式的外围设备 PROFIBUS DP、现场总线报文规范 PROFIBUS FMS、过程自动化 PROFIBUS PA 三部分。它采用 ISO/OSI 参考模型的物理层、数据链路层。DP 型隐去了第 3~7 层，增加了直接数据连接拟合作为用户接口，用于分散外设间高速数据传输，适用于加工自动化领域。FMS 型隐去了第 3~6 层，采用了应用层，适用于纺织、楼宇自动化、可编程控制器、低压开关等。PA 型的数据传输沿用 PROFIBUS DP 的协议，只是在应用层中增加了描述现场设备行为的行规，它是用于过程自动化的总线类型，服从 IEC1158-2 标准。

（4）CAN。CAN(controller area network) 是控制局域网络的简称，最早由德国 BOSCH 公司推出，用于汽车内部测量与执行部件之间的数据通信。CAN 结构模型取 ISO/OSI 参考模型的第 1、2、7 层协议，即物理层、数据链路层和应用层。通信速率最高为 1Mb/s，通信距离最远为 10 000m。物理传输介质可支持双绞线，最多可挂接 110 个节点，可支持本质安全。CAN 的信号传输采用短帧结构，传输时间短，具有自动关闭功能，具有较强的抗干扰能力。由于成本较低，CAN 的应用范围非常广泛，从自动化电子领域的汽车发动机控制部件、传感器、抗滑系统到工业自动化、建筑物环境控制、机床、电梯控制、医疗设备等领域都得到了应用。

（5）HART。可寻址远程传感器高速通道（highway addressable remote transducer，HART）协议是由 Rosemount 公司于 1986 年提出的通信协议。它包括 ISO/OSI 模型的物理层、数据链路层和应用层。HART 通信可以有点对点或多点连接模式。这种协议的特点是在现有模拟信号传输线上实现数字信号通信，属于模拟系统向数字系统转变过程中工业过程控制的过渡性产品，因而在当前的过渡时期具有较强市场竞争力，在智能仪表市场上占有很大的份额。由于这种模拟数字混信号制，导致难以开发出一种能满足各公司要求的通信接口芯片。HART 能利用总线供电，可满足本质安全防爆的要求，并可用于由手持编程器与管理系统主机作为主设备的双主设备系统。

（6）DeviceNet。设备网（DeviceNet）最早由罗克韦尔自动化（rockwell automation，RA）公司于 1994 年提出。它是一种开放式的通信网络，它将工业设备（如光电开关、操作员终端、电动机启动器、变频器和条形码读入器等）连接到网络。这种网络虽然是工业控制的最底层网络，通信速率不高，传输数据量不大，但它采用了数据网络通信的新技术，如遵循控制及信息协议（CIP），具有低成本、高效率、高可靠性的特点。DeviceNet 遵从 ISO/OSI 参考模型，它的网络结构分为物理层、数据链路层和应用层三层，物理层下面还定义了传输介质。其中物理层和数据链路层均采用 CAN 的协议，传输介质可支持双绞线，最多可挂接 64 个节点。三种可选数据传输速率 125kb/s、250kb/s 和 500kb/s 分别对应的传输距离是 500m、250m 和 100m。支持设备的热插拔，可带电更换网络节点，符合本质安全要求。

（7）ControlNet。ControlNet 最早由 RA 公司于 1995 年提出。它是一种高速、高确定性和可重复性的网络，特别适用于对时间有苛刻要求的复杂应用场合的信息传输。ControlNet 将总线上传输的信息分为两类：一类是对时间有苛刻要求的控制信息和 I/O 数据，它拥有最高的优先权，以保证不受其他信息的干扰，并具有确定性和可重复性；第二类是无时间苛刻要求的信息，如上下载程序、设备组态、诊断信息等。ControlNet 采用 ISO/OSI 参考模型的物理层、数据链路层及应用层，其中应用层采用 CIP。ControlNet 只支持一种通信速率，即 5Mb/s。支持的传输介质为屏蔽双绞线、同轴电缆和光缆，并保证本质安全。

上述几种现场总线均可构成现场总线控制系统，目前用于过程控制主要有 FF-H1、PROFIBUS PA、HART 三种总线，能用现场仪表（变送器、执行器）构成就地控制回路的只有 FF-H1 总线，因其功能模块具有变送、调节、计算、报警、故障诊断等功能。

3. 现场总线的发展趋势

现场总线技术是控制、计算机和通信技术的交叉与集成，几乎涵盖了连续和离散工业领域，如过程自动化、制造加工自动化、楼宇自动化、家庭自动化等。它的出现和快速发展体现了控制领域对增强可维护性、提高可靠性、提高数据采集智能化和降低成本的要求。现场总线技术的发展趋势主要体现在以下 4 个方面：

（1）统一的技术规范与组态技术是现场总线技术发展的一个长远目标。IEC 61158 是目前的国际标准。然而由于商业利益的问题，该标准只做到了对已有现场总线的确认，从而得到了各个大公司的欢迎。但是，当需要一种新的总线时，学习的过程是漫长的，这也势必给用户带来了使用上的困难。从长远来看，各种总线的统一是必然的，目前主流的现场总线都是基于 EIA-485 技术或以太网技术的，有统一的硬件基础，且组态的过程与操作是相似的，有统一的用户基础。

（2）现场总线系统的技术水平将不断提高。随着自动控制技术、电子技术和网络技术等的发展，现场总线设备将具有更强的性能和更好的经济性。

（3）现场总线的应用将越来越广泛。随着现场总线技术的日益成熟，相关产品的性价比越来越高，更多的技术人员将掌握现场总线的使用方法，现场总线的应用将越来越广泛。

（4）工业以太网技术将逐步成为现场总线技术的主流。虽然基于串行通信的现场总线技术在一段时期之内还会大量使用，但是从发展的眼光来看，工业以太网具有良好的适应性、兼容性、扩展性及与信息网络的无缝连接等特性，必将成为现场总线技术的主流。

二、现场总线控制系统的构成

从目前看，现场总线控制系统 FCS 的基本构成可分为三类：①两层结构的现场总线控制系统；②三层结构的现场总线控制系统；③由 DCS 扩展的现场总线控制系统。

1. 具有两层结构的 FCS

如图 9-17 所示，具有两层结构的 FCS 是按照现场总线体系结构的概念设计的，它由现场总线设备和人机接口装置两部分组成，两者之间通过现场总线相连接。现场总线设备包括符合现场总线通信协议的

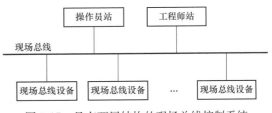

图 9-17　具有两层结构的现场总线控制系统

各种智能仪表，例如，现场总线变送器、转换器、执行器和分析仪表等。人机接口设备一般有操作员站和工程师站，操作员站和工程师站通过位于机内的现场总线接口卡与现场设备交换信息。

　　由于 FCS 中没有单独的控制器，控制功能全部由现场总线设备完成。例如，常规的 PID 控制算法可以在现场总线变送器或执行器中实现。这种总线控制系统的局限性限制了现场总线控制系统的功能，使之不能实现复杂的协调控制功能，因此这种结构的现场总线控制系统适合于控制规模相对较小、控制回路相对独立、不需要复杂协调功能控制的生产过程。

　　2. 具有三层结构的 FCS

　　图 9-18 所示为目前比较达成共识的三层设备、两层网络的 3＋2 结构的现场总线控制系统。三层设备分别是位于底层的包含各种符合现场总线协议的智能传感器、变送器、执行器，以及各种分布式 I/O 设备等的现场总线设备，位于中间的是 PLC、工业控制计算机、专用控制器等控制站，位于上层的是操作员站、工程师站等人机接口装置；两层网络是指现场总线设备与控制站之间的控制网络，以及控制站与人机接口装置之间的管理网。控制站可以完成基本控制功能或协调功能，执行各种控制算法；人机接口装置主要用于生产过程的监控以及控制系统的组态、调试、维护和检修。

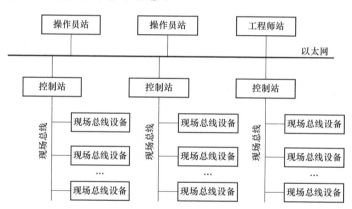

图 9-18　具有三层结构的现场总线控制系统

　　这种现场总线控制系统的网络结构与 DCS 相似，但是控制站所实现的功能与传统的 DCS 有很大区别。在传统的 DCS 中，控制站要实现基本回路的 PID 运算和回路之间的协调控制等所有的控制功能。但在 FCS 中，底层的基本控制功能一般是由现场总线设备实现的，控制站只完成控制回路之间的信息交流、协调控制或其他高级控制功能。当然，如有必要，控制站本身是完全可以实现基本控制功能的。这样就可以让用户有更加灵活的选择。

　　具有三层结构的 FCS 适用于比较复杂的工业生产过程，特别是那些控制回路之间关系密切、需要协调控制功能的生产过程，以及需要特殊控制功能的生产过程。

　　3. 由 DCS 扩充而成的现场总线控制系统

　　现场总线作为一种先进的现场数据传输技术正渗透到新兴产业中的各个领域，DCS 制造商同样也在利用这一技术改进现有 DCS，即在 DCS 的 I/O 总线上挂接现场总线接口模件，通过现场总线接口模件扩展若干条现场总线，经现场总线与现场总线设备相连，如图 9-19 所示。

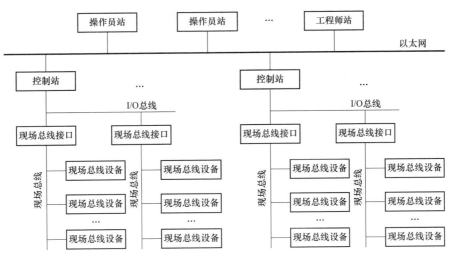

图 9-19　由 DCS 扩充而成的现场总线控制系统

这种 FCS 由 DCS 演变而来，因此不可避免地保留了 DCS 的某些特征。如 I/O 总线和高层通信网络可能是 DCS 制造商的专有通信协议，系统开放性差一些。现场总线装置的组态可能需要特殊的组态设备和软件，即不能在 DCS 原有的工程师站上对现场总线设备进行组态等。这类系统较适合于在用户已有的 DCS 中进一步扩展应用现场总线技术，或改造现有 DCS 中的模拟量 I/O，提高系统整体性能和现场设备的维护管理水平。

三、现场总线控制系统的特点

现场总线控制系统既是一个开放的网络通信系统，又是一个分布的自动控制系统。现场总线作为智能设备的联系纽带，把挂接在总线上并作为网络节点的智能设备连接为网络系统，并进一步构成自动化系统，实现基本控制、参数修改、报警、显示、监控、优化及控管一体化的综合自动化功能。现场总线控制系统（FCS）与传统的集散控制系统（DCS）相比，有以下特点：

（1）总线式结构。一对传输线（总线）挂接多台现场设备，双向传输多个数字信号。这种一对 N 的结构与一对一的单向模拟信号传输结构相比，布线简单，安装费用低，维护简便。当需要增加现场控制设备时，无需增加新的电缆，可就近连接在原有的电缆上，减少了现场接线。

（2）开放性、互操作性与互换性。现场总线为开放式互联网络，所有技术和标准均是公开的，所有制造商都必须遵循。这样，用户可以自由集成不同制造商的通信网络，既可与同层网络互联，又可与不同层网络互联。开放式互联网络还体现在网络数据库共享，通过网络对现场设备和功能模块统一组态，使不同厂家的网络及设备融为一体，构成统一的 FCS。

互操作是指用户可把不同制造商的现场仪表或设备集成在一起进行统一组态，构成所需的控制系统。现场仪表或设备间可以方便地进行相互通信、沟通和操作控制。用户不必为集成不同品牌的产品而在硬件或软件上花费额外的力气或增加额外投资。

互换性是指用户可以自由地选择不同制造商所提供的性能价格比最优的现场设备或现场仪表，并可将不同品牌的仪表互连。即使某台仪表出现故障，换上其他品牌的同类仪表可照常工作，实现即接即用。这使系统集成变得更加方便、快捷，也使得用户拥有更大的集成自主权。

（3）彻底的分散控制。现场总线将控制功能下放到作为网络节点的现场智能仪表和设备中，做到彻底的分散控制，提高了系统的可靠性、灵活性、自治性，减轻了分布式控制中控制器的计算负担。

（4）信息综合、组态灵活。由于现场设备具有了一定的智能性，不仅能够提供测量参数的信息，还能提供自身工作状态的信息。操作员在控制室内可以获取现场设备的各种状态、诊断信息，实现实时的系统监控和管理以及故障诊断。此外，由于现场设备都引入功能块的概念，所有制造商都使用相同的功能块，并统一组态方法，这样使得系统组态简单灵活，不会因为现场设备或仪表种类不同而有新的组态方法。

（5）多种传输介质和拓扑结构。FCS 由于采用数字通信方式，因此可用多种传输介质进行通信，如双绞线、同轴电缆、光纤、射频、红外线、电力线等，也可以用无线传输。根据控制系统中节点的空间分布情况，可应用多种网络拓扑结构。这种传输介质和网络拓扑结构的多样性给自动化系统的施工带来了极大的方便，据统计，FCS 与传统 DCS 的主从结构相比，只计算布线工程即可节省 40% 的经费。

（6）准确性和可靠性高。现场总线设备的智能化、数字化以及设备间的数字信号传输，使系统具有很高的抗干扰能力，极大地提高了系统的测控精度。同时，由于系统的结构简化，设备与连线减少，现场仪表内部功能加强，减少了信号的往返传输，提高了系统的工作可靠性。

四、PROFIBUS 现场总线

过程现场总线（process field bus，PROFIBUS）提供了一个从现场传感器直至生产管理层的全方位透明的网络，是一种国际化、开放式、不依赖设备生产商的现场总线标准，目前世界上许多自动化设备制造商（如西门子公司）都为它们生产的设备提供了 PROFIBUS 接口。PROFIBUS 已经广泛应用于加工制造、过程控制和楼宇自动化。

PROFIBUS 为多主从结构，可方便地构成集中式、集散式和分布式控制系统，针对不同的控制场合，它分为 PROFIBUS DP、PROFIBUS PA 和 PROFIBUS FMS 3 个系列。

（一）PROFIBUS DP

DP 是 decentralized periphery（分布式外部设备）的缩写。PROFIBUS DP 是一种经过优化的高速通信系统，主要用于制造业自动化系统中单元级和现场级通信，特别适合于 PLC 与现场级分布式 I/O 设备之间的快速循环数据交换。它是 PROFIBUS 中应用最广的通信方式。PROFIBUS DP 可以采用 RS-485、D 型总线连接器和光纤电缆进行传输。

1. PROFIBUS DP 网络设备类型

PROFIBUS DP 网络中的设备可以分为三种不同类型的站：

（1）一类 DP 主站（DPM1）。DPM1 是系统的中央控制器，它在预定的周期内与分布式的站（如 DP 从站）循环地交换信息，并对总线通信进行控制和管理。DPM1 可以发送参数给 DP 从站，读取从站的诊断信息，用全局控制命令将它的运行状态告知给各从站。此外，还可以将控制命令发送给个别从站或从站组，以实现输出数据和输入数据的同步。典型的 DPM1 有 PLC、微机数值控制 CNC 等。

（2）二类 DP 主站（DPM2）。DPM2 是 DP 系统中组态、诊断和管理的设备，在 DP 系统初始化时用来生成系统配置。它除了具有一类主站的功能外，在与一类 DP 主站进行数据通信的同时，可以读取 DP 从站的输入/输出数据和当前的组态数据，可以给 DP 从站分配新的总线地址。可以说，二类 DP 主站是编程器、组态设备或操作面板，在 DP 系统组态操作员站时使用，完成系统操作和监视目的。

（3）DP 从站。DP 从站是 PROFIBUS DP 网络上的被动节点，是低成本的 I/O 设备，用于输入信息的采集和输出信息的发送，DP 从站只与它的 DP 主站交换用户数据，向主站报告本地诊断中断和过程中断。在 DP 通信过程中，从站是被动的。典型 DP 从站有分布式 I/O、ET200、变频器、驱动器、阀、操作面板等。

2. DP 配置结构

典型的 DP 配置是单主站结构，也可以是多主站结构。

（1）单主站系统。在总线系统的运行阶段，只有一个活动主站，见图 9-20。单主站系统实现最短的总线循环时间，由 1 个一类 DP 主站、可选的二类 DP 主站和 1～125 个 DP 从站组成。

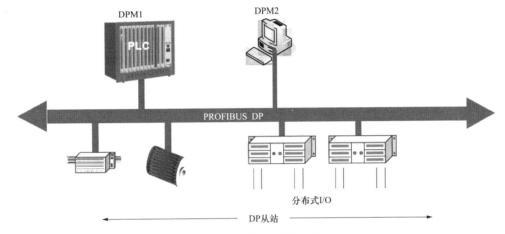

图 9-20　单主站系统示意

（2）多主站系统：总线上连有多个主站，这些主站与各自从站构成相互独立的子系统。每个子系统包括一个一级主站 DPM1、指定的若干从站及可能的 DPM2 设备。任何一个主站均可读取 DP 从站的输入/输出映像，但只有一个 DP 主站允许对 DP 从站写入数据。

若干个主站可以用读功能访问一个从站。以 PROFIBUS DP 系统为例，多主系统由多个主设备（1 类或 2 类）和 1～124 个 DP 从设备组成。多主站典型系统如图 9-21 所示。

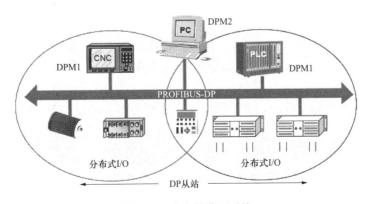

图 9-21　多主站典型系统

在同一总线上最多连接 126 个站点。系统配置的描述包括站点、站地址、输入输出地址、输入输出数据格式、诊断信息格式及所使用的总线参数。

（二）PROFIBUS PA

PA 是 process automation（过程自动化）的缩写。PROFIBUS PA 是 PROFIBUS 的过程自动化解决方案，它将自动化系统和过程控制系统与现场设备（如压力、温度和液位变送器等）连接起来，代替 4～20mA 模拟信号传输技术，节约了设备成本，极大地提高了系统功能和安全可靠性。因此，PROFIBUS PA 特别适用于化工、石油、冶金等行业的过程自动化控制系统。

PROFIBUS PA 功能集成在启动执行器、电磁阀和测量变送器等现场设备中。

PROFIBUS PA 采用 IEC 1158-2 标准，确保了本质安全和通过屏蔽双绞线电缆进行数据传输和供电，可以用于 Zone 0、1、2 等防爆区域的传感器和执行器与中央控制系统的通信。

在 PROFIBUS 系统网络中，PA 的设备必须由 DP 段的主站控制。DP 和 PA 的物理层使用了不同的数据传输速率和编码方式：DP 的物理层协议是 RS485、信号采用非归零（NRZ）编码、波特率可变；PA 物理层基于 IEC61158-2，信号采用 Manchester 编码、波特率固定为 31.25kb/s。因此要实现这种物理层不同的网段间的无缝集成，需要在 DP/PA 网段间加装网络连接设备，即 DP/PA 耦合器或 DP/PA 连接器。

（三）PROFIBUS FMS

FMS 是 field message specification（现场总线报文规范）的缩写，用于系统级和车间级不同供应商的自动化系统之间交换过程数据，处理单元级（PLC 和 PC）的多主站数据通信。目前，PROFIBUS FMS 已经基本上被以太网通信取代，很少使用。

第三节　FCS 的 集 成

FCS 是在传统的仪表控制系统和分散控制系统（DCS）的基础上，利用现场总线技术逐步发展形成的。目前工业中仍然使用着大量的模拟仪表和 DCS，根据现状，现场总线式数字仪表不可能完全取代模拟仪表，FCS 不可能完全取代 DCS。现实情况是现场总线式数字仪表将逐步替代常规的模拟仪表，FCS 将逐步改造传统的 DCS 结构直至完全取代 DCS。在过渡期内，FCS 和 DCS 集成是技术更新的必由之路，既照顾了现实情况，又有利于 FCS 的发展。

FCS 是一种分布式的网络自动化系统，采用层次化网络结构，就要考虑 FCS 和 Intranet、Internet 的集成。

目前世界上有多种现场总线，每种现场总线都有优势，仅 IEC 通过的现场总线标准 IEC 61158 就包含 8 种类型。现场总线标准是多元化的，因此，在 FCS 中需要发展异种现场总线之间的集成技术。本节仅介绍 FCS 和 DCS 之间的集成方法以及 FCS 之间的集成方法。

一、FCS 和 DCS 的集成方法

FCS 和 DCS 的集成方式有三种：现场总线和 DCS 输入/输出总线的集成、现场总线和 DCS 网络的集成、FCS 和 DCS 的集成。

1. 现场总线和 DCS 输入/输出总线的集成

DCS 控制站主要由控制器和输入/输出子系统组成，两者之间通过 I/O 总线连接。

在 I/O 总线上挂接现场总线接口板或现场总线接口单元（fieldbus interface unit，FIU），如图 9-22 所示。现场仪表或现场设备通过现场总线与 FIU 通信，FIU 再通过 I/O 总线与 DCS 的控制器通信，实现现场总线系统中的数据信息映射成原有 DCS 的 I/O 总线上相对应的数据信息，如基础测量值、报警值或工艺设定值等，使得在 DCS 控制器所看到的现场总线来的信息就如同来自一个传统的 DCS 设备卡一样，这样便实现了现场总线和 DCS 输入/输出总线的集成，即现场总线和 DCS 控制站的集成。例如 Delta V 控制器就是采用此种集成技术，Delta V 控制器和 I/O 总线上除了插常规的输入/输出卡件外，还可以连接符合 FF 规范的低速 H1 现场总线接口卡，从而将 H1 现场总线集成在 Delta V 控制器中。H1 接口板有两个端口，每个端口可以接一条 H1 总线。Symphony 系统中，MFP 控制器通过 I/O 扩展总线上挂接的现场总线接口子模件 FBS 与现场总线仪表通信。

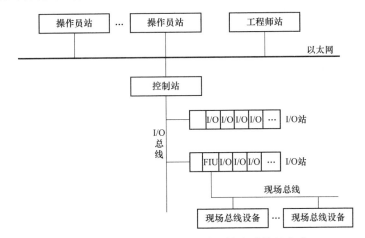

图 9-22　现场总线和 DCS 输入输出总线的集成

这种集成方案主要用于 DCS 已经安装并稳定运行，而现场总线首次引入系统的、规模较小的应用场合。

现场总线和 DCS 输入输出总线的集成具有以下特点：

（1）除了安装现场总线接口板或现场总线接口单元外，不用对 DCS 再做其他变更。

（2）充分利用 DCS 控制站的运算和控制功能块，因为初期开发的现场总线仪表中的功能块数量和种类有限。

（3）结构比较简单，缺点是集成规模受到现场总线接口卡的限制，智能仪表相关信息不能在上层体现。

2. 现场总线和 DCS 网络的集成

在 DCS 控制站的 I/O 总线上集成现场总线是一种最基本的初级集成技术，还可以在 DCS 的更高一层集成，即在 DCS 网络上集成现场总线，如图 9-23 所示。

现场总线服务器 FS（fieldbus server）挂接在 DCS 网络上，它是一台完整的计算机，并安装了现场总线接口卡和 DCS 网络接口卡。

现场总线设备通过现场总线与其接口卡通信，现场仪表中的输入、输出、控制和运算等

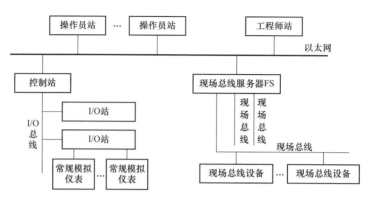

图 9-23　现场总线与 DCS 网络的集成

功能块可以通过现场总线独立构成控制回路，而不必借用 DCS 控制站的功能。

现场总线服务器通过其 DCS 网络接口卡与 DCS 网络通信，也可以把 FS 看作 DCS 网络上的一个节点或 DCS 的一台设备，这样 FS 和 DCS 之间可以互相共享资源。FS 可以不配操作员站和工程师站，而直接借用 DCS 的操作员站或工程师站。

现场总线和 DCS 网络的集成具有以下特点：

（1）除了安装现场总线服务器外，不用对 DCS 再做其他变更。

（2）在现场总线上可以独立构成控制回路，实现彻底的分散控制。即原来必须由 DCS 控制站完成的一些控制和计算功能，现在可下放到现场仪表实现，并且可以在 DCS 操作员界面上得到相关的参数或数据信息。

（3）现场总线服务器中有一些高级功能块，可以与现场仪表中的基本功能块统一组态，构成复杂控制回路。

（4）现场总线上传输的测量信息、控制信息，以及现场仪表的控制功能均可在 DCS 操作站进行浏览并修改。

3. FCS 和 DCS 的集成

在上述两种集成方式中，现场总线借用 DCS 的部分资源，也就是说，现场总线不能自立。FCS 参照 DCS 的层次化体系结构组成一个独立的开放式系统，DCS 也是一个独立的开放式系统，既然如此，这两个系统之间可以集成。

FCS 和 DCS 的集成方式可以有两种方式：一种是 FCS 网络通过网关与 DCS 网络集成，通过网关完成 DCS 系统与现场总线高速网络之间的信息传递，如图 9-24 所示；另一种是 FCS 和 DCS 分别挂接在 Intranet 上，通过 Intranet 间接交换信息。

FCS 和 DCS 的集成具有以下特点：

（1）独立安装 FCS，对 DCS 几乎不做任何变更，只需在 DCS 网络上接一台网关。

（2）FCS 是一个完整的系统，不必借用 DCS 的资源。

（3）既有利于 FCS 的发展和推广，又有利于充分利用现有的 DCS 的资源。

二、FCS 和现场总线的集成

FCS 和现场总线的集成有以下两种方式：

1. 基于 OPC 技术的系统级集成方法

基于 OPC 技术的系统级集成方法如图 9-25 所示。该集成方法是给各个现场总线提供标

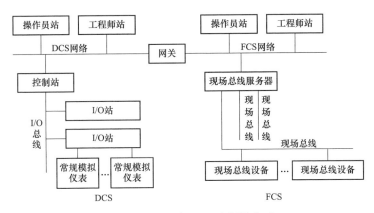

图 9-24　FCS 与 DCS 之间的集成

准的 OPC 接口。OPC 以 OLE/COM 机制作为应用程序级的通信标准，采用 CLIENT/SERVER 模式，把开发访问接口的任务放在硬件生产厂家或第三方厂家。

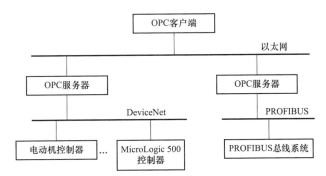

图 9-25　基于 OPC 技术的系统级集成方法

2. 设备级集成

该方法是通过协议转换实现现场总线的设备级集成，是解决多种现场总线并存带来的系统集成问题的有效途径。具体方法是实现不同现场总线之间的协议网关，将两种不同总线连接起来。通常可采取两种不同的方法，或在任意两种协议间转换，或选择一种总线协议作为公共转换对象。

在目前现场总线协议尚未取得完全一致的情况下，利用网关对协议进行转换识别，这样做既加大了硬件投入，又增加了网络延迟，应该看作仅仅是过渡措施。

三、基于 PROFIBUS 的现场总线控制系统集成

集成多种现场总线的 FCS 如图 9-26 所示，是以 PROFIBUS 为主干网络，通过网关支持各种通信协议，如 HART 通信协议、AS-i 通信协议、FF 通信协议以及 EIB 通信协议等的现场总线控制系统。

1. PA 与 DP 总线的集成

DP/PA COUPLER 和 DP/PA LINK 在 PROFIBUS　DP 主站系统到 PROFIBUS PA 之间形成了网络转换，两者之间的主要区别是：前者的耦合器为物理设备，硬件组态中无需组态，但 DP 总线的速率受 PA 总线限制，只能固定设置为 45.45kb/s；PA 总线中 PA 设备的

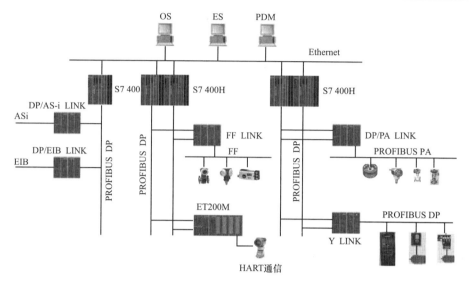

图 9-26　集成多种现场总线的 FCS

PA 地址和 DP 总线上 DP 设备的 DP 地址不能有重叠。后者需要在硬件组态中组态 DP LINK，DP 总线速率不受 PA 总线限制，最大可以达到 12Mb/s；PA 总线中 PA 设备的 PA 地址和 DP 总线上 DP 设备的 DP 地址可以重叠。

　　DP/PA LINK 包含一个或两个 IM153 或者 IM157 接口模块，以及通过总线模块相互连接的最多 5 个 DP/PA 耦合器。通过使用两个接口模块，可将整个下级 PROFIBUS PA 主站系统作为切换式外设连接至 S7 400H 的冗余 DP 主站系统。具有诊断功能的 DP/PA 耦合器 FDC157-0 实现从 PROFIBUS　DP 到 PROFIBUS PA 的过渡，其上连接有现场设备。使用 DP/PA 耦合器和现场分配器，可以采用两种不同的方式在等电位连接线上启用冗余运行：

　　（1）使用有源现场分配器（AFD）启用环型冗余，如图 9-27 所示；

　　（2）使用有源现场分离器（AFS）启用耦合器冗余，如图 9-28 所示。

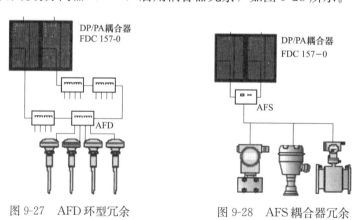

图 9-27　AFD 环型冗余　　　　　　图 9-28　AFS 耦合器冗余

　　2. HART 与 DP 总线的集成

　　HART 设备通过安装在分布式 I/O 系统（ET200M）中的 HART 模拟模块 SM331 集成到 DP 网络，如图 9-29 所示。ET 200M 作为 HART 主站，其接口模块 IM153 2 指导来自

HART 客户端（PDM 或类似设备）的命令通过 HART 模拟模块 SM331 传递到智能现场设备，响应将按相同路径返回。

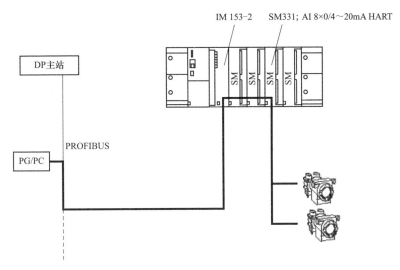

图 9-29　HART 总线与 DP 总线的集成

3. 冗余 DP 和单 DP 的集成

Y-LINK 包含两个 IM153 或者 IM157 接口模块和一个 Y 耦合器，接口模块和 Y 耦合器之间通过总线模块连接。如图 9-30 所示，Y-LINK 用于将带有单个 DP 接口的设备连接到 S7 400H 的冗余 DP 主站系统，尤其适用于从冗余的 DP 主站系统向单通道的 DP 主站系统进行数据传输。

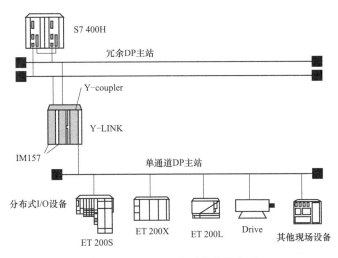

图 9-30　Y-LINK 在系统中的集成

4. FF 总线与 DP 总线的集成

FF LINK 用作 PROFIBUS DP 主站系统和基金会现场总线 H1 区段之间的网关，并且可以集成 SIMATIC PCS7 中的 FF 设备。在这种情况下，通过 IM153-2 FF，两个总线系统在物理（电气）上以及协议和时间方面互不影响。

FF 总线与 DP 总线的集成如图 9-31 所示。FF LINK 包括 IM153-2 FF 接口模块和 FDC 157 现场设备耦合器，其中 FDC157 现场设备耦合器是 DP 总线与基金会现场总线之间的物理连接器，提供集成的诊断功能。

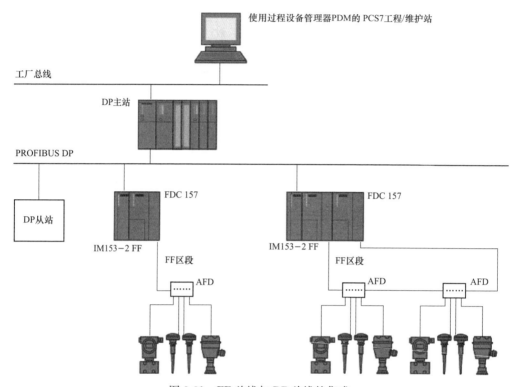

图 9-31　FF 总线与 DP 总线的集成

FF LINK 可通过有源现场分配器 AFD 与 FF 区段互连。IM153-2 FF 接口模块与 FDC 157 现场设备耦合器都可以设置为冗余运行。借助有源现场分配器 AFD 将 FF 区段组态为环形拓扑。

5. DP 与 AS-i 的集成

AS-i(actuator-sensor interface) 是执行器-传感器接口的英文缩写，它是一种用来在控制器（主站、master）和传感器/执行器（从站、slave）之间双向交换信息、主从结构的总线网络，它属于现场总线下面设备级的底层通信网络。

AS-i 可连接到 DP 上，既作为 DP 的从站，也是 AS-i 的主站，DP/AS-i LINK 20E 是一款用于 DP 网络转 AS-i 网络的转换模块，CPU 通过 DP 网络访问 AS-i 网络从站数据。

6. DP 与 EIB 网络集成

欧洲安装总线（european installation bus，EIB）是完全开放的楼宇自动化网络协议。网络连接设备 DP/EIB 可以把 EIB 网络和 DP 网络连接起来，实现双方设备的互相访问，在企业内部实现生产自动化与楼宇自动化的集成。

DP/EIB 实现了 DP 网络和 EIB 网络的透明连接。使用了 DP/EIB LINK 以后，在 DP 端，DP/EIB LINK 作为一个 DP 从站，将整个 EIB 网络中的通信对象映射到一个数据区；

在 EIB 端，DP/EIB LINK 作为一个 EIB 设备，将 DP 端的数据映射为 EIB 网络中的通信对象。

1. 分散控制系统由哪三大部分组成？各部分的作用是什么？

2. 分散控制系统的设计理念是什么？

3. 目前较为流行的 DCS 有哪些？

4. 结合图 9-1 简述 DCS 的体系结构。

5. 过程控制系统的硬件组成有哪些？请简述它们的作用。

6. 什么是软件功能模块？设计一个单回路控制系统，需要用到哪些软件功能模块？

7. HMI 的人机接口形式有哪两种？各有什么特点。

8. 简述操作员站的功能。

9. 简述工程师站的功能。

10. 结合图 9-6 简述 EDPF NT＋系统的体系结构。

11. 结合图 9-8 简述 MACS-K 系统的体系结构。

12. 什么是现场总线？目前较为流行的现场总线技术有哪些？

13. FCS 有哪些主要特点？

14. 简要说明图 9-18 所示的现场总线控制系统。

15. PROFIBUS 由哪几个标准组成？各有什么特点？应用于什么场合？

16. 结合图 9-26 说明 DP 与其他现场总线如何进行集成？

17*. 现代工业生产过程快速向大型、综合、复杂和精细化方向发展，重大装备和重大工程越来越依赖于控制系统对其进行运行控制。DCS 是控制系统的主力军，其基础功能逐渐趋同化，在智能制造的背景下，业内厂家纷纷将目光聚焦到智能化、智慧化方向，研发智能 DCS。请结合工业互联网、边缘计算、5G 等新技术，对智能 DCS 的技术发展趋势进行展望。

参 考 文 献

[1] 潘新民，王燕芳. 微型计算机控制技术实用教程 [M]. 北京：电子工业出版社，2014.

[2] 王晓萍. 微机原理与接口技术 [M]. 杭州：浙江大学出版社，2015.

[3] 林敏. 计算机控制技术及工程应用 [M]. 北京：国防工业出版社，2014.

[4] 范立南. 单片机原理及应用教程 [M]. 2 版. 北京：北京大学出版社，2013.

[5] 张毅刚，等. 新编 MCS-51 单片机应用设计 [M]. 哈尔滨：哈尔滨工业大学出版社，2012.

[6] 王平，谢昊飞，蒋建春，等. 计算机控制技术及应用 [M]. 北京：机械工业出版社，2011.

[7] 李江全，王卫兵，李玲. 计算机控制技术 [M]. 北京：机械工业出版社，2010.

[8] 李文涛，杨小新. 基于 STC89C52 的智能温度变送器的设计 [J]. 仪表技术与传感器，2012，（11）：
   67-70.

[9] 唐伟，马栋梁. EDPF NT PLUS 系统在超超临界 660MW 机组的应用 [J]. 发电设备，2012，26（3）：
   164-168.

[10] 郭天祥. 新概念 51 单片机 C 语言教程 [M]. 北京：电子工业出版社，2009.

[11] 王用伦. 微机控制技术 [M]. 重庆. 重庆大学出版社，2010.

[12] 黄桂梅. 计算机控制技术与系统 [M]. 北京：中国电力出版社，2008.

[13] 于永，戴佳，常江. 51 单片机 C 语言常用模块与综合系统设计实例精讲 [M]. 北京：电子工业出版
   社，2007.

[14] 许勇. 计算机控制技术 [M]. 北京：机械工业出版社，2008.

[15] 张明，谢列敏. 计算机测控技术 [M]. 北京：国防工业出版社，2007.

[16] 廖常初. S7-300/400PLC 应用教程 [M]. 北京：机械工业出版社，2009.

[17] 苏小林. 计算机控制技术 [M]. 北京：中国电力出版社，2004.

[18] 马明建，周长城. 数据采集与处理技术 [M]. 西安：西安交通大学出版社，1997.

[19] 黄焕袍，潘钢. 国产 EDPF NT 分散控制系统在 600MW～1000MW 级大型火电机组控制中的应用
   [J]. 中国仪器仪表，2009. 3：42-45.

[20] 廖常初. 西门子工业通信网络组态编程与故障诊断 [M]. 北京：机械工业出版社，2009.

[21] 白焰. 分散控制系统与现场总线系统 [M]. 北京：中国电力出版社，2001.

[22] 印江，冯江涛. 电厂分散控制系统 [M]. 北京：中国电力出版社，2014.

[23] 陈在平，等. 现场总线及工业控制网络技术 [M]. 北京：电子工业出版社，2008.

[24] 甘永梅，李庆峰，刘晓娟，等. 现场总线技术及应用 [M]. 北京：机械工业出版社，2004.

[25] 白焰，杨国田，陆会明. 现场总线控制系统的体系结构及其应用问题分析 [J]. 中国电力，2003，
   36（3）：59-62.

[26] 李占英，初红霞，等. 分散控制系统（DCS）和现场总线控制系统（FCS）及其工程设计 [M]. 北
   京：电子工业出版社，2015.

[27] 电力行业热工自动化技术委员会. 火力发电厂分散控制系统典型故障应急处理预案——国电智深 ED-
   PF-NT Plus 系统 [M]. 北京：中国电力出版社，2013.

[28] 于海生，丁军航，潘松峰，等. 微型计算机控制技术 [M]. 3 版. 北京：清华大学出版社，2017.

[29] 刘建昌，关守平，谭树彬，等. 计算机控制系统 [M]. 3 版. 北京：科学出版社，2022.

[30] 李正军，李潇然. 计算机控制技术 [M]. 北京：机械工业出版社，2022.

[31] 王锦标. 计算机控制系统教程 [M]. 北京：清华大学出版社，2023.